周　期　表

			13	14	15	16	17	18	族/周期
								2 He 4.003 ヘリウム helium	1
			5 B 10.81 ホウ素 boron	6 C 12.01 炭　素 carbon	7 N 14.01 窒　素 nitrogen	8 O 16.00 酸　素 oxygen	9 F 19.00 フッ素 fluorine	10 Ne 20.18 ネオン neon	2
10	11	12	13 Al 26.98 アルミニウム aluminium	14 Si 28.09 ケイ素 silicon	15 P 30.97 リ　ン phosphorus	16 S 32.07 硫　黄 sulfur	17 Cl 35.45 塩　素 chlorine	18 Ar 39.95 アルゴン argon	3
28 Ni 58.69 ニッケル nickel	29 Cu 63.55 銅 copper	30 Zn 65.38[‡1] 亜　鉛 zinc	31 Ga 69.72 ガリウム gallium	32 Ge 72.63 ゲルマニウム germanium	33 As 74.92 ヒ　素 arsenic	34 Se 78.97 セレン selenium	35 Br 79.90 臭　素 bromine	36 Kr 83.80 クリプトン krypton	4
46 Pd 106.4 パラジウム palladium	47 Ag 107.9 銀 silver	48 Cd 112.4 カドミウム cadmium	49 In 114.8 インジウム indium	50 Sn 118.7 ス　ズ tin	51 Sb 121.8 アンチモン antimony	52 Te 127.6 テルル tellurium	53 I 126.9 ヨウ素 iodine	54 Xe 131.3 キセノン xenon	5
78 Pt 195.1 白　金 platinum	79 Au 197.0 金 gold	80 Hg 200.6 水　銀 mercury	81 Tl 204.4 タリウム thallium	82 Pb 207.2 鉛 lead	83 Bi* 209.0 ビスマス bismuth	84 Po* (210) ポロニウム polonium	85 At* (210) アスタチン astatine	86 Rn* (222) ラドン radon	6
110 Ds* (281) ダームスタチウム darmstadtium	111 Rg* (280) レントゲニウム roentgenium	112 Cn* (285) コペルニシウム copernicium	113 Nh* (278) ニホニウム nihonium	114 Fl* (289) フレロビウム flerovium	115 Mc* (289) モスコビウム moscovium	116 Lv* (293) リバモリウム livermorium	117 Ts* (293) テネシン tennessine	118 Og* (294) オガネソン oganesson	7

64 Gd 157.3 ガドリニウム gadolinium	65 Tb 158.9 テルビウム terbium	66 Dy 162.5 ジスプロシウム dysprosium	67 Ho 164.9 ホルミウム holmium	68 Er 167.3 エルビウム erbium	69 Tm 168.9 ツリウム thulium	70 Yb 173.1 イッテルビウム ytterbium	71 Lu 175.0 ルテチウム lutetium
96 Cm* (247) キュリウム curium	97 Bk* (247) バークリウム berkelium	98 Cf* (252) カリホルニウム californium	99 Es* (252) アインスタイニウム einsteinium	100 Fm* (257) フェルミウム fermium	101 Md* (258) メンデレビウム mendelevium	102 No* (259) ノーベリウム nobelium	103 Lr* (262) ローレンシウム lawrencium

※2　有効数字4桁で示す. 原子量の信頼性は4桁目で±1以内であるが, ‡1を付したものは
　　±2, †市販中のリチウム化合物のリチウムの原子量は6.938から6.997の幅をもつ.
　　備考：超アクチノイド（原子番号104番以降の元素）の周期表の位置は暫定的である.

大学の
基礎化学

必要な物理・数学とともに

若狭 雅信 編著

丸善出版

はじめに

　高校の教科書によると「化学」は，物質について成り立ちや構造，さらにその性質を調べたり（物質の構成），新たな物質をつくりだしたり（物質の変化）する学問である．身の回りを見ると多種多様な物質があり，そもそも人の体も物質でできている．言い換えると，世の中は「化学」のうえに成り立っている．一方で，毎年，化学工場や石油コンビナートで大きな事故が発生しており，少なからず死傷者が出ている．また，化学物質による中毒や環境汚染もあとをたたない．こうしたことをみるとき，人は知識不足から「化学」に振り回されるのではなく，安全を担保しつつ恩恵を享受できるよう，「化学」をコントロールすべきであると筆者は考える．そこで，理系文系を問わず，幅広い人に「化学」を学んで欲しいと望んでいる．

　「化学」は暗記科目であるという人がいる．これは一見すると正しいが，根本的には間違いである．最低限の知識は必要だが，あとはなぜそうなるか学んで自分で考え，それを実践する．それが「化学」という学問である．例えば，ある種の漂白剤には「混ぜるな危険」の表示がある．しかし，どの商品とどの商品を混ぜると危ないかをすべて暗記することはできない．ここで，物質の性質，酸化還元や酸塩基の知識を使って，化学反応のメカニズムを考えることができれば商品をすべて覚える必要はなくなる．さらに，酸化還元反応を利用した電池を説明するときには，電磁気や微積分の基礎知識が必要不可欠である．「化学」を真に理解するためには，物理や数学がわからないといけないのである．

　こうした「化学」の特色を踏まえて，本書は化学科や応用化学科の学生はもちろん，それらの学生に限らず理工系の学部で「化学」を学ぶ学生，教育学部で化学の教員を目指す学生，さらに大学における教養科目として「化学」を学ぶ学生など多様な素養をもつ学生を対象にしている．具体的には，共通テスト（センター試験）で，理科②（化学，物理，生物，地学）から2科目，理科②から1科目，もしくは理科①（化学基礎，物理基礎，生物基礎，地学基礎）から2科目などで受験した，基礎知識（高校化学の知識）がかなり異なる学生を対象として，高校の化学とシームレスな大学の化学の基礎，さらに化学に必要な物理と数学の基礎を一冊にまとめた「基礎化学」の教科書を目指した．

　本書の構成は，第1編が化学の基礎，第2編と第3編がそれぞれ化学に必要な物理と数学の基礎になっている．第1編の化学の基礎では，高校の化学をスタートとした．すなわち，目次を見て頂くとわかるが，章立ては高校の化学の教科書に準じており，第1章「物質の構成」，第4章「物質の変化」が『化学基礎』，第2章「物質の状態」，第3章「化学反応のエネルギー」，第5章「化学反応の速さと平衡」が『化学』である．各章の中では第1節「基礎知識」で高校

の化学の内容をまとめ，第 2 節以降が大学の化学の内容である．特に大学の化学の部分では，各論を避けかつ物理化学を基本にして，なぜそうなるかを説明するように心がけた．第 6 章「実験」では，基本的な実験操作，データの取扱い，最小二乗法の応用，それらを踏まえた具体的な化学実験例を取り上げた．第 2 編の物理の基礎では，化学を理解するうえで必要な物理として，「物理量，有効数字」，「電気」，「磁気」，「光」，「熱力学」を取り上げた．第 3 編の数学の基礎では，「微分と積分」，「指数関数と対数関数」，「ベクトルと行列」，「各種公式・展開式」など，化学に不可欠な項目をあげた．これらの構成からもわかるように，本書は高校生による高度かつ発展的な化学の学習や探求活動，また新しい学習指導要領を踏まえた高校の化学教育にも資する教科書であると考える．

　本書は上記のような構成になっているので，例えば，高校の化学がある程度できる人は，各章の第 1 節「基礎知識」は飛ばして，第 2 節以降の大学の化学の部分を読んで，わからないことが出てきたら第 1 節や物理・数学を復習するとよい．逆に高校で化学基礎しか学んでない人は，全章の第 1 節「基礎知識」をきちんと学んでから，大学の化学の部分を読むとよい．また，第 6 章「実験」は，化学の実験を行う前に読むことを勧める．安全はもとより，データの取扱いや数的処理は，実験レポートを書くときに必ず役に立つので，本書を手元に置いておくとよい．

　最後に，この場を借りて，丸善出版株式会社の熊谷現氏および中村俊司氏に感謝したい．本書の企画の当初からコロナ禍での発刊まで，お二人のお力がなければ本書は完成しなかったに違いない．

2021 年 10 月

執筆者を代表して

若 狭 雅 信

編者・執筆者一覧

編　者

若　狭　雅　信　　　埼玉大学大学院理工学研究科 教授

執筆者

尾　関　　　徹　　　兵庫教育大学名誉教授

陶　山　寛　志　　　大阪府立大学高等教育推進機構 教授

関　根　あき子　　　東京工業大学理学院 助教

徳　田　陽　明　　　滋賀大学教育学部 教授

樋　上　照　男　　　信州大学名誉教授

山　本　雅　博　　　甲南大学理工学部 教授

若　狭　雅　信　　　埼玉大学大学院理工学研究科 教授

（所属は 2021 年 10 月現在，五十音順）

目　　次

第 1 編　化学の基礎

3章　化学反応のエネルギー ———————————————— 79

4章　物質の変化 ———————————————————————— 99

第 2 編　物理の基礎

第3編　数学の基礎

第 1 編

化学の基礎

1章　物質の構成

1-1　基 礎 知 識

1-1-1　物 質 と は

　我々の身の回りには，たくさんの物質がある．人間が生きていくうえで必要不可欠な空気，水，食料，また日常生活で何気なく使っている都市ガスや灯油も物質から成り立っている．このような身の回りのものを指すとき，我々は曖昧に"物質"という言葉を使っている．化学で水と言えば，化学式 H_2O で書かれる純粋な水を指す．一方，空気は酸素 O_2，窒素 N_2，二酸化炭素 CO_2 などが混ざったものである．前者の H_2O は**純物質**であり，後者の空気は O_2，N_2，CO_2 などの純物質を含む**混合物**である（表 1-1）．食料，都市ガスや灯油もいろいろな純物質を含むので，混合物である．

表 1-1　身の回りの純物質と混合物

純物質	混合物
水，ダイヤモンド，水晶（二酸化ケイ素），酸素，窒素，一円硬貨（アルミニウム）	空気，牛乳，墨汁，百円硬貨（合金），玄武岩（二酸化ケイ素，酸化アルミニウム）

　物質の状態変化を図 1-1 に示す．例えば，1 気圧（1.013×10^5 Pa）のもとで，純物質である液体の水 H_2O は**蒸発**して気体（水蒸気）になり，100 ℃（**沸点**）で沸騰する．水蒸気は温度が下がると**凝縮**して液体にもどる．一方，液体の水は凝固点 0 ℃ で**凝固**して固体（氷）になり，氷は 0 ℃（**融点**）で**融解**して液体の水になる．また，固体の二酸化炭素 CO_2（ドライアイス）は，-78.5 ℃ で**昇華**して気体になる．逆に，気体が液体を経

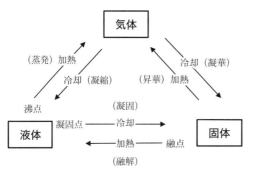

図 1-1　物質の三態（固体・液体・気体）間の状態変化

由せず，直接固体になることを**凝華**という．

　このような性質（沸点，融点，溶解度など）は純物質では固有であり，その違いを利用して混合物から純物質を分離することができる（表 1-2）．例えば，砂の混じった食塩水から，水と食塩（塩化ナトリウム）を分離するには，① **ろ過**により固体の砂を，② 塩化ナトリウムの水溶液から**蒸留**により水を，③ 残った水溶液から**再結晶**により塩化ナトリウムを得ればよい．また，灯油のような炭素数が異なる炭化水素の混合物では，含まれるそれぞれの炭化水素の沸点の差を利用して蒸留（**分留**）によって，各炭化水素を分離できる．このほかにも抽出，昇華，クロマトグラフィーなどの分離方法がある．

表 1-2　物質の分離

分離法	やり方と分離するもの
ろ過	ろ紙などを使って，液体とそれに溶けない固体を分離
蒸留	加熱によって液体を気体にして，再度液体にすることで液体を分離
分留	沸点の差を利用して，液体や気体を分離
再結晶	固体の液体に対する溶解度の差を利用して，固体を分離
抽出	溶媒に対する溶け方の差を利用して，液体や固体を分離
昇華(法)	固体を昇華させて，固体を分離

　次に純物質を構成する**原子**に注目しよう．水は水素原子 2 個と酸素原子 1 個が**化学結合**してできている．このような異なる原子が化学結合してできている物質を**化合物**という．一方，酸素や窒素は，酸素原子 2 個もしくは窒素原子 2 個が化学結合しており，1 種類の元素の原子のみからできている．このような物質を**単体**という．鉄や銅などの金属，ヘリウムやネオンなども単体である．

1-1-2　原子の構造

　化合物や単体を構成する原子は，1 個の**原子核**とそのまわりの何個かの**電子**でできており，その大きさ（直径）は**元素**によって若干異なるが，ほぼ 10^{-10} m（10^{-8} cm＝1 オングストローム（Å））である．さらに原子核は何個かの**陽子**と，何個かの**中性子**からできている．陽子の数は，それぞれの元素によって決まっており，この数を**原子番号**という．また，陽子の数と中性子の数の和を**質量数**という．一方，原子がもつ電子の数は，陽子の数と等しい．電子は負の電荷をもっており，その**電荷（電気量）**は，-1.6×10^{-19} クーロン（C）であり，この電気量を**電気素量**という．陽子は電子と同じ大きさの正の電荷をもつが，中性子は電荷をもたない．よって原子全体では電気的に中性になっている．電子 1 個の質量（9.1×10^{-31} kg）は陽子や中性子 1 個の質量（1.67×10^{-27} kg）に比べて小さいので，原子 1 個の質量は構成する陽子と中性子の質量でほぼ決まる．

　元素の種類は，陽子の数（原子番号）で決まるが，同じ元素でも中性子の数が異なるものが存在する．すなわち，原子番号は同じだが，質量数が異なる．このような原子を互いに**同位体**という．例えば，原子番号 1 の水素には，質量数 1（中性子をもたない）の水素（軽水素，99.985 ％）と質量数 2 の水素（重水素，0.015 ％）がある．ウラン（$^{238}_{92}U$）やプルトニウム（$^{239}_{94}Pu$）などのように，同位体のなかには**放射線**（α 線，β 線，γ 線）を

出して別の原子核に変化するものもあり，そのような同位体を**放射性同位体（ラジオアイソトープ）**という．最初の原子核の数が半分になる時間を**半減期**と呼び，炭素の放射性同位体（$^{14}_{6}C$）の半減期は 5730 年である．半減期を利用して，試料中の同位体の存在比から年代測定が行われている．

　原子は電気的に中性であるが，電子を放出したり，受け取ったりすると電気を帯びるようになる．このような電気を帯びた粒子を**イオン（単原子イオン）**と呼ぶ．正の電荷をもつ**陽イオン**（水素イオン H^+，ナトリウムイオン Na^+，カルシウムイオン Ca^{2+}，銅イオン Cu^{2+} など）と，負の電荷をもつ**陰イオン**（塩化物イオン Cl^-，酸化物イオン O^{2-} など）があり，単原子イオンに加えて 2 個以上の原子が結合した原子団が電荷をもった**多原子イオン**（アンモニウムイオン NH_4^+，水酸化物イオン OH^-，炭酸イオン CO_3^{2-} など）がある．原子から電子を取り去って陽イオンにするのに必要なエネルギーを**イオン化エネルギー**といい，原子が電子を受け取って陰イオンになるとき放出されるエネルギーを**電子親和力**という．表 1-3 に原子から電子を一つ取り去って一価のイオンにするのに必要なエネルギー（第一イオン化エネルギー）と電子親和力を示す．イオン化エネルギーが小さい原子ほど陽イオンになりやすく，逆に電子親和力が大きい原子ほど陰イオンになりやすい．

表 1-3　第一イオン化エネルギー（eV, 上段）と電子親和力（eV, 下段）

H							He
13.60							24.59
+0.75							<0
Li	Be	B	C	N	O	F	Ne
5.39	9.32	8.30	11.26	14.53	13.62	17.42	21.57
+0.62	<0	+0.28	+1.26	−0.07	+1.46	+3.40	<0
Na	Mg	Al	Si	P	S	Cl	Ar
5.14	7.65	5.99	8.15	10.49	10.36	12.97	15.76
+0.55	<0	+0.43	+1.39	+0.75	+2.08	+3.61	<0
K	Ca	Ga	Ge	As	Se	Br	Kr
4.34	6.11	6.00	7.90	9.79	9.75	11.81	14.00
+0.50	+0.02	+0.43	+1.23	+0.80	+2.02	+3.36	<0
Rb	Sr	In	Sn	Sb	Te	I	Xe
4.18	5.70	5.79	7.34	8.61	9.01	10.45	12.13
+0.49	+0.05	+0.3	+1.11	+1.05	+1.97	+3.06	<0

　イオン化エネルギー，電子親和力，原子やイオンの半径などの元素の性質は**周期性**があり，周期性は原子やイオンの**電子配置**と関係が深い．元素を原子番号の順に並べて，性質の似た元素が同じ縦の列に並ぶようにつくった表を**周期表**という．

　原子を構成する電子は，原子核を取り囲む**電子殻**と呼ばれるいくつかの層（内側から K 殻，L 殻，M 殻，N 殻など）に分かれて存在する．内側から n 番目の電子殻に入ることができる電子の最大数は $2n^2$ 個であり，K 殻，L 殻，M 殻，N 殻，O 殻の順に 2，8，18，32，50 個になる．原子は原子番号と同じ数の電子をもち，これらの電子は，ふつう内側の電子殻（K 殻，L 殻，M 殻，N 殻，O 殻などは，さらに s 軌道，p 軌道，d 軌道，

f軌道からなる）から順に収容（電子配置）される（表1-4）．このとき，最も外側の電子殻にある電子を**最外殻電子**といい，イオンになったり，他の原子と結合したり重要なはたらきをする最外殻電子を特に**価電子**という．ヘリウムやネオンなど**貴ガス（希ガス）**の最外殻に電子がすべて詰まった安定な**閉殻構造**の最外殻電子は，反応性が乏しいので価電子とは考えない．

表1-4　電子配置と価電子

周期	元素	電子殻の電子数												価電子数
		K	L		M			N				O		
		1s	2s	2p	3s	3p	3d	4s	4p	4d	4f	5s	5p	
1	H	1												1
	He	2												0
2	Li	2	1											1
	Be	2	2											2
	B	2	2	1										3
	C	2	2	2										4
	N	2	2	3										5
	O	2	2	4										6
	F	2	2	5										7
	Ne	2	2	6										0
3	Na	2	2	6	1									1
	Mg	2	2	6	2									2
	Al	2	2	6	2	1								3
	Si	2	2	6	2	2								4
	P	2	2	6	2	3								5
	S	2	2	6	2	4								6
	Cl	2	2	6	2	5								7
	Ar	2	2	6	2	6								0
4	K	2	2	6	2	6		1						1
	Ca	2	2	6	2	6		2						2
	Sc	2	2	6	2	6	1	2						
	Ti	2	2	6	2	6	2	2						
	V	2	2	6	2	6	3	2						
	Cr	2	2	6	2	6	5	1						
	Mn	2	2	6	2	6	5	2						
	Fe	2	2	6	2	6	6	2						
	Co	2	2	6	2	6	7	2						
	Ni	2	2	6	2	6	8	2						

（表つづく）

表1-4　電子配置と価電子（つづき）

周期	元素	電子殻の電子数												価電子数
		K	L		M			N				O		
		1s	2s	2p	3s	3p	3d	4s	4p	4d	4f	5s	5p	
4	Cu	2	2	6	2	6	10	1						1
	Zn	2	2	6	2	6	10	2						2
	Ga	2	2	6	2	6	10	2	1					3
	Ge	2	2	6	2	6	10	2	2					4
	As	2	2	6	2	6	10	2	3					5
	Se	2	2	6	2	6	10	2	4					6
	Br	2	2	6	2	6	10	2	5					7
	Kr	2	2	6	2	6	10	2	6					0
5	Rb	2	2	6	2	6	10	2	6			1		1
	Sr	2	2	6	2	6	10	2	6			2		2
	Y	2	2	6	2	6	10	2	6	1		2		
	Zr	2	2	6	2	6	10	2	6	2		2		
	Nb	2	2	6	2	6	10	2	6	4		1		
	Mo	2	2	6	2	6	10	2	6	5		1		
	Tc	2	2	6	2	6	10	2	6	5		2		
	Ru	2	2	6	2	6	10	2	6	7		1		
	Rh	2	2	6	2	6	10	2	6	8		1		
	Pd	2	2	6	2	6	10	2	6	10				
	Ag	2	2	6	2	6	10	2	6	10		1		1
	Cd	2	2	6	2	6	10	2	6	10		2		2
	In	2	2	6	2	6	10	2	6	10		2	1	3
	Sn	2	2	6	2	6	10	2	6	10		2	2	4
	Sb	2	2	6	2	6	10	2	6	10		2	3	5
	Te	2	2	6	2	6	10	2	6	10		2	4	6
	I	2	2	6	2	6	10	2	6	10		2	5	7
	Xe	2	2	6	2	6	10	2	6	10		2	6	0

1-1-3　化学結合（1-3節参照）

　　塩化ナトリウムや水などの化合物は，2種類以上の原子が化学結合して純物質を形成している．しかし，塩化ナトリウムと水ではその化学結合の様式が異なる．陽イオンになりやすいナトリウム原子と陰イオンになりやすい塩素原子からなる塩化ナトリウム NaCl では，多数のナトリウムイオン Na^+ と塩化物イオン Cl^- が**静電気的な引力（クーロン力）**で結びついて固体になっている．このような陽イオンと陰イオンの静電気的な引力による結合を**イオン結合**という．NaCl のような**塩**（酸と塩基が**中和反応**して生成する化合物）のほかにも，水酸化ナトリム NaOH などの**金属水酸化物**もイオン結合でで

きている．

　このようなイオンからなる物質を表すには，**組成式**（構成イオンの種類（陽イオン，陰イオンの順）とその数の割合を簡単な整数比で示したもの）を用いる．水酸化カルシウムは多数のカルシウムイオン Ca^{2+} と水酸化物イオン OH^- が $1:2$ の割合でイオン結合した化合物なので，組成式で $Ca(OH)_2$ と表される（表1-5）．また，$NaCl$ のように Na^+ と Cl^- が交互に規則正しく配列した構造をもつ固体を**結晶**（2-1-11 項，2-7 節参照）といい，イオン結合でできている結晶を**イオン結晶**という（図1-2）．

　一方，水 H_2O は 2 個の水素原子と 1 個の酸素原子が結合してできた粒子である．このように決まった種類の原子が決まった数だけ化学結合してできた粒子を**分子**という．分子はその構成原子の数によって，水素 H_2 や酸素 O_2 などの**二原子分子**と，H_2O や二酸化炭素 CO_2 などの**多原子分子**がある．ヘリウムやネオンのような貴ガス（希ガス）は化学結合はもたないが，**単原子分子**という．2 種類以上の原子からなる分子では，構成原子の種類（一般に B, Si, C, Sb, As, P, N, H, Se, S, I, Br, Cl, O, F の順に先に書く）を元素記号で，その数を右下に添えた**分子式**で分子を表す．**非金属元素**の原子が化学結合して分子をつくるとき，それぞれの原子が電子（価電子）を出し合って共有することで，貴ガス（希ガス）と同じ安定な電子配置をつくろうとする．こうした電子を共有した原子間には強い結合（**共有結合**）が形成され，安定な分子をつくる．H_2O では，2 個の H 原子がそれぞれ 1 個の価電子を，O 原子が 2 個の価電子を出して共有することで，それぞれヘリウム原子，ネオン原子と同じ安定な閉殻構造をとる（図1-3）．

　共有結合で分子ができる様子をより簡便に示すために，元素記号のまわりに最外殻電子を点・で示した**電子式**を用いる．第 2，3 周期の原子は，最外殻電子が 1〜4 個のうちは電子殻に電子は単独で存在するが，5 個以上になると，表1-6 のように 2 個で 1 組の

表 1-5　イオンからなる物質の組成式

	塩化物イオン Cl^-	水酸化物イオン OH^-	硫酸イオン SO_4^{2-}	リン酸イオン PO_4^{3-}
ナトリウムイオン Na^+	$NaCl$	$NaOH$	Na_2SO_4	Na_3PO_4
カルシウムイオン Ca^{2+}	$CaCl_2$	$Ca(OH)_2$	$CaSO_4$	$Ca_3(PO_4)_2$
アルミニウムイオン Al^{3+}	$AlCl_3$	$Al(OH)_3$	$Al_2(SO_4)_3$	$AlPO_4$

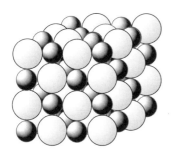

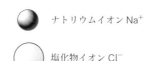

ナトリウムイオン Na^+

塩化物イオン Cl^-

図 1-2　塩化ナトリウム $NaCl$ の結晶（イオン結晶）

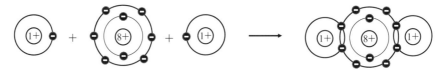

図1-3　H₂O の電子殻と共有結合

対（**電子対**，表中では : や ‥ で示した）をつくるようになる．一方，対になっていない電子を**不対電子**という．

表1-6　原子の電子配置（電子式）と不対電子の数

族	1族	13族	14族		15族		16族		17族	
電子式	H·	Ḃ·	·Ċ·	·Si·	·N̈·	·P̈·	:Ö:	:S̈:	:F̈:	:C̈l:
不対電子の数	1	3	4		3		2		1	

　この電子式を用いて，2個のH原子と1個のO原子からH₂O分子ができるときの様子を表すと，式(1-1)のようになり，HとOが電子を共有していることが明らかである．

$$\text{H·} + \text{·Ö·} + \text{·H} \longrightarrow \text{H:Ö:H} \tag{1-1}$$

より簡便に，共有している電子（**共有電子対**）を1本の線で表したものを**構造式**という（電子を点で表したものはルイス構造式という）．また，各原子が共有結合するときに使う不対電子の数を**原子価**という．式(1-1)のように，水分子では酸素原子の2個の不対電子と水素原子の1個の不対電子がそれぞれ共有され，共有電子対を1組ずつつくって結合している．このような1組の共有電子対による共有結合を**単結合**といい，水素原子と酸素原子の原子価はそれぞれ1と2である．二酸化炭素および窒素分子の共有結合ができる様子は，式(1-2)，式(1-3)のようになる．

$$O + C + O \longrightarrow O=C=O \tag{1-2}$$

$$N + N \longrightarrow N \equiv N \tag{1-3}$$

二酸化炭素の炭素と酸素の結合のように2組の共有電子対による共有結合を**二重結合**といい，炭素原子の原子価は4である．一方，窒素分子のような3組の共有電子対による共有結合を**三重結合**という．このとき，窒素原子の原子価は3である．

　分子の形は，"共有電子対と非共有電子対は同等であり，二重結合や三重結合の電子対は1組の電子対とみなして，電子対どうしが電気的に反発し，できるだけ離れた位置関係になろうとする"と考えると予想できる（1-3-4項参照）．水素H₂，窒素N₂，塩化水素HClなどの2原子分子は**直線形**になる．水分子H₂Oでは，酸素原子のまわりの共有電子対と非共有電子対が2組ずつあり，計4組の電子対が反発する．そこで，電子対はそれぞれ正四面体の頂点方向の位置になり，分子の形は図1-4(a)のように**折れ線形**になる．一方，二酸化炭素分子CO₂では，炭素原子のまわりの4組の共有電子対が，2組ずつそれぞれの酸素原子との共有結合に使われており，直線形になる．メタン分子CH₄

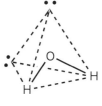

(a)　H₂O（折れ線形）

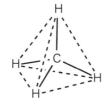

(b)　CH₄（正四面体形）

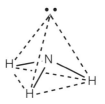

(c)　NH₃（三角錐形）

図 1-4　H₂O，CH₄，NH₃ の構造

およびアンモニア分子 NH₃ では，それぞれ 4 組の共有電子対，もしくは 3 組の共有電子対と 1 組の非共有電子対による計 4 組の電子対の反発を考えればよく，分子の形はそれぞれ**正四面体形**と**三角錐形**になる（図 1-4(b)，(c)）．

　このような電子対の反発により分子の形を考えるほか，原子の中で電子がどこにどれくらい存在するかを表した**原子軌道**をもとに，**σ 結合，π 結合，混成軌道**の概念を取り入れて共有結合を考えても分子の形を理解できる（1-3-4 項参照）．

　また，分子が規則正しく配列した構造をもつ固体になったとき，その固体を**分子結晶**という．さらに，ダイヤモンド，黒鉛，二酸化ケイ素などのように共有結合でできた物質でも，分子のような粒子をつくらず，多数の原子が共有結合で規則正しく配列した構造をとることができ，そのような固体を**共有結合結晶**という．

　共有結合は一般に二つの原子間で互いに不対電子を出しあって，共有してできる結合であるが，片方の原子の非共有電子対を二つの原子間で共有してできる共有結合もある．このような共有結合を**配位結合**という（1-3-8 項参照）．代表的なものにオキソニウムイオン H₃O⁺ とアンモニウムイオン NH₄⁺ がある．式(1-4)，式(1-5)に配位結合ができる様子を示す．配位結合によってできあがった結合は，他の共有結合とまったく同じなので，区別することはできない．

$$\text{H} \!:\!\overset{..}{\underset{\text{H}}{\text{O}}}\!:\ +\ \text{H}^+\ \longrightarrow\ \left[\text{H}\!:\!\overset{..}{\underset{\text{H}}{\text{O}}}\!:\!\text{H}\right]^+ \tag{1-4}$$

$$\text{H}\!:\!\overset{\text{H}}{\underset{\text{H}}{\text{N}}}\!:\ +\ \text{H}^+\ \longrightarrow\ \left[\text{H}\!:\!\overset{\text{H}}{\underset{\text{H}}{\text{N}}}\!:\!\text{H}\right]^+ \tag{1-5}$$

　アンモニア分子，水分子，シアン化物イオン CN⁻（[:C⋮⋮N:]⁻），塩化物イオン，水酸化物イオンのような非共有電子対をもった分子や陰イオンは，金属イオンに配位結合することができ，できた複雑な組成のイオンを**錯イオン**という．また，錯イオンの中で配位結合している分子や陰イオンを**配位子**という．錯イオンの名前は，

　　配位子の数＋配位子名＋金属イオンと価数
　　　　　　　　　　＋（錯イオンが陰イオンのときは酸）＋イオン

になる．代表的な錯イオンを表 1-7 に示す．

　異なる種類の原子間の共有結合では，各原子の陽子の数や電子配置が異なるので，それぞれの原子が共有電子対を引き寄せる強さに違いが生じる．この強さを数値で表した

表 1-7　代表的な錯イオンと構造

錯イオン	ジアンミン銀(I)イオン	テトラアンミン銅(II)イオン	テトラアンミン亜鉛(II)イオン	ヘキサシアニド鉄(II)酸イオン	ヘキサシアニド鉄(III)酸イオン
化学式	$[Ag(NH_3)_2]^+$	$[Cu(NH_3)_4]^{2+}$	$[Zn(NH_3)_4]^{2+}$	$[Fe(CN)_6]^{4-}$	$[Fe(CN)_6]^{3-}$
金属イオン	Ag^+	Cu^{2+}	Zn^{2+}	Fe^{2+}	Fe^{3+}
配位数	2	4	4	6	6
配位子	NH_3	NH_3	NH_3	CN^-	CN^-
構造	直線形	正方形	正四面体形	正八面体形	正八面体形

ものを**電気陰性度**といい，一般に貴ガス（希ガス）を除き，周期表の右上にある元素ほど大きく，フッ素 F が最大である（表 1-8）．例えば，塩化水素分子 HCl では，電気陰性度が 3.2 と大きい Cl 原子が共有電子対を引き寄せ，わずかに負の電荷（$\delta-$）を帯び，逆に H 原子は電気陰性度が 2.2 と小さいので，わずかに正の電荷（$\delta+$）を帯びる．このように，共有結合している原子間に電荷の偏りがあるとき，結合に**極性**があるという．2 原子間の電気陰性度の差が大きいほど結合の極性は大きく，塩素分子 Cl_2 のように同じ原子が共有結合したときは結合に極性は生じない．二原子分子では，結合に極性がないときは分子全体としても極性をもたず，このような分子を**無極性分子**という．一方，結合に極性があるときは分子全体としても極性をもつことができ，極性をもつ分子を**極性分子**という（1-3-7 項参照）．多原子分子では，分子の極性には分子の形が強く関与する．直線形の二酸化炭素分子 CO_2 では，C=O 結合には極性があるが，分子全体としては結合の極性が打ち消され（極性の大きさが等しく方向が逆向き），無極性分子になる．正四面体形のメタンも同様に結合の極性が打ち消され分子全体としては無極性である．折れ線形の水分子 H_2O や三角錐形のアンモニア分子 NH_3 では，O−H 結合，N−H 結合は極性があり，かつ分子全体としても結合の極性は打ち消されないので，極性分子である．

　イオン結合，共有結合，配位結合のような二つの原子間の強い化学結合のほかにも，二つの分子間にはたらく静電気的な弱い結合（**分子間力（分子間相互作用）**）がある（2-3 節参照）．分子間力のなかで比較的強い結合が**水素結合**である．例えば，フッ化水素

表 1-8　ポーリングの電気陰性度

H							He
2.2							
Li	Be	B	C	N	O	F	Ne
1.0	1.6	2.0	2.6	3.0	3.4	4.0	
Na	Mg	Al	Si	P	S	Cl	Ar
0.9	1.3	1.6	1.9	2.2	2.6	3.2	
K	Ca	Ga	Ge	As	Se	Br	Kr
0.8	1.0	1.8	2.0	2.2	2.6	3.0	3.0
Rb	Sr	In	Sn	Sb	Te	I	Xe
0.8	1.0	1.8	2.0	2.1	2.1	2.7	2.6
Cs	Ba	Tl	Pb	Bi	Po	At	Rn
0.8	0.9	2.0	2.3	2.0	2.0	2.2	

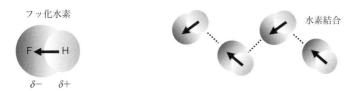

図1-5 HF 分子間の水素結合

分子 HF は，F 原子と H 原子の電気陰性度の差が大きく，極性をもつ分子である．HF 分子間では，正に帯電（$\delta+$）した H 原子と負に帯電（$\delta-$）した F 原子間に比較的強い静電気的な引力がはたらく（図1-5）．このような，電気陰性度が特に大きい F，O，N 原子と共有結合して強く正に帯電した H 原子と，その H 原子とは直接は結合していない負に帯電した F，O，N 原子との間の結合を水素結合という．HF 以外にも，H_2O，NH_3，エタノール C_2H_5OH，酢酸 CH_3COOH などのそれぞれの分子間にも水素結合がはたらいている．また，水素結合は同種の分子間だけではなく，H_2O と C_2H_5OH を混ぜたときなど，異なる分子間でもはたらく．このとき，互いの分子間に水素結合が生じるので，両物質は任意の割合で溶ける．

　水素結合ほど強くはない分子間力に**ファンデルワールス力**がある（2-3 節参照）．ファンデルワールス力には塩化水素分子 HCl のような電荷の偏りをもつ極性分子間にはたらく静電気的な引力と，瞬間的な電荷の偏りによって生じる無極性分子を含むすべての分子間にはたらく引力（**分散相互作用**）がある．

　分子間力の大小によって，分子からなる物質の融点や沸点，さらには密度などに規則性や特異性が現れる．例えば，分子量が大きく分散相互作用が大きい分子や，分子量が同じ程度でも水素結合が強いもの，静電気的な引力が大きい分子ほど，一般的に沸点が高くなる傾向にある．また，水は凝固すると体積が増え（密度が減少し），融解すると 4℃ で密度が最大になる．こうした水の特異的な性質は，水素結合の影響である．

　金属の原子が集合した金属の単体では，価電子が原子から離れやすく，共有結合のように特定の原子間で共有されることなく，金属全体を自由に移動できる（図1-6）．このような電子を**自由電子**という．自由電子による金属の原子間の結合を**金属結合**といい（1-3-9 項参照），金属結合でできた結晶を**金属結晶**という．金属の単体は，常温では水銀を除いてすべて固体であり，金属結晶をつくっている．金属結晶では，金属の原子が規則正しく立体的に配列した構造（**結晶格子**）をとり，**体心立方格子**，**面心立方格子**，**六方最密構造**のいずれかである（2-1-11 項参照）．金属の固体は，**金属光沢**をもち，**熱伝導性**や**電気伝導性**が大きい．これらの性質は，金属中の自由電子の振動や移動に由来する．

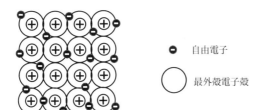

● 自由電子

◯ 最外殻電子殻

図1-6 金属結合の自由電子

　また，**延性**（引っ張ると長く伸びる性質）や**展性**（たたくと薄く広がる性質）のような金属結晶の変形が可能であることも，原子の配列が多少変わっても，移動可能な自由電子によって原子間の結合が保たれることによる．

1-1-4　純物質の分類

　身の回りの純物質は，構成する元素（金属元素，非金属元素），構成する粒子（原子，イオン，分子），化学結合の種類（金属結合，イオン結合，共有結合，分子間力），結晶の種類（金属結晶，イオン結晶，共有結合結晶，分子結晶）などの観点から，図 1-7 のように分類することができる．

1-1-5　物　質　量

　原子 1 個の質量はおよそ $10^{-24} \sim 10^{-22}$ g と非常に小さいので，そのままの値では扱いにくい．そこで，"質量数 12 の炭素原子 $^{12}_{6}$C 1 個の質量 = 12"として，これを基準に他の原子の相対質量の値を決めている．フッ素のように同位体が存在しない元素は，この相対質量が**原子量**になる．また，炭素のように同位体（$^{12}_{6}$C（相対質量 12，存在比 98.93 %）と $^{13}_{6}$C（相対質量 13.003，存在比 1.07 %））がある場合は，相対質量の平均値 12.01 が炭素の原子量になる．分子やイオンの質量を扱う場合も，この原子量を用いる．分子式に含まれる元素の原子量の総和を**分子量**といい，分子の相対質量を表す．イオン，イオン結晶，金属，共有結合結晶などの相対質量は，イオン式や組成式に含まれる元素の原子量の総和を用い，これを**式量**という．イオンでも原子量を用いるのは，陽子や中性子の質量に比べて電子の質量が非常に小さいため，原子がイオンになっても質量変化は

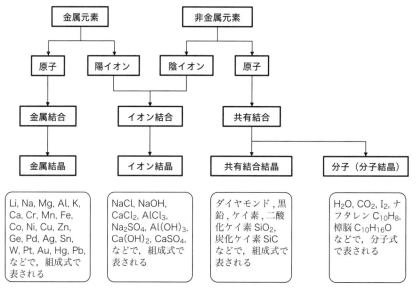

図 1-7　純物質の分類

金属結合：自由電子によって金属原子が結びつく，イオン結合：陽イオンと陰イオンの静電気力で結びつく，共有結合：電子対を共有することで結びつく，共有結合結晶：すべての原子が共有結合で結びついた結晶，分子結晶：分子どうしが分子間力によって結びついた結晶．

無視できるためである．

　日常生活のなかで我々は，物質の量を表すとき質量や体積を用いる．一方，物質は原子，分子，イオンなどの粒子からなり，化学反応するとき，各粒子の組合せが変化する．よって，化学で物質の量を扱うときには，質量や体積よりも原子，分子，イオンなどの粒子の数を用いたほうが理解しやすい．しかし，これらの粒子1個の質量は非常に小さく，目に見える質量，体積に換算すると，$10^{22}〜10^{23}$個になってしまう．これでは取扱いが不便なので，$6.02×10^{23}$個の粒子の集団を1単位として扱うことにする．この数を**アボガドロ数**といい，アボガドロ数（$6.02×10^{23}$）個の粒子の集団を**1モル（mol）**という．また，molを単位として表した粒子の量を**物質量**という．ここで，$6.02×10^{23}$個は，質量数12の炭素原子$^{12}_{6}$C 12.0 g中に存在する炭素原子の個数である．

　1 molあたりの粒子の数$6.02×10^{23}$ mol^{-1}を**アボガドロ定数**N_Aといい，物質1 molあたりの質量を**モル質量**（$g\ mol^{-1}$）という．原子，分子，イオンなどのモル質量は，原子量，分子量，式量に単位$g\ mol^{-1}$をつけたものになる．よって，

$$物質量(mol) = 粒子の数 / N_A = 物質の質量(g) / モル質量(g\ mol^{-1}) \qquad (1\text{-}6)$$

となる．

　気体の体積と物質量は**アボガドロの法則**によって結びつけることができる．すなわち，"すべての気体は，同温・同圧のとき，同体積中に同数の分子を含んでいる"ので，同温・同圧であれば，同じ物質量の気体は，種類を問わず同体積を占める．詳細な実測によると，0 ℃，$1.013×10^5\ Pa$（1気圧）で1 molの気体の体積は，ほぼ22.4 Lになる．これは，空気のような混合気体にも当てはまる．物質1 molあたりの体積を，**モル体積**（$L\ mol^{-1}$）といい，気体のモル体積は0 ℃，$1.013×10^5\ Pa$（1気圧）でほぼ22.4 $L\ mol^{-1}$である．よって，0 ℃，$1.013×10^5\ Pa$（1気圧）で気体の物質量（mol）は，

$$物質量(mol) = \frac{気体の体積(L)}{モル体積(L\ mol^{-1})} = \frac{気体の体積(L)}{22.4\ L\ mol^{-1}} \qquad (1\text{-}7)$$

となる．これらにより，日常生活で物質の量を表す質量や体積と，粒子の数や物質量を結びつけることができる．

1-2 原子の電子構造

1-2-1 原子軌道

　原子を構成する電子は，前項で述べたように原子核を取り囲む電子殻（K殻，L殻，M殻，N殻など）に分かれて存在するが，原子核からある距離のところを周回運動しているわけではない．電子は三次元の**原子軌道**（atomic orbital）に入っており，原子軌道は電子の空間的な存在を示したものである．例えば，陽子1個，電子1個からなる水素原子の原子軌道（**波動関数**（wave function）Ψ）は，次の微分方程式（**シュレディンガー方程式**（Schrödinger equation））を解くことによって厳密に求まる（12-3-3項参照）．

$$\hat{H}\psi(x, y, z) = E\psi(x, y, z) \qquad (1\text{-}8)$$

ここで，$\hat{H}$はエネルギーE（運動エネルギーとポテンシャルエネルギー）に対する**ハミ**

ルトン演算子（ハミルトニアン（Hamiltonian））で，

$$\hat{H} = -\frac{\hbar^2}{2m_e}\left(\frac{\partial^2}{\partial x^2}+\frac{\partial^2}{\partial y^2}+\frac{\partial^2}{\partial z^2}\right)+U(x,y,z) = -\frac{\hbar^2}{2m_e}\nabla^2+U(x,y,z) \qquad (1\text{-}9)$$

である．$\hat{H}$ は波動関数 $\varPsi$ に作用して**固有値**(eigenvalue)としてのエネルギー E を与える．ここで，m_e は電子の質量，$\hbar$ はプランク定数（$h = 6.626\times10^{-34}\,\mathrm{J\,s}$）を 2π で割った $h/2\pi$ である．また，$\nabla^2\left(=\dfrac{\partial^2}{\partial x^2}+\dfrac{\partial^2}{\partial y^2}+\dfrac{\partial^2}{\partial z^2}\right)$ を**ラプラス演算子**（ラプラシアン（laplacian））といい，座標の 2 階微分を与える演算子である．式(1-8)を用いて，エネルギーに対する演算子を，波動関数 $\varPsi(x,y,z)$ に作用させることで（微分方程式を解くことで），固有値として離散的な（とびとびの）軌道エネルギー E とそれに対応する波動関数が求まる．この波動関数の値の 2 乗 $\varPsi^2$ は，ボルンの解釈によると座標 (x,y,z) における電子の**存在確率密度**（probability density）を表す．電子分布をわかりやすくするために，次のように変数分離して，

$$\psi(x,y,z) = R(r)Y(\theta,\phi) \qquad (1\text{-}10)$$

座標 (x,y,z) を球面極座標 (r,θ,ϕ) に変換すると図 1-8 のようになる．

シュレディンガー方程式を解くと，その解として波動関数は表 1-9 のような動径部分（**動径波動関数**（radial wave function））$R(r)$ と角度部分（方位波動関数）$Y(\theta,\phi)$ の積として求まる．

また，固有値である原子軌道のエネルギーをジュール単位（J），波数単位（cm^{-1}）および電子ボルト単位（eV）で表すと次のようになる．

$$E = -hcR_H\frac{1}{n^2}\ \text{(J)} = -R_H\frac{1}{n^2}\times10^{-2}\ \text{(cm}^{-1}\text{)} = -\frac{hcR_H}{e}\frac{1}{n^2}\ \text{(eV)} \qquad (1\text{-}11)$$

ここで，$h,\ c,\ R_H,\ e$ はそれぞれプランク定数，光速（$2.998\times10^8\,\mathrm{m\,s^{-1}}$），リュードベリ定数（$1.097\times10^7\,\mathrm{m^{-1}}$），電気素量（$1.602\times10^{-19}\,\mathrm{C}$）である．また，$n$ は**主量子数**（principal quantum number）と呼ばれ，K 殻，L 殻，M 殻，N 殻，O 殻に対応して，それぞれ $n = 1,2,3,4,5$ になる．このように，K 殻，L 殻，M 殻，N 殻，O 殻は，原子軌道をエネルギーの順に並べたものである．

一方，水素原子の $n=1$ の波動関数 $\varPsi$ は，表 1-9 に示したように，

$$\varPsi = 2a_0^{-3/2}\mathrm{e}^{-r/a_0}\sqrt{\frac{1}{4\pi}} \qquad (1\text{-}12)$$

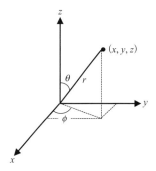

図 1-8　球面極座標 (r,θ,ϕ)

表 1-9　水素原子の波動関数

軌道	主量子数 n	方位量子数 l	磁気量子数 m	$R(r)$	$Y(\theta, \phi)$
1s	1	0	0	$2a_0^{-3/2}\mathrm{e}^{-r/a_0}$	$\sqrt{\dfrac{1}{4\pi}}$
2s	2	0	0	$\dfrac{1}{2\sqrt{2}}a_0^{-3/2}\left(2-\dfrac{r}{a_0}\right)\mathrm{e}^{-r/2a_0}$	$\sqrt{\dfrac{1}{4\pi}}$
2p$_z$	2	1	0	$\dfrac{1}{2\sqrt{6}}a_0^{-3/2}\left(\dfrac{r}{a_0}\right)\mathrm{e}^{-r/2a_0}$	$\sqrt{\dfrac{3}{4\pi}}\cos\theta$
2p$_y$	2	1	± 1	$\dfrac{1}{2\sqrt{6}}a_0^{-3/2}\left(\dfrac{r}{a_0}\right)\mathrm{e}^{-r/2a_0}$	$\sqrt{\dfrac{3}{4\pi}}\sin\theta\cos\phi$
2p$_x$	2	1	± 1	$\dfrac{1}{2\sqrt{6}}a_0^{-3/2}\left(\dfrac{r}{a_0}\right)\mathrm{e}^{-r/2a_0}$	$\sqrt{\dfrac{3}{4\pi}}\sin\theta\sin\phi$

である．ここで，a_0 はボーア半径（0.0529 nm，後述）である．Ψ は角度成分 θ, ϕ を含まないので，原子核からの距離 r の球面上では同じ値になる．このような球対称の軌道を **s 軌道**（s orbital）と呼ぶ．この関数は図 1-9 に示すように，$r = 0$ の位置（原子核の中心）において最大となり，r が増加するにつれて指数関数的に減少して，最終的に 0 になる．

　また，電子の存在確率密度 Ψ^2 は，Ψ より敏感に r で変化するが，同様の形状になる．原子核から距離 r での電子の存在確率 $P(r)$ は，存在確率密度 Ψ^2 と半径 r の球の表面積の積で表され，

$$P(r) = 4\pi r^2 \Psi^2(r) = 4r^2 a_0^{-3}\mathrm{e}^{-2r/a_0} \tag{1-13}$$

となる．ここで，$P(r)$ を**動径分布関数**（radial distribution function）と呼ぶ．$r = 0$ の原子核の中心では存在確率密度 Ψ^2 は最大になるが，表面積が 0 になるので $P(r)$ も 0 になる．r が増加すると表面積は増加するので $P(r)$ も増加する．一方，r が増加すると指数の項は急激に減少するので，最終的に $P(r)$ は 0 に収束する．よって，r がある値のところで $P(r)$ は最大となり，そのときの r が**ボーア半径**（Bohr radius）a_0 である．このように 1s 軌道の形（境界面，例えば内部に 90 ％の確率で電子を含む）は球対称になる（図 1-10）．

　$n = 2$ の波動関数は，角度成分 θ, ϕ を含まない場合（1 種類）と含む場合（3 種類）の合計 4 種類があり，主量子数 n に加えて二つの量子数（**方位量子数**（角運動量量子数（azimuthal quantum number），$l = 0, 1$）と**磁気量子数**（magnetic quantum number，$m = 0, \pm 1$））をもつ．これら 4 種類の波動関数のエネルギーは等しく，原子軌道は**縮退**

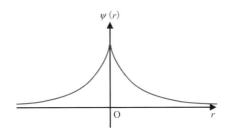

図 1-9　1s 軌道の波動関数

（degeneracy）している．角度成分を含まない波動関数の軌道（$l=0$）は $n=1$ の場合と同じように，球対称で s 軌道（2s 軌道）である．一方，方位量子数 $l=1$ で，角度成分 θ, ϕ を含む3種類の波動関数（磁気量子数 $m=0, \pm1$）では，図 1-10 のように x, y, z 軸それぞれに沿って，原点（原子核の中心）から両方向に膨らんだ形（二つのローブをもつ形）の軌道になっており，このような軌道を **p 軌道**（p orbital）と呼ぶ．ここでは，$n=2$ であるので 2p 軌道である．p 軌道の特色として，二つのローブの間には原子核の位置をよぎる節面があり，この節面上では電子の存在確率密度は 0 である．また，三つのp 軌道（p_x, p_y, p_z 軌道）は，それぞれ直交している．$n=3$ の波動関数ではさらに複雑になって，n^2 個すなわち9個の縮退した波動関数がある．球対称の 3s 軌道（$l=0$），3種類の 3p 軌道（$l=1$, $m=0, \pm1$）に加えて，5種類の 3d 軌道（$l=2$, $m=0, \pm1, \pm2$）である．

　図 1-10 に水素原子の 1s，2p，3d 軌道の形（境界面）と，図 1-11 にそのエネルギー準位を示す．このように軌道の形は，方位量子数 l と磁気量子数 m によって異なり，方位量子数 $l=0,1,2,3$ に対応して，s 軌道，p 軌道，d 軌道，f 軌道になっている．主量子数が n のとき，方位量子数 l は $l=0,1,2,\cdots,n-1$ の値をとり，それぞれの方位量子数 l に対して，さらに磁気量子数 $m=0, \pm1, \pm2, \cdots, \pm l$ をとる．よって，合計 n^2 種類の軌

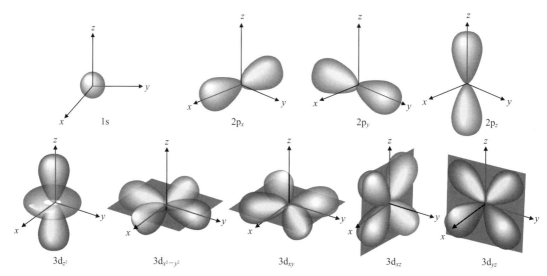

図 1-10　1s，2p，3d 軌道の形

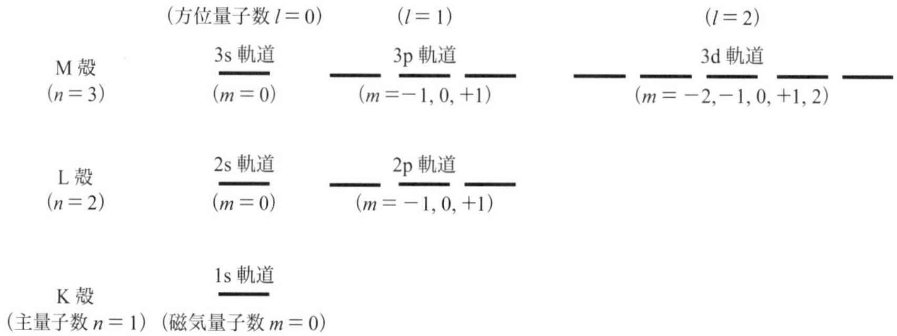

図 1-11　軌道のエネルギー準位

道があることになる.

1-2-2 電子スピン

これまでは原子軌道に注目してきたが, 水素原子の電子構造（電子配置）を考えるとき, 電子そのものについても考える必要がある. 電子は負の電荷をもって原子軌道に確率的に分布している（古典論でいうところの公転をしている）のに加えて, 電子自体は **角運動量**（angular momentum）ももっている（古典論でいうところの自転（スピン）をしている）. 電子のスピン角運動量の大きさは $(\sqrt{3}/2)\hbar$ であり, **スピン量子数**（spin quantum number）s はすべての電子について 1/2 である. 磁場のない空間では, スピンは右回りでも左回りでもよく, この二つの状態を区別するために**スピン磁気量子数**（spin quantum number）$m_s = \pm 1/2$ を用いる（図 1-12）. そこで, 水素原子のエネルギーが最下位（基底状態）にある 1s 軌道の量子数の組合せは, 主量子数 $n = 1$, 方位量子数 $l = 0$, 磁気量子数 $m = 0$, スピン磁気量子数 $m_s = \pm 1/2$ である. 磁場がないところでは, $m_s = +1/2$ の α スピンと $m_s = -1/2$ の β スピンはエネルギーが等しいが, 磁場があるところでは, β スピンのほうが α スピンよりエネルギーが低い.

1-2-3 水素原子スペクトルと選択則

19 世紀に太陽光の中の暗線（フラウンホーファー（J. Fraunhofer, 1812）, オングストローム（A. J. Ångstrom, 1868））や, 炎色反応における輝線（キルヒホッフ（G. R. Kirchhoff, 1859））が観測され盛んに研究が行われた. そして, それらが原子の離散的なエネルギー状態間でのエネルギーの吸収・放出に伴う光吸収や発光であることがわかってきた. 一方, 水素に高電圧をかけて放電を行うと, 水素分子 H_2 が解離して励起された水素原子 H が生成し, ピンク色の発光を示す. これを分光して詳細に調べると, 波長 656.3, 486.1, 434.0, 364.6 nm に輝線（スペクトル線）が観測され, その波長 λ の逆数（波数 $\bar{\nu}$）が次の式によく合うことが指摘された（バルマー（J. J. Balmer, 1885））.

$$\bar{\nu} = \frac{1}{\lambda} \propto \frac{1}{2^2} - \frac{1}{n^2} \qquad (n = 3, 4, 5, \cdots) \qquad (1\text{-}14)$$

この式で表される水素原子のスペクトル線は, **バルマー系列**（Balmer series）と呼ばれている. さらに, 同様なスペクトル線が紫外領域（ライマン系列）, 赤外領域（パッシェン系列）でも観測された. 一連のスペクトル線は, 次の式で書き表せることがリュードベリ（J. Rydberg, 1890））によって示された.

$$\bar{\nu} = \frac{1}{\lambda} = R_H \left(\frac{1}{n_1^2} - \frac{1}{n_2^2} \right) \qquad (n_1 = 1, 2, 3, \cdots; n_2 = n_1 + 1, n_1 + 2, n_1 + 3, \cdots) \qquad (1\text{-}15)$$

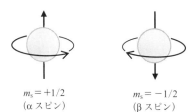

$m_s = +1/2$
（α スピン）

$m_s = -1/2$
（β スピン）

図 1-12 スピン（spin）の古典的なモデル

ここで，R_H は**リュードベリ定数**（Rydberg constant，$1.097 \times 10^7 \, \text{m}^{-1}$）で，$n_1 = 1$ がライマン系列，$n_1 = 2$ がバルマー系列，$n_1 = 3$ がパッシェン系列に対応する．可視光領域にスペクトル線が観測されたバルマー系列に注目すると，656.3, 486.1, 434.0 nm はそれぞれ，主量子数 n が 3, 4, 5 である M 殻，N 殻，O 殻から，n が 2 である L 殻への電子遷移に伴う発光である．遷移にあたって，エネルギーは保存されるので，二つの軌道のエネルギー差を光（**光子，フォトン**（photon））として放出する．後述（3-1-4，10-2-1項参照）するが，振動数 ν のフォトンがもつエネルギー（J）は，

$$E = h\nu \tag{1-16}$$

である．さらに，フォトンは 1 単位の角運動量をもっているので，光の放出や吸収が可能な遷移は，全体の角運動量が保存された遷移でなければならない（**選択律**（selection rule））．よって，角運動量を示す方位量子数（角運動量量子数 l）と磁気量子数 m が次のような条件を満たさなければならない．

$$\Delta l = \pm 1 \qquad \Delta m = 0, \pm 1 \tag{1-17}$$

この選択律に従えば，バルマー系列やライマン系列の遷移では，最も単純な 1s 軌道と 2s 軌道間の遷移は禁制である．

1-2-4　多電子原子系

水素以外の原子の軌道エネルギーや電子配置は，水素の場合より複雑である．原子番号 Z の原子は，原子核に Z 個の陽子をもち，原子軌道に同数の電子がある．水素の場合と同じように，主量子数 n が 1 から順に K 殻，L 殻，M 殻，N 殻，O 殻などの原子殻があり，さらに方位量子数 l が異なる副殻（s 軌道，p 軌道，d 軌道，f 軌道）をもつ．水素原子では，副殻の種類（方位量子数 l）によらず，同じ主量子数 n の原子殻では軌道が縮退しており，エネルギーは等しかった．しかし，水素以外の多電子原子系では，電子間の相互作用や原子核との遮蔽があるので，縮退が解け，副殻によってエネルギーが異なる．副殻のエネルギーは図 1-13 の矢印のように，1s 軌道から順番に大きくなっている．このようなエネルギーレベルにある原子殻（軌道）に，ほぼ小さいほうから順番に Z 個の電子が入って，それぞれの原子を構成している．

さらに，電子配置には，次のようないくつかのルール（電子配置の構成原理）がある．

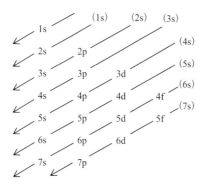

図 1-13　副殻のエネルギーレベルの順序
電子はエネルギーレベルの低い副殻から矢印のように順番に入る．

　(1)　一つの軌道には電子は 2 個まで収容できる（**パウリの排他原理**（Pauli exclusion principle））

　(2)　一つの軌道に 2 個の電子を収容するときは，異なるスピン状態（スピン磁気量子数 m_s が異なる電子）でなければならない

　(3)　一つの副殻の複数ある軌道に電子を収容するときは，どれか一つの軌道に 2 個の電子が入る前に，同じ副殻の異なる軌道に電子が入る（**フントの規則**（Hund's rule））

　上記の (1) と (2) を合わせて考えると，パウリの排他原理は，"一つの原子の中では，同じ量子数（n, l, m, m_s）をもつ電子は存在しない"ということを示している．基本的にこのような構成原理により，各原子の電子配置は決まっている．また，He や Ne などの貴ガス元素では，最外殻がすべて電子で満たされ，閉殻構造をとっているので安定である．これは，次項で述べるイオン化エネルギーや電子親和力でも示されている．

　パウリの排他原理に従い，一つの軌道に電子が二つ入るときには電子がスピンを反転させ，スピン対を形成して入る．これによって電子スピンによる角運動量が全体として打ち消され，電子は安定化する．一方，He，Be，Ne，Mg，Ar などを除く多くの原子は，電子が 1 個しか入っていない軌道をもつ．このような一つの軌道中で対（スピン対）を形成していない活性な電子を**不対電子**（unpaired electron）と呼び，その原子においては不対電子の数（**原子価**（valence））だけ化学結合（共有結合，イオン結合）をつくることができる．

　d 軌道が部分的に満たされている元素（表 1-4 参照）を**遷移元素**（transition element）という．遷移元素を含む化合物では d 軌道に存在する電子のスピンの向きがそろうことで磁気特性を示すことがある．また，d 軌道に空きがあるために分子を選択的に吸着することができ，触媒活性を示すものが知られている．

1-2-5　周　期　性

　原子は原子番号 Z の増加に伴い，電子は原子軌道に周期的に配置されていく．そこで，元素のいろいろな性質に周期性が現れる．元素の性質が周期的に変化することを元素の**周期律**（periodic law）という．

　典型元素の原子半径とイオン半径を表 1-10 に示す．これらの半径は，原子殻の大きさ（主量子数），原子核（正電荷）と電子（負電荷）の静電気力，遮蔽効果，電子間の反発に依存し，次のような傾向がみられる．

　(1)　同じ周期では，原子番号が大きいほど原子半径は小さい（貴ガスを除く）：原子核の正電荷が大きくなり，また遮蔽効果が完全でないので，電子がより原子核に引き付けられるためである．

　(2)　同じ族では，原子番号が大きいほど原子半径は大きい：主量子数が増えて，原子殻が大きくなるためである．

　(3)　陽イオンのイオン半径は，その原子半径より小さい：電子による総負電荷が減り，電子がより強く原子核に引き付けられるためである．

　(4)　陰イオンのイオン半径は，その原子半径より大きい：電子による総負電荷が増え，原子核による電子の引き付けが弱くなるのに加えて，電子間の反発も大きくなるた

めである．

　（5）　電子配置が同じイオンでは，原子番号が大きいほどイオン半径は小さい：電子による総負電荷は同じなので，原子核の正電荷が大きいほど電子がより強く核に引き付けられるためである．

表1-10　原子半径（pm，上段）とそれぞれの最も安定なイオンのイオン半径（pm，下段）

H							He
37							140
Li	Be	B	C	N	O	F	Ne
157	112	88	77	74	66	64	154
59	27	12		171	140	133	
Na	Mg	Al	Si	P	S	Cl	Ar
191	160	143	118	110	104	99	188
102	72	53		212	184	181	
K	Ca	Ga	Ge	As	Se	Br	Kr
235	197	153	122	121	117	114	202
138	100	62		222	198	196	
Rb	Sr	In	Sn	Sb	Te	I	Xe
250	215	167	158	141	137	133	216
149	116					220	

　典型元素の**第一イオン化エネルギー**（1st ionization energy）は，すでに表1-3に示したが，原子から電子1個を取り去って陽イオンにするのに必要なエネルギーが第一イオン化エネルギー（**イオン化ポテンシャルエネルギー**（ionization potential energy）E_{IP}）であり，これが小さい原子ほど陽イオンになりやすい．実験で求められた水素原子HのE_{IP}は，電子ボルト単位で13.6 eVであり，式(1-11)から求めた値とよく一致する．E_{IP}の値は閉殻構造のHe，Ne，Arなどの貴ガスでは大きな値を示し，s軌道に不対電子をもち1電子を放出して閉殻構造の陽イオンになりやすいアルカリ金属では小さな値である．同一周期内では，原子番号が増加するとE_{IP}は一般的に大きくなる．これは，原子半径の場合と同様に，原子核の正電荷が大きくなったためである．少し細かく見ると，同一周期内でも方位量子数が大きくなると，E_{IP}はいったん小さくなる．これは，p軌道などの軌道の広がりが大きいことによる．同じ方位量子数のなかでは，原子番号の増加とともにE_{IP}は一般的に大きくなる．

　原子が電子を受け取って陰イオンになるとき放出されるエネルギーである**電子親和力**（electron affinity）E_Aにも，わずかながら周期性がある．典型元素のE_Aもすでに表1-3に示した．ここで，特徴的な元素はハロゲンと貴ガスである．ハロゲン原子にはp軌道に一つだけ空きがある（F：$[He]2s^22p^5$，Cl：$[Ne]3s^23p^5$，Br：$[Ar]4s^24p^5$など）ので，電子1個を受け取り安定な（エネルギーの低い）閉殻構造の陰イオンになることができる．すなわち，原子のエネルギーE_{atom}＞陰イオンのエネルギーE_{ion}なので，陰イオンになることで$E_{atom}-E_{ion}$のエネルギーを放出し，E_Aは正の値になる．一方，すでに閉殻

構造になっている貴ガスでは，さらに外側の原子殻に電子を入れる必要があり，電子間の反発が大きい．そのため，陰イオンにするにはエネルギーが必要であり起こりにくい．このとき，$E_{atom} < E_{ion}$ であり，E_A は負の値になる．

そこで，イオン化ポテンシャルエネルギーと電子親和力から，原子が電子をどの程度引きつけやすいか（**電気陰性度**（electronegativity））を考えることができる．マリケン（R. Mulliken）は，電気陰性度 χ_M をイオン化ポテンシャルエネルギーと電子親和力の平均値と定めた．

$$\chi = \frac{E_{IP} + E_A}{2} \tag{1-18}$$

一方，ポーリング（L. Pauling）は異核二原子分子の化学結合（A–B 結合）の電荷の偏りに注目して，**結合解離エネルギー**（bond-dissociation energy）$E(A–B)$ から，電気陰性度 χ_A，χ_B を次のように定めた．

$$|\chi_A - \chi_B| = a\sqrt{E(A-B) - \frac{1}{2}\{E(A-A) + E(B-B)\}} \tag{1-19}$$

ここで，$E(A–A)$，$E(B–B)$ はそれぞれ A–A 結合，B–B 結合の結合解離エネルギーであり，a は比例定数である．すでに，表1-8にポーリングの電気陰性度 χ を示した．一般に，電気陰性度は貴ガスを除く周期表の右上にある元素ほど大きく，左下にある元素ほど小さく周期性がある．フッ素は χ の値が最も大きく 4.0 であり，陰性が強い元素である．

1-3　化学結合論と分子の構造

1-3-1　オクテット則

原子は最外殻電子の数が 8 個（閉殻，貴ガスと同じ電子配置）になると安定化する．このような経験則を**オクテット則**（octet rule）という．この経験則によると，イオン化エネルギーが小さい 1, 2 族元素は電子を放出して閉殻構造の陽イオンに，電子親和力が大きい 17 族元素は電子を受け取って閉殻構造の陰イオンになることで安定化する．さらにこれらの陽イオンと陰イオンが静電力（静電的な引力，クーロン力）で結びつき，**イオン結合**（ionic bond）を形成して安定な化合物になる．一方，炭素，窒素，酸素などは，式(1-1)〜(1-3)で示したように，他の原子の価電子を共有することで**共有結合**（covalent bond）を形成し，安定な閉殻構造になる．

1-3-2　イオン結合とポテンシャルエネルギー

塩化ナトリウム NaCl を加熱し発生した NaCl 蒸気中の，1 個の NaCl のイオン結合について考える．ナトリウム陽イオン Na^+ と塩素陰イオン Cl^- 間のポテンシャルエネルギー U は，イオン間距離 r が無限遠のときゼロで，距離が近づくにつれ静電力により減少（安定化）する．しかし，電子雲が重なり始めると反発力により急激に増加（不安定化）する．そこで，反発力による反発ポテンシャルエネルギー U' を，

$$U' = be^{-r/a} \tag{1-20}$$

とすれば，Na^+ と Cl^- のポテンシャルエネルギー U は，

$$U = \frac{-q_1 q_2}{4\pi\varepsilon_0 r} + b\mathrm{e}^{-r/a} \tag{1-21}$$

となる（8-2-1 項参照）．ただし，q_1，q_2 は Na^+ と Cl^- の電荷，ε_0 は真空の誘電率，a，b は定数である．式(1-21)よりわかるように，NaCl のポテンシャルエネルギーは，イオン間の距離が，あるところで最小になる．

1-3-3　共有結合（分子）とポテンシャルエネルギー

最も単純な共有結合をもつ分子（分子イオン）でも原子核 2 個と電子 1 個をもち，先に述べた水素原子のようにシュレディンガー方程式を解いて厳密解を得ることはできない．そこで，"原子核は電子よりはるかに重いのでその動きはゆっくりで，電子が動いている間，原子核は静止している"という**ボルン-オッペンハイマー近似**（Born-Oppenheimer approximation）を取り入れ，原子核は距離 R で固定されていると考え，電子だけのシュレディンガー方程式を解くことにする．いろいろな R に対してシュレディンガー方程式を解いてエネルギーを求めると，結合長 R に対する分子のポテンシャルエネルギー曲線を求めることができる．

次に，共有結合をもつ最も簡単な分子である水素のシュレディンガー方程式を考えよう．**原子価結合法の理論**（**VB 理論**（valence-bond theory））によると，共有している電子はどちらの原子核のものか区別できないので，水素分子の波動関数は

$$\Psi_{VB} = \Psi_{1sA}(1)\Psi_{1sB}(2) \pm \Psi_{1sA}(2)\Psi_{1sB}(1) \tag{1-22}$$

と書ける．ここで，$\Psi_{1sA}(1)$ と $\Psi_{1sB}(2)$ は水素原子 A と B の 1s 軌道にある電子 1 と 2 の波動関数で，それぞれ原子 A に電子 1，原子 B に電子 2 がある．同様に，$\Psi_{1sA}(2)$ と $\Psi_{1sA}(1)$ は，原子 A に電子 2，原子 B に電子 1 がある．2 個の電子のポテンシャルエネルギーを，

$$U = \frac{-e^2}{4\pi\varepsilon_0}\left(\frac{1}{r_{A1}} + \frac{1}{r_{A2}} + \frac{1}{r_{B1}} + \frac{1}{r_{B2}}\right) + \frac{e^2}{4\pi\varepsilon_0 r_{12}} \tag{1-23}$$

とすると，ハミルトン演算子は，

$$\hat{H} = -\frac{\hbar^2}{2m_e}\nabla_1^2 - \frac{\hbar^2}{2m_e}\nabla_2^2 + U + \frac{e^2}{4\pi\varepsilon_0 R} \tag{1-24}$$

である．ここで，式(1-23)の右辺の第 1 項は電子と原子核との引力による静電ポテンシャルであり，第 2 項は電子間の反発によるものである（図 1-14）．

また，式(1-24)の最後の項は核間の反発ポテンシャルである．このハミルトン演算子を式(1-22)が表す二つの波動関数（線形結合の符号が＋と－）に対して作用させ，エネルギーを求めると次のようになる．

$$E_\pm = 2E_H + \frac{J \pm K}{1 \pm S^2} + \frac{e^2}{4\pi\varepsilon_0 R} \tag{1-25}$$

ここで，E_H は水素原子のエネルギー，R は水素原子の核間距離である．J，K および S は電子と原子核の相互作用（**クーロン積分**（coulomb integral）），電子どうしの**共鳴積分**（resonance integral），および**重なり積分**（overlap integral）で，それぞれ次のように書ける．

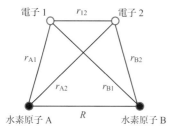

図 1-14 水素原子 A，B と 1s 軌道に
ある電子 1，2 の関係

$$J = \iint \Psi_{1sA}(1)\Psi_{1sB}(2)\hat{H}\Psi_{1sA}(1)\Psi_{1sB}(2)\mathrm{d}\tau_1\mathrm{d}\tau_2 \tag{1-26}$$

$$K = \iint \Psi_{1sA}(1)\Psi_{1sB}(2)\hat{H}\Psi_{1sA}(2)\Psi_{1sB}(1)\mathrm{d}\tau_1\mathrm{d}\tau_2 \tag{1-27}$$

$$S = \int \Psi_{1sA}(1)\Psi_{1sB}(1)\mathrm{d}\tau_1 = \int \Psi_{1sA}(2)\Psi_{1sB}(2)\tau_2 \tag{1-28}$$

ちなみに，クーロン積分，共鳴積分の符号はいずれも負になるので，式(1-22) の二つの波動関数のうち，線形結合の符号が＋のほうがエネルギーが低く，結合性の軌道になる．この結合性の軌道には電子が 2 個入るが，パウリの排他原理により 2 個の電子は同じ量子数（n, l, m, m_s）をもてない．よって，スピンが異なる電子（$s = 1/2, -1/2$）が入る．このようなスピンの状態を**一重項**（singlet）という．

　水素分子のポテンシャルエネルギーの概形は，2 個の水素原子のエネルギーを基準にすると，図 1-15 のようになる．水素原子が近づき（R が小さくなり），原子が結合する距離より近づき電子を共有するようになると，エネルギーは低下する．さらに近づくと，原子核同士のクーロン反発でエネルギーは上昇する．極小値を経由してその後は大きな正の値になる．エネルギーが極小値を与える核間距離を**平衡核間距離**（equilibrium internuclear distance）R_e といい，そのときのエネルギー D は，水素分子の**解離エネルギー**（dissociation energy）にゼロ点振動エネルギーを加えた値に対応している．

1-3-4　σ結合とπ結合，混成軌道

　水素分子の共有結合は，図 1-16(a)のように 2 個の水素原子の 1s 軌道が重なり合い共有結合を形成するので，原子核を結ぶ軸（z 軸）のまわりに円筒対称で，軸方向から見

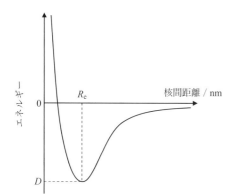

図 1-15　水素分子のポテンシャルエネルギー

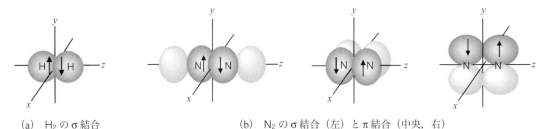

（a）H₂ の σ 結合　　　　　　（b）N₂ の σ 結合（左）と π 結合（中央，右）

図 1-16　σ 結合と π 結合

ると s 軌道と電子分布が似ている．このような結合を **σ 結合**（σ bond）という．一方，窒素のように価電子が $2s^2, 2p_x^1, 2p_y^1, 2p_z^1$ の場合，図 1-16(b)のように窒素分子（N≡N）の N 原子を結ぶ軸方向の p 軌道（z 軸）が σ 結合していると考えると，残りの $2p_x$ と $2p_y$ はそれと直交している．このような $2p_x$ と $2p_y$ 軌道は原子核を結ぶ軸のまわりに円筒対称ではないが，二つの $2p_x$ どうしおよび $2p_y$ どうしが結合をつくる．このような結合を **π 結合**（π bond）という．

　次に炭素の共有結合を考えよう．炭素原子は原子番号 6 で，$1s^2, 2s^2, 2p_x^1, 2p_y^1$ の電子配置をとる．よって，原子価は 2 となり，つくれる共有結合は 2 本だけである．しかし，メタン CH_4 のように炭素原子は 4 本の等価な共有結合をつくることができる．これは，図 1-17 に示すように，2s 軌道の電子が 2p 軌道へ遷移（**昇位**（promotion）または**励起**（excitation））と，2s 軌道と 2p 軌道の混合（混成）による新しい**混成軌道**（hybrid orbital）の形成で説明できる．すなわち，2s 軌道の電子が一つ空の $2p_z$ に昇位して，$1s^2, 2s^1, 2p_x^1, 2p_y^1, 2p_z^1$ の電子配置（**励起状態**（excited state））になる．ここで，$2s^1, 2p_x^1, 2p_y^1, 2p_z^1$ が空間的にもエネルギー的にも等価な四つの軌道になり，これを **sp^3 混成軌道**（sp^3 hybrid orbital）という．新しくできた sp^3 混成軌道は元の 2p 軌道よりエネルギー的に安定である．

　sp^3 混成軌道でそれぞれの軌道の方向は，炭素を正四面体の中心において，各頂点の方向（四面体形）になる（図 1-4）．炭素の場合，sp^3 混成軌道に加えて，一つの 2s と二つの 2p 軌道からなる **sp^2 混成軌道**（sp^2 hybrid orbital）（三方平面形）と，一つの 2s と一つの 2p 軌道からなる **sp 混成軌道**（sp hybrid orbital）（直線形）がある．いずれの場合も，できあがる混成軌道は空間的にもエネルギー的にも等価であり，前者はエチレン C_2H_4 の二重結合，後者はアセチレン C_2H_2 の三重結合に対応する．これらの混成軌道以外にも，d 軌道が関係する混成軌道もあり，例えば，五塩化リン PCl_5 の **sp^3d 混成軌道**（sp^3d hybrid orbital）（三方両錐形）や六フッ化硫黄 SF_6 の **sp^3d^2 混成軌道**（sp^3d^2 hybrid orbital）（正

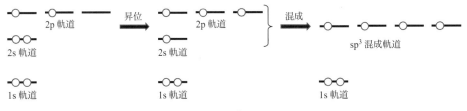

図 1-17　sp^3 混成軌道

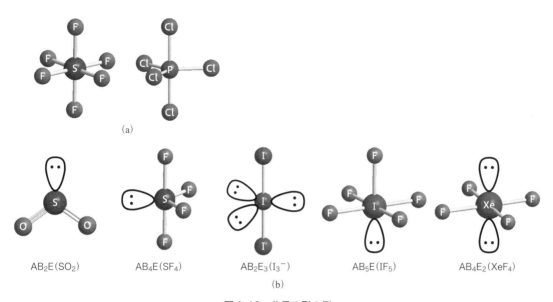

(a)

AB₂E(SO₂)　　AB₄E(SF₄)　　AB₂E₃(I₃⁻)　　AB₅E(IF₅)　　AB₄E₂(XeF₄)

(b)

図 1-18　分子の形の例
(a)　d 軌道を含めた混成軌道の分子，(b)　VSEPR モデルを使った分子形状

八面体形）がある（図 1-18(a)）.

さらに，非共有電子対を含んだ特異な分子の形状を説明するモデルに，**原子価殻電子対反発モデル**（valence-shell electron-pair repulsion, VSEPR）がある. 中心原子の結合電子対と非共有電子対が，できるだけ遠ざかるように配置する. 例えば，中心原子を **A**，結合する原子を **B**，非共有電子対を **E** とおくと，単結合と多重結合は区別せず，非共有電子対が結合電子対よりやや大きな空間を占めるというルールで，図 1-18(b) のような分子の形を説明できる.

1-3-5　共　鳴

異核二原子分子である塩化水素 HCl は，1-1-3 項ですでに述べたように有極性分子である. 共有結合 H−Cl の波動関数は，VB 理論では式(1-22)と同様に

$$\Psi_{\text{H--Cl}} = \Psi_{\text{H}}(1)\Psi_{\text{Cl}}(2) + \Psi_{\text{H}}(2)\Psi_{\text{Cl}}(1) \tag{1-29}$$

と書け，電子 1 と電子 2 が H 原子と Cl 原子に平等に存在することになる. 一方，Cl 原子は電気陰性度（イオン化エネルギー，電子親和力）が大きく，H−Cl 結合の電子は Cl 側に偏っている. そこで，イオン構造 H⁺Cl⁻ の波動関数を考え，二つの電子が Cl 原子に存在している極限の状態を仮定すると

$$\Psi_{\text{H}^+\text{Cl}^-} = \Psi_{\text{Cl}}(1)\Psi_{\text{Cl}}(2) \tag{1-30}$$

となる. しかし，実際には式(1-29)と式(1-30)の中間の状態にあるので，二つの波動関数の重ね合わせで，

$$\Psi_{\text{HCl}} = \Psi_{\text{H--Cl}} + a\Psi_{\text{H}^+\text{Cl}^-} \tag{1-31}$$

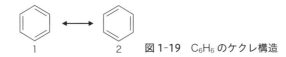

図 1-19　C_6H_6 のケクレ構造

となる．ここで，係数 a は共有結合とイオン結合の偏りを表し，その二乗は共有結合構造に対するイオン構造をとるときの相対比（確率の比）になる．このように，いろいろな構造の波動関数の和として，一つの波動関数を表すことを**共鳴**（resonance）という．

　共鳴の代表例はベンゼン C_6H_6 であり，その構造（**共鳴構造**（resonance structure））は図 1-19 ように，ケクレ構造 1 と 2 で書かれる．共鳴構造の波動関数 Ψ は，それぞれの波動関数 Ψ_{K1}，Ψ_{K2} の和として，

$$\Psi = \Psi_{K1} + a\Psi_{K2} \tag{1-32}$$

と書ける．ベンゼンでは，1 と 2 は等価なので，a は 1 になる．また，**変分原理**（variational principle）によれば，試行波動関数 Ψ_{K1}，Ψ_{K2} のエネルギーは真の波動関数 Ψ のエネルギーよりも小さくなることはないので，共鳴したベンゼンのエネルギーはケクレ構造のエネルギーに比べて小さくなる．すなわち，共鳴することによりエネルギーは低下（**共鳴安定化**（resonance stabilization））する．また，共鳴することで，$C-C$ 結合長（140 nm），$C-C-C$ 結合角（120°），結合の強さがすべて同じになる．ベンゼンは π 結合が三つで形成されているのではない．

1-3-6　分子軌道法

　共有結合の説明で用いた原子価結合法では，分子を構成する原子の電子構造は，原子でいるときとあまり違わないものとして分子をとらえた．そこでは，結合に一対の電子を配置させるので，σ 結合や π 結合，混成軌道，共鳴などを直感的かつ簡単に理解できる．一方，複雑な多原子分子にはこの方法は適さない．結合や軌道を考えるもう一つの方法として**分子軌道法**（molecular orbital method）がある．分子軌道法は，分子全体に広がる軌道を，各電子に割り当てるという考えに基づいており，複雑な分子の取扱いが原子価結合法より容易である．

　水素分子の波動関数を分子軌道法で考えると，2 個の電子はいずれも，水素原子 A，B の原子軌道に等しく見出されるので，水素分子の波動関数は，水素原子の原子軌道 Ψ_{1sA} と Ψ_{1sB} の線形結合として，次のように書ける．

$$\Psi_{MO} = \Psi_{1sA} \pm \Psi_{1sB} \tag{1-33}$$

ここで，プラス符号の線形結合は，図 1-20(a) のように原子軌道の波動関数の位相が同じものの重ね合わせであり，マイナス符号は，図 1-20(b) の逆位相によるものである．同位相では核間で波動関数の振幅の増幅が起こり，電子を見出す確率が増加する．すなわち，同位相の線形結合は，核と電子の相互作用が増すので**結合性軌道**（bonding orbital）であり，エネルギーも元の原子状態より下がる．一方，逆位相の線形結合は，核間には節（波動関数の値が 0 になる）があり結合を弱めるので**反結合性軌道**（anti-bonding

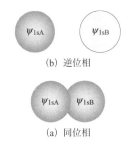

図 1-20 原子軌道 Ψ_{1sA} と Ψ_{1sB} の線形結合

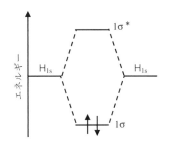

図 1-21 結合性軌道 σ と反結合性軌道 σ*

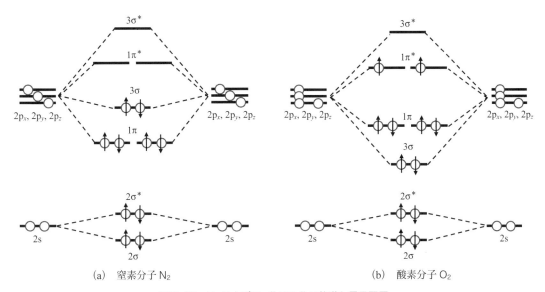

(a) 窒素分子 N_2 (b) 酸素分子 O_2

図 1-22 N_2 および O_2 分子の分子軌道と電子配置

orbital）であり，エネルギーも上がる（図 1-21）.

　本書では省略するが，分子軌道法では，原子軌道の線形結合である分子軌道を用いて，近似的な軌道エネルギー（エネルギー固有値）と分子軌道の波動関数（固有関数）を求める．これにより，分子軌道と電子配置（どの軌道に電子がどう入っているか）などが求められる．例えば，同じ元素の原子からなる二原子分子（**等核二原子分子**（homonuclear diatomic molecule））の He_2，Li_2，N_2，O_2 などは，その電子配置から Li_2 は安定（結合性軌道に 2 電子入る）であるが，He_2 は不安定（反結合性軌道に 2 電子入る）であることがわかる．図 1-22 に N_2 と O_2 の分子軌道と電子配置（1s は省略）を示す．この図から，O_2 分子は二つの 1π*に 1 電子ずつ入っており，N_2 分子に比べて反応活性であることがわかる．加えて，O_2 分子では二つの 1π*軌道に電子が 1 個ずつスピンをそろえて入る（**三重項**（triplet））ので，磁性をもつ.

1-3-7　異核二原子分子と双極子モーメント（1-1-3 項参照）

　フッ化水素 HF や一酸化炭素 CO など異なる元素の原子からなる二原子分子を**異核二原子分子**（heteronuclear diatomic molecule）という．異なる原子間の共有結合は，電子分布の不均衡により極性のある結合になり，分子としては**極性分子**（polar molecule）に

図 1-23　極性分子の電荷の偏り

なる．例えば，HF では H より F のほうが電気陰性度が大きい（表 1-8）ので，電子は F 原子のほうに偏っている．このような偏った負電荷を**部分負電荷**（partial negative charge）といい，$\delta-$ で表す．このとき，H 原子には同じ電気量の**部分正電荷**（partial positive charge）$\delta+$ が生じている．極性分子での電荷の偏りは，電子対がどちらかの原子の近くに集まっているように描ける（図 1-23）．

　この電荷の偏りを数値化するために（電気）**双極子モーメント**（dipole moment）を用いる．正の電荷と負の電荷がある距離にあるとき，その対を**電気双極子**（electric dipole）という．負電荷から正電荷に向かうベクトルが電気双極子モーメント μ であり，

$$\mu = qR \tag{1-34}$$

となる．ここで，q は電荷（C）で，R は正電荷と負電荷の距離（m）である．よって，電気双極子モーメントの単位は SI 単位系では C m である．非 SI 単位であるデバイ D もよく用いられ，$1\,D = 3.335\,64 \times 10^{-30}$ C m である．例えば，0.1 nm 離れた電子 1 個と同じ正負の電荷（$1.602\,177 \times 10^{-19}$ C）をもつ電気双極子の電気双極子モーメントは，$1.602\,177 \times 10^{-29}$ C m で 4.80 D になる．よって，普通の小さな分子の双極子モーメントは数 D である．

　異核二原子分子の電荷の偏りを原子の電気陰性度の違いで説明したが，定量的にも興味ある関係がある．表 1-11 にハロゲン化水素 HX の D 単位で表した双極子モーメント μ，X の電気陰性度 χ_X，X と H の電気陰性度の差 $\Delta\chi\,(=\chi_X-\chi_H)$，および結合距離 R を示した．ここで，水素の電気陰性度 χ_H は 2.1 とする．この表からわかるように，双極子モーメントと $\Delta\chi$ の間には近似的な関係式，

$$\mu = \Delta\chi \tag{1-35}$$

がある．また，H–X 結合距離 R と双極子モーメントから，式(1-34)を使って求めた電荷の偏り q/e も表 1-11 に示した．

表 1-11　HX の双極子モーメント μ，X の電気陰性度 χ_X，$\Delta\chi$，H–X 結合距離 R，電荷 q/e

ハロゲン X	$\mu\,/\,D$	χ_X	$\Delta\chi$	$R\,/\,nm$	電荷 q/e
フッ素 F	1.83	4.0	1.9	0.091	0.41
塩素 Cl	1.11	3.0	0.9	0.128	0.18
臭素 Br	0.83	2.8	0.7	0.142	0.12
ヨウ素 I	0.45	2.5	0.4	0.161	0.06

1-3-8　配位結合（1-1-3 項参照）

　配位結合は，電子対の供与体と受容体から構成される．電子対供与体としては電荷を

もった陰イオンのほか，非共有電子対をもつ窒素原子や酸素原子がある．また電子対受容体としては，陽イオンのほかに空軌道をもつ 13 族のホウ素原子やアルミニウム原子がある．例えば，アンモニア NH_3 と三フッ化ホウ素 BF_3 は，配位結合して安定な NH_3BF_3 となる．ここで N−B 結合はアンモニアの窒素原子がもつ非共有電子対がホウ素の空軌道に提供され，結合を形成している．前者は sp^3 混成軌道，後者は p 軌道と考えればよく，ともに方向性をもつので，H−N−B 角や F−N−B 角は決まった値となる．

　遷移金属化合物（遷移金属錯体）は，中心にある遷移金属元素の陽イオンを，**配位子** (ligand) と呼ばれる電子対供与体が取り囲む構造をとる．遷移金属元素は d 軌道（表 1-4 参照）を有し，金属の種類や配位子との組合せで特有の形をもつ配位結合を形成する．配位子には様々な種類のものが可能なことから，多種多様な遷移金属錯体が存在する．

1-3-9　金属結合（1-1-3 項参照）

　金属は，"構成する金属原子間を電子が比較的自由に動き回ることができる"とする自由電子モデルによって，多くの性質が説明できる．しかし，このような金属結合に分子軌道の概念を当てはめると，さらなる金属の特性，特に電気伝導性を説明することが可能である．

　金属中の各原子は，近接した多くの原子に取り囲まれているが，価電子が少なく特定の原子の対で化学結合を考えにくい．そこでまず，n 個の同じ金属原子からなる一次元の金属分子を仮想する．n が $1, 2, 3, \cdots, n$ と増えるに従い，分子軌道の数も $1, 2, 3, \cdots, n$ と増える．この原子が電子を一つもつとするなら，この一次元金属分子は n 個の電子を有し，エネルギーの低い分子軌道から二つずつ詰まっている．これらの分子軌道のエネルギー準位の間隔は，n が大きくなるにつれて狭まってくる．次に一次元でなく，三次元的に積まれた金属分子を考えると，さらに間隔の狭い多数の分子軌道からなる束ができる．この束のことを**バンド** (band) と呼ぶ．また，電子の詰まった最も高いエネルギー準位を**フェルミ準位**（Fermi level）と呼ぶ．これらの関係を図 1-24 に示す．

　ナトリウムを例にとると，ナトリウム原子の電子配置は $1s^22s^22p^63s^1$ であり，1s, 2s, 2p, 3s, 3p 軌道に対応するバンドをそれぞれ形成可能である．フェルミ準位は 3s 軌道からなるバンドの真ん中に位置する．この場合，フェルミ準位とそのすぐ上の空の分子軌道の間隔は大変近接しており，室温程度の温度で容易に飛び移ることが可能である．空

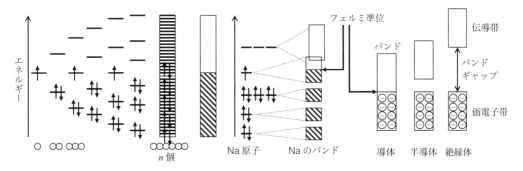

図 1-24　金属の結合・反結合性軌道とバンドの関係

軌道に飛び移った電子は同じエネルギー準位のまわりの軌道に容易に移動でき，高い電気伝導性を示すようになる．

1s や 2s からなるバンドのように電子が詰まっている部分を**価電子帯**（valence band），また 3p のように電子が詰まっていないバンドの部分を**伝導帯**（conduction band），またその間のエネルギー間隔を**バンドギャップ**（band gap）と呼ぶ．ナトリウムのように，価電子帯と伝導帯が実質的につながっている物質はバンドギャップがほとんどなく，**導体**（conductor）と呼ばれる．これに対し，**絶縁体**（insulator）はバンドギャップが大きく電気をほとんど通さない．バンドギャップが比較的小さい物質は**半導体**（semiconductor）と呼ばれ，単体シリコンやポリアセチレンなどがある．

1-4 対 称 性

1-4-1 対称操作と対称要素

異核二原子分子など簡単な多原子分子では，その構造を見れば双極子モーメントの有無，すなわち極性分子であるかは予想できる．しかし，複雑な構造の有機化合物などでは，一見して判断がつかないことがある．そうした場合，**分子の対称性**（molecular symmetry）を考えることで極性を判断できる．対称性を系統的に論じる数学的手法が**群論**（group theory）である．ここでは，初歩的な群論を用い，いろいろな構造の分子の対称性を調べ，グループ分けする方法を示し，どのグループ（**点群**（point group））が極性をもつかを考える．

対称性を議論するには，**対称操作**（symmetry operation）と**対称要素**（symmetry element）を理解する必要がある．対称操作とは，ある行為（操作）を行ったあと，物体がもとと同じに見える行為（操作）のことである．対称操作には，**回転**（rotation），**鏡映**（reflection），**反転**（inversion），**回映**（improper rotation），**恒等**（identity）がある．対称操作を行うときの基準が対称要素であり，例えば，回転操作を考えるときには，回転軸が必要であり，かつ何度回すかによっても回転操作は異なるので，回す角度も含めた回転軸が，対称要素になる．次項に，それぞれの対称操作に対する対称要素を示す．

1-4-2 回 転 操 作

ある分子を回転軸に対して，$360° / n$ だけ回転させたとき（**回転操作**），もとと同じ形に見えるものは，対称要素である **n 回回転軸**（n-fold rotation axis）C_n をもつ．図 1-25 のように H_2O，NH_3，ベンゼン C_6H_6 は，それぞれ 2 回回転軸 C_2，3 回回転軸 C_3，6 回回転軸 C_6（C_2，C_3 でもある）をもつ．加えて C_6H_6 では，六角形の環に垂直な C_6 以外にも，向かい合わせの C と C を結ぶ C_2 と，C–C 結合の中点と中点を結ぶ C_2' が，それぞれ 3 本ずつある．一番大きい n をもつ回転軸，ここでは環に垂直な C_6 を**主軸**（principal axis）という．

さらに，図 1-26 に示すように，立方体はより対称性が高く，C_2，C_3，C_4 をそれぞれ 6 本，4 本，3 本もつ．また，直線分子などは，任意の n での回転軸が考えられるので，C_∞ をもつことになる．

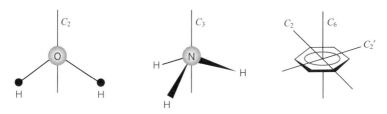

図 1-25　H_2O, NH_3, C_6H_6 の回転軸

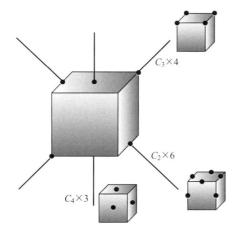

図 1-26　立方体の回転軸

1-4-3　鏡 映 操 作

　ある分子を鏡面に映したとき（**鏡映操作**），もとと同じ形に見えるものは，対称要素である**鏡面**（mirror plane）σ をもつ．鏡面には主軸を含むものと，主軸に垂直なものがある．図 1-27 に示すように，H_2O は主軸 C_2 を含む 2 種類の鏡面をもつ．このような**主軸を含む鏡面**（vertical plane）を σ_v で表す．H_2O では異なる鏡面なので，σ_v と $\sigma_v{}'$ で表す．

　C_6H_6 は図 1-28 に示すように，主軸を含む 2 種類の鏡面（σ_v と $\sigma_v{}'$）に加えて，主軸に垂直な鏡面（六角形の環の面）がある．このような**主軸に垂直な鏡面**（horizontal plane）を σ_h で表す．ここで，C_6H_6 の 2 種類の鏡面 σ_v と $\sigma_v{}'$ は，互いに二等分鏡面（主軸に垂

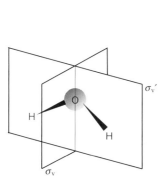

図 1-27　H_2O の 2 種類の鏡面

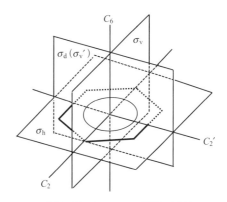

図 1-28　C_6H_6 の 3 種類の鏡面

(a) 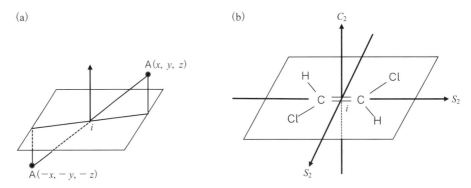 (b)

図 1-29　(a)　反転操作と対称心，(b)　*trans*-CHCl=CHCl の対称要素

直な二つの C_2 軸の間の角を二等分する主軸を含む鏡面）になっており，σ_d で表す．2 種類の σ_d のうち，ベンゼンでは慣例的に C−C 結合の中点と中点を結ぶ C_2' を含む鏡面を σ_d とし，C と C を結ぶ C_2 を含む鏡面を σ_v とする．

1-4-4　反 転 操 作

　分子の中心を原点にとり，それぞれの原子（例えば，座標 (x, y, z)）を座標 $(-x, -y, -z)$ に移す操作を**反転操作**という．反転操作によって，もとと同じ形に見えるものは対称要素である**対称心**（inversion center）i をもつ（図 1-29(a)）．H_2O, NH_3 は i をもたないが，C_6H_6 や *trans*-CHCl=CHCl（図 1-29(b)）などは i がある．立方体や正八面体も i がある．

1-4-5　回 映 操 作

　回転操作だけ，鏡映操作だけではもとと同じ形にならないが，回転操作 C_n と鏡映操作 σ_h を続けて行うともとと同じ形になる対称操作を**回映操作**という．回映操作の対称要素は **n 回回映軸**（improper rotation axis）S_n である．図 1-30 に示すように，メタン CH_4 の 2 回回転軸 C_2 で，回転操作 C_4 を行なってももとと同じ形にならないが，続けて鏡映操作 σ_h を行うともとと同じ形になる．このような軸を 4 回回映軸 S_4 という．$2n$ 回回映軸 S_{2n} は，必ず n 回回転軸 C_n である．

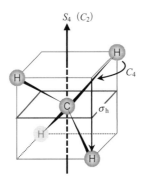

図 1-30　n 回回映軸（メタンの 4 回回映軸）

1-4-6　恒　等

何もしない対称操作を恒等 E という．対称性がまったくない分子でも何もしなければもとと同じに見えるので，E をもつ．

1-4-7　対称性による分類

どのような対称要素をもつかによってグループ分けをするとき，同じ対称要素もつグループを群と呼び，個々の群の名称が点群である．点群には恒等以外に対称性をもたない点群 C_1 や高い対称性をもち立方群と呼ばれる点群 T_d（正四面体群），O_h（正八面体群）や正二十面体群と呼ばれる点群 I_h など数多くの点群がある．個々の点群がどのような対称要素をもつか，代表的な点群について次に示す．

(1)　対称性をもたない．
　　　C_1：恒等 E はあるもの
(2)　回転軸（C_2 以上）をもたない．
　　　C_s：E と鏡面 σ だけをもつもの
　　　C_i：E と対称心 i だけをもつもの
(3)　回転軸（C_2 以上）をもつ．
　　　C_n：n 回回転軸 C_n を 1 本もつもの
　　　C_{nv}：主軸 C_n とそれを含む n 枚の鏡面 σ_v をもつもの（H_2O（C_{2v}），NH_3（C_{3v}）など）
　　　C_{nh}：主軸 C_n とそれを含む 1 枚の鏡面 σ_h をもつもの（*trans*-CHCl=CHCl（C_{2h}）など）
　　　$C_{\infty v}$：C_∞ とそれを含む σ_v をもつもの（異核の二原子分子など）
　　　D_n：主軸 C_n とそれと直交する n 本の C_2 をもつもの
　　　D_{nh}：D_n と σ_h をもつもの（C_2H_4（D_{2h}），C_6H_6（D_{6h}）など）
　　　D_{nd}：D_n と n 枚の σ_d をもつもの
　　　$D_{\infty h}$：C_∞ と i をもつもの
(4)　$n>2$ である C_n を 2 本以上もつ．
　　　T_d：4 本の C_3，直交する 3 本の C_2，6 枚の σ_d，3 本の S_4 をもつ（CH_4 など）
　　　O_h：4 本の C_3，直交する 3 本の C_4，i，3 本の S_4 と C_2，4 本の S_6，3 枚の σ_h，6 枚の σ_d をもつ（SF_6 など）

このように，対称要素から点群を決めることができるが，対称性が高いものでは，対称要素を見つけることがむずかしい．そこで，図 1-31 のようなアルゴリズムを使うと，容易に点群を決めることができる．

1-4-8　点群からみた分子の極性（双極子モーメント）

一つの点群に属するかたちの分子は，いずれも同じ対称要素をもつ．よって，点群を決めることで，双極子モーメントをもつ分子を見つけることができる．まず，回転軸と

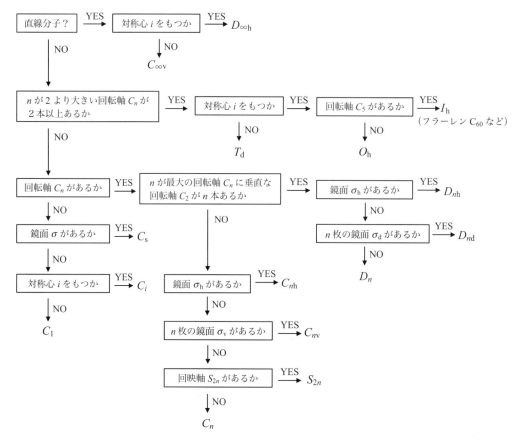

図 1-31　点群を決めるアルゴリズム

　鏡面について考える．回転軸に垂直な方向の双極子モーメントは回転によって打ち消されて 0 になるので，C_n または C_{nv} では回転軸の方向に双極子モーメントをもつ．一方，鏡面があるときは，鏡面に垂直な方向の双極子モーメントは打ち消されて 0 になる．よって，C_s は面内に双極子モーメントをもつ．

　3 本の直交する回転軸があると，すべての方向で打ち消されるので，D_n，D_{nd}，T_d は双極子モーメントをもたない．さらに，C_{nh}，D_{nh} では σ_h があるので，回転軸の方向の双極子モーメントも打ち消されて双極子モーメントをもたない．最後に，対称心 i をもつものも，双極子モーメントは打ち消されるので，C_i，O_h は双極子モーメントをもたない．よって，双極子モーメントをもつ分子は，点群 C_1，C_n，C_{nv}，C_s のいずれかに属する．

2章 物質の状態

2-1 基礎知識

2-1-1 物質の三態

　純物質は，温度や圧力によって固体（solid），液体（liquid），気体（gas）のいずれかの状態（**三態**）をとり，それぞれの状態間の変化を**状態変化**という．物質がある温度と圧力のもとでどのような状態をとるかを示した図を**状態図**という．図2-1に水と二酸化炭素の状態図を示す．それぞれの図の中央付近にある**三重点**では，固体，液体，気体が共存する平衡状態をとっている．これらの状態に加えて，特に高温・高圧下（**臨界点**以上）では，液体とも気体とも区別のつかない**超臨界状態**になり，そのような状態の物質を**超臨界流体**という．

　液体から気体への状態変化（蒸発）は，分子の熱運動による熱エネルギーが，液体状態の分子間にはたらく分子間力（ファンデルワールス力や水素結合）より大きくなり，液体表面から分子が空間に飛び出し**拡散**していくことによって起こる．1 molの液体が気体になるのに必要な熱量（熱エネルギーの量）を**蒸発熱**という．また，逆に1 molの気体が液体になるのに必要な熱量を**凝縮熱**という．

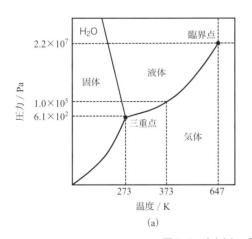

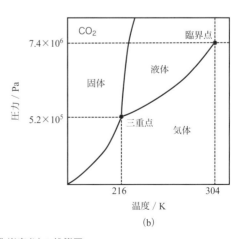

図 2-1　水(a)と二酸化炭素(b)の状態図

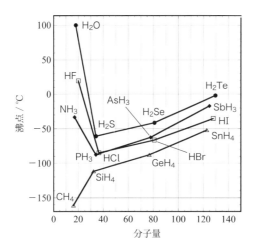

図 2-2 14〜17 族元素の水素化合物の分子量と沸点の関係

　例えば，図 2-2 に示すように，無極性で構造が似た 14 族元素（E，△印）の水素化合物（H₄E）では，分子量が大きいほどファンデルワールス力が大きくなり沸点も高くなる．一方，分子量が同程度の水素化合物では，極性のある 15, 16, 17 族元素（それぞれ，◆，●，□印）の水素化合物のほうが，14 族元素（△印）の水素化合物より沸点が高くなる．さらに，水素結合できる H₂O, HF, NH₃ は他の同族の水素化合物より沸点が高い．

　固体から液体への状態変化（融解）は，原子，イオン，分子間にはたらく結合力を切って，自由に動けるようになるだけの熱エネルギーが必要である．また，一般に分子結晶の分子間力は化学結合（共有結合≧イオン結合，金属結合）より弱く，分子結晶の融点は低い．

2-1-2 気-液平衡と蒸気圧

　一定体積の容器に気体分子を入れると，分子は熱運動して器壁に衝突してはね返される．そのとき，分子は器壁を外側に押すので**圧力**が生じる．容器の体積を小さくして同じ量の気体分子を入れると，単位時間あたりに単位面積に衝突する分子の数が増加するので，圧力は大きくなる．また，温度を上げると，熱運動が激しくなるので，圧力も増加する．国際単位系（SI）による圧力の単位は**パスカル**（**Pa**）で，1 Pa は 1 m² に 1 ニュートン（N）の力がはたらいているときの圧力である（11-1-1 項参照）．化学では，正式な圧力単位のパスカル以外にも，**気圧**（atm）や水銀柱の高さで圧力を表す単位（mmHg および Torr，760 mmHg = 760 Torr = 1 atm）が便宜的に使われている．また，海面上の大気の圧力を**大気圧**といい，その平均値は 1.013 25×10⁵ Pa で，これが 1 気圧（1 atm）である．

　一定温度の密閉された容器に，液体を入れて放置すると，図 2-3 のように液体の表面から分子が蒸発し，上部の空間に気体の分子が存在するようになる．しばらくして，気体の分子が十分に増加すると，逆に気体分子が液面に衝突して，凝縮する数が増えてくる．ある程度時間が経つと，単位時間に蒸発する分子の数と凝縮する分子の数が同じになり，見かけ上，蒸発も凝縮も起こっていない飽和状態になる．このような状態を**気-液平衡**という．なお，密閉された容器内で気-液平衡が成立しているときは，液体と気体が

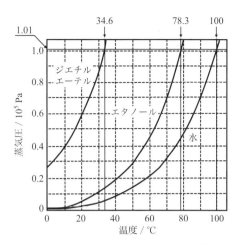

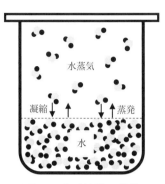
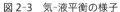

図 2-3　気-液平衡の様子　　　　　図 2-4　ジエチルエーテル，エタノール，水の蒸気圧曲線

必ず共存している.

　また，気-液平衡にあるときの蒸気の圧力を**飽和蒸気圧（蒸気圧）**といい，一定温度での液体の蒸気圧は物質ごとに決まっており，液体の量や気体の体積に依存せず一定である．さらに，蒸気圧は他の気体が存在しても変化しない．密閉容器中の気体の圧力が，温度とともに高くなるのと同様に，気-液平衡にある液体の蒸気圧も温度が高いほど高くなる．図 2-4 にジエチルエーテル，エタノール，水の蒸気圧と温度の関係（**蒸気圧曲線**）を示す．大気圧下で液体を加熱していくと蒸気圧は高くなり，大気圧と蒸気圧が同じになると液体内部からも蒸発が起こるようになる．この現象を**沸騰**という．例えば，ジエチルエーテルでは 34.6 ℃ で，エタノールでは 78.3 ℃ で沸騰が起こり，この温度がその物質特有の**沸点**である.

2-1-3　ボイル-シャルルの法則，気体の状態方程式（11-1 節および 2-5-1 項参照）

　密閉された容器に気体を入れ，温度一定で体積を減らすと圧力は増加し，体積を増やすと圧力は減少する．この関係を定量的に表すと，

$$V = k/P \qquad (k \text{ は比例定数}) \tag{2-1}$$

となり，一定物質量の気体の体積 V は，温度一定のとき，圧力 P に反比例することになる．この関係を**ボイルの法則**という.

　一方，密閉された容器に気体を入れ，圧力一定で気体の温度を上げると体積は増加し，温度を下げると体積は減少する．このとき，一定物質量の気体の体積 V は，温度が 1 ℃ 変化すると，0 ℃ における気体の体積 V_0 の $1/273$ 倍ずつ増減し，温度 t ℃ における気体の体積は，

$$V = V_0 + V_0(t/273) = V_0((t+273)/273) \tag{2-2}$$

となる．この関係を**シャルルの法則**という．気体の体積を考えると温度は -273 ℃ 以下になれないので，-273 ℃ を絶対零度とし，この温度を基準にセルシウス温度（℃）の

目盛の間隔と同じ間隔で目盛をうった温度を**絶対温度**（熱力学温度）という．絶対温度は単位記号 K（ケルビン）を用いて表し，絶対温度 T（K）とセルシウス温度 t（℃）の間には，$T = t + 273$ の関係がある．温度の表し方としては，セルシウス温度（摂氏）や絶対温度に加えて，ファーレンハイト温度（華氏，℉）も用いられるが，これは水の凝固点を 32 ℉，沸点を 212 ℉ としてその間を 180 等分したもので，目盛の間隔がセルシウス温度や絶対温度の 1.8 分の 1 になっている．絶対温度を用いてシャルルの法則を表すと

$$V = V_0(T/273) = k'T \qquad (k' は比例定数) \tag{2-3}$$

となり，一定物質量の気体の体積 V は，圧力一定のとき，絶対温度 T に比例することになる．

　ここで，式(2-1)と式(2-3)を合わせると，**ボイル-シャルルの法則**"一定物質量の気体の体積 V は，圧力 P に反比例し，絶対温度 T に比例する"になる．

$$V = R(T/P) \qquad (R は比例定数) \tag{2-4}$$

さらに，**アボガドロの法則**"すべての気体は，同温・同圧のとき，同体積中に同数の分子を含んでいる"によると，0 ℃（273 K），1.013×10^5 Pa で 1 mol の気体の体積は，22.4 L を占める．よって，式(2-4)から比例定数 R は気体の種類によらず，8.31×10^3 Pa L K^{-1} mol^{-1} となり，この定数を**気体定数**という．R は単位を変えると $R = 8.31$ J K^{-1} mol^{-1} = 0.0821 L atm K^{-1} mol^{-1} となる．n mol の気体について式(2-4)を書き直すと以下のようになり，この式を**気体の状態方程式**という．

$$PV = nRT = (w/M)RT \tag{2-5}$$

ここで，w と M はそれぞれ気体の質量（g）とモル質量（g mol^{-1}）とする．この式のパラメーターのうちいくつかがわかれば，残りのパラメーターが求まる．気体の状態方程式は，気体の圧力，体積，物質量（質量，モル質量），温度などの関係を示す非常に重要な式である．

　混合気体の全体の圧力（全圧）は，それぞれの気体の状態方程式から得られる圧力（分圧）から求められる．例えば，図 2-5 に示すように，温度 T，体積 V の容器に，気体 A

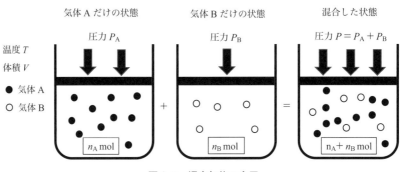

図 2-5　混合気体の全圧

と気体 B をそれぞれ物質量 n_A, n_B 混合した気体を入れた場合の全圧 P は，それぞれの気体を別々に入れたときの分圧 P_A，P_B の和になる．この関係を**ドルトンの分圧の法則**という．

　圧力，物質量，体積の関係をよく検討すると以下のようなことがわかる．① 混合気体中の成分気体の分圧の比は，成分気体の物質量の比に等しく，同温・同圧であれば成分気体の体積の比に等しい．② 混合気体中の成分気体の分圧 P_A，P_B は，全圧 P に**モル分率**（$n_A/(n_A+n_B)$ および $n_B/(n_A+n_B)$）をそれぞれかけたものである．③ 成分気体の分子量にモル分率をかけて足し合わせた平均分子量を用いると，混合気体についても全圧 P，体積 V，絶対温度 T を用いて気体の状態方程式が成り立つ．④ 水上置換で（捕集瓶の内側と外側の水面がそろった状態で）捕集した水に溶けにくい気体の分圧 P_x は，$P_x =$（大気圧）$-$（その温度における水蒸気圧）である．

2-1-4 理想気体と実在気体

　式(2-5)の状態方程式に従う気体は，一定圧力で温度を下げていくと状態変化をせず，体積が限りなく 0 に近づく．このような気体を**理想気体**という（2-5-2 項参照）．しかし，実際の気体は途中で状態変化し液体や固体になる．また，0 ℃，1 気圧（1.013×10^5 Pa）で身の回りにある 1 mol の気体では，その体積は表 2-1 に示すように理想気体の体積 22.41 L から多少ずれる．

表 2-1　実在気体 1 mol の体積（0 ℃，1 atm）

気　体	分子量	体積 / L mol^{-1}	沸点 / ℃
ヘリウム He	4.0	22.43	-269
水素 H$_2$	2.0	22.42	-253
ネオン Ne	22	22.42	-246
窒素 N$_2$	28	22.41	-196
アルゴン Ar	40	22.39	-186
メタン CH$_4$	16	22.37	-161
二酸化炭素 CO$_2$	44	22.26	-79
塩化水素 HCl	36.5	22.24	-85
アンモニア NH$_3$	17	22.09	-33

　このように実際の気体は理想気体とは異なる振る舞いをし，理想気体と区別して**実在気体**（2-5-3 項参照）という．実在気体と理想気体の違いを理解するためには，分子の体積と分子間力に注目する必要がある．理想気体では，分子は体積がなく分子間力もないものとして扱うが，実在気体では，分子自身に体積がありまた分子間力もある．その結果，状態方程式からのずれが生じる．ここで，ずれの大きさ（**圧縮因子**）を次のように表す．

$$Z = PV/nRT \tag{2-6}$$

　理想気体では Z の値は常に 1 になるが，実在気体ではある程度の高温で物質量が一定なら，分子自身の体積によって気体の体積 V は大きくなり，結果として Z は理想気体の

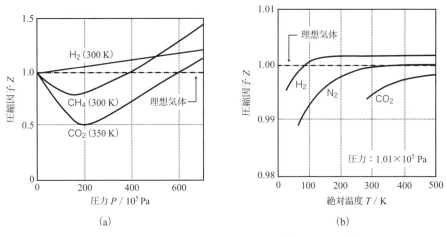

図 2-6 実在気体の圧縮因子 Z の圧力変化(a)と温度変化(b)

場合の 1 よりも大きくなる．一方，分子間力によって分子は引き付け合うので，気体の体積 V は小さくなり，Z は 1 よりも小さくなる．実際は両方の効果が重なり合うので，図 2-6(a)のように分子間力が大きい分子（CO_2, CH_4）では，分子間力の効果によって Z は 1 より小さくなるが，高圧になると体積の効果が強くなり 1 より大きくなる．また，図 2-6(b)のように，実在気体でも高温では，熱運動が激しく，また 1 気圧程度の低圧では分子間距離も大きく，分子間力が弱いので，理想気体に似た振る舞いをする．逆に低温では熱運動が弱く，分子間力の影響が大きくなり，分子量が小さい無極性分子（H_2, N_2）でも Z は 1 より小さくなる．

　実在気体では分子間力がはたらくので，状態変化が起こる．そこで，圧縮因子 Z が 1 からあまりずれていない実在気体について，状態変化の過程も含めて絶対温度，体積，圧力の関係を整理すると以下のようになる．

　(1)　絶対温度 T と体積 V の関係：圧力一定で実在気体を冷却したときの概略は図 2-7(a)のようになる．最初はシャルルの法則に従って，V は T に比例して減少する．

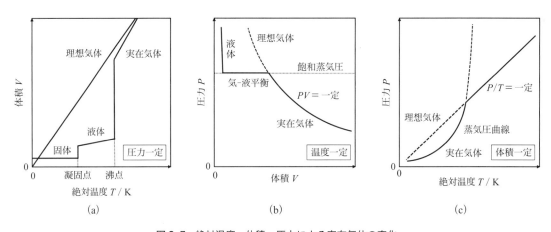

図 2-7　絶対温度，体積，圧力による実在気体の変化
(a) 圧力一定，(b) 温度一定，(c) 体積一定

沸点に達する（その温度における蒸気圧が容器内の圧力と同じになる）と凝縮が始まり，V は急激に減少し，気体はすべて液体になる．さらに冷却すると凝固点で凝固が始まり，V は再び不連続に減少する．

（2）　体積 V と圧力 P の関係：温度一定で体積を小さくしたときの概略は図 2-7(b) のようになる．最初はボイルの法則に従って，P は V に反比例して増加する．P がその温度での飽和蒸気圧と同じになると，凝縮が始まる．さらに体積を小さくしても，気体が存在する間は気-液平衡が成立して，P は変化しない．すべて液体になると，P は急激に大きくなる．

（3）　絶対温度 T と圧力 P の関係：体積一定で冷却したときの概略は図 2-7(c) のようになる．P は T に比例して減少する．P がその温度での飽和蒸気圧と同じになると，凝縮が始まる．さらに T が下がっても気-液平衡が成立して，P はその温度における飽和蒸気圧に従って減少する．

2-1-5　溶　液

純物質である固体，液体，気体が液体中に均一に溶けることを**溶解**という．ここで，溶けている物質を**溶質**，溶かしている液体を**溶媒**といい，溶質が溶媒に溶けている混合物を**溶液**という．溶液中に溶質が，どれくらいの割合で溶けているかを表すのが**濃度**である．濃度には溶質の質量，物質量に注目していくつかの表し方がある．

質量パーセント濃度(%) = {(溶質の質量(g)) / (溶液の質量(g))}×100 　　(2-7)

モル濃度(mol L^{-1}) = (溶質の物質量(mol)) / (溶液の体積(L)) 　　(2-8)

質量モル濃度(mol kg^{-1}) = (溶質の物質量(mol)) / (溶媒の質量(kg)) 　　(2-9)

これら溶液の量に注目した重量パーセント濃度とモル濃度のうち，日常生活では前者が，化学では後者がよく用いられる．一方，溶媒の量に注目した質量モル濃度は，化学のなかでも溶解度，凝固点降下，沸点上昇によく用いられる濃度である．気体の溶解度を考えるときなどは，(溶質の物質量 (mol)) / (溶媒の体積 (L)) が用いられる．このように濃度を扱うときは，溶質の量をどのような単位で表すかに加えて，何に対する割合なのかにも注意を払う必要がある．

2-1-6　溶解のしくみ

食塩（塩化ナトリウム）などのイオン結晶，および塩化水素，酢酸，グルコース（ブドウ糖）などの極性分子，さらにヨウ素やナフタレンなどの無極性分子の溶解を考える．イオン結晶や極性分子は一般に水やエタノールなど極性の溶媒によく溶け，無極性分子はトルエンやヘキサンなど無極性の溶媒によく溶けるということが重要である．

電解質であるイオン結晶 NaCl の水に対する溶解では，極性分子である H_2O 分子の正に電荷を帯びた H 原子が Cl$^-$ に，負の電荷を帯びた O 原子が Na$^+$ に，それぞれ静電気力によって引きつけられ，水和されたイオン（**水和イオン**）として Cl$^-$ や Na$^+$ が水中に溶け出していく．塩化水素 HCl や酢酸 CH_3COOH などの極性をもつ電解質分子の水に

対する溶解では，電解質分子が水中で電離して，陽イオンと陰イオンになる．このとき，Cl^-やCH_3COO^-は水和され水和イオンになる．一方，H^+は水と結びついて**オキソニウムイオン** H_3O^+になる．また，電解質分子でも酢酸は**弱電解質**なので，水中では酢酸分子の一部しか電離しておらず，次のような化学平衡（**電離平衡**）が成立している．

$$CH_3COOH + H_2O \rightleftharpoons H_3O^+ + CH_3COO^- \qquad (2\text{-}10)$$

一方，グルコース（ブドウ糖）やエタノール C_2H_5OH のような極性分子は，水中で電離しない．このような極性分子では，**ヒドロキシ基**$-OH$ などの**親水基**が水分子と水素結合し，水和されることによって水に溶ける．エタノールのエチル基 C_2H_5- などは極性が小さく，分子を水に溶けにくくする性質があり，**疎水基**という．

無極性分子であるヨウ素やナフタレンは，無極性なので水和はほとんど起こらず，水に溶けない．一方，無極性分子間では弱いながら分子間力がはたらくため，トルエンやヘキサンなど無極性の溶媒には溶ける．エタノールは比較的分子量が小さく，分子中に疎水基と親水基をもつので，無極性および極性溶媒のいずれにもよく溶ける．

2-1-7　溶　解　度

溶媒に溶質を加えていくと，最初は溶けるが，ある量より多く入れるとそれ以上は溶けなくなる．$100\,g$ の溶媒に溶ける溶質の最大質量を**溶解度**といい，溶解度まで溶質を溶かした溶液を**飽和溶液**という．また，飽和溶液の状態を**溶解平衡**になっているといい，溶解平衡の状態では，溶解する溶質の粒子の数と析出する溶質の粒子の数が，単位時間あたりで同じになって，見かけ上は溶解も析出も起こらない．

固体の溶媒への溶解では，一般に，溶媒の温度が高いほど多くの溶質を溶解できる．図 2-8 にいくつかの物質の溶解度の温度変化（溶解度曲線）を示す．

硝酸カリウム KNO_3 や硫酸銅(II) $CuSO_4$ のように，温度によって溶解度が大きく変わるものや，$NaCl$ のようにあまり変わらないものがある．例外的に，水酸化カルシウム $Ca(OH)_2$ のように，低温のほうが溶解度の大きいものもある．溶解度の温度による差を利用して，不純物を含む混合物から目的の固体物質を精製することができ，その精

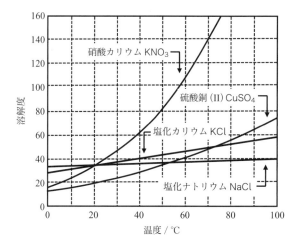

図 2-8　固体の溶解度曲線

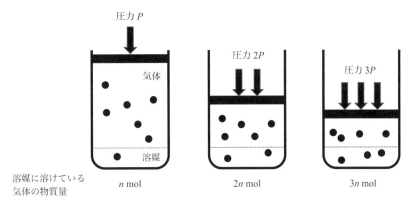

圧力 *P*

気体

溶媒

溶媒に溶けている
気体の物質量　　　*n* mol　　　　　2*n* mol　　　　　3*n* mol

圧力 2*P*

圧力 3*P*

図 2-9　ヘンリーの法則

製法を**再結晶**という.

　一方,気体の溶媒への溶解では,一般に溶媒の温度が低いほうが多くの溶質を溶解できる.さらに,溶媒に接する気体の圧力が高いほどよく溶ける.前者は低温のほうが溶液中の気体分子の熱運動が少なく,外に飛び出す分子の数が少なくなるためであり,後者は気体の圧力が高いほど溶液に飛び込む分子の数が多くなるためである.気体の溶解度は,1 気圧(1.013×10^5 Pa)における溶媒 1 L に溶ける気体の物質量や質量,または0 ℃,1 気圧に換算した気体の体積で表される.気体の溶解度と圧力の間には,窒素や酸素など溶解度が小さく,溶媒と反応しない気体では,**ヘンリーの法則**"一定温度で一定量の溶媒に溶ける気体の質量(物質量)は,その気体の圧力(混合気体では分圧)に比例する"が成り立つ(2-6-2 項参照).この関係を少し詳しく描くと,図 2-9 のようになる.

2-1-8　蒸気圧降下,沸点上昇,凝固点降下

　純物質の液体(純溶媒)に不揮発性の NaCl やスクロースを溶かすと,溶液の蒸気圧は純溶媒より低くなる(**蒸気圧降下**).これは,溶質を溶かしたことによって,溶液全体に対する溶媒分子の割合が減少し,結果として液体表面から蒸発する溶媒分子の数が減少するためと理解できる.沸騰は蒸気圧が大気圧と同じになったときに起こり始めるの

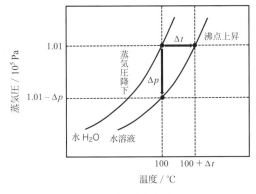

図 2-10　沸点上昇

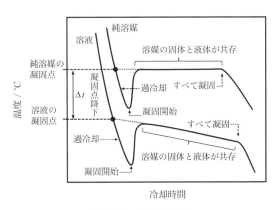

図 2-11　凝固点降下

で，図 2-10 に示すように，蒸気圧降下が起きた分，溶液の温度を純溶媒より高くしなければ沸騰は起こらず，不揮発性の溶質を溶かすことによって**沸点上昇**が起きたことになる（2-6-2 項参照）.

沸点上昇度 Δt と溶液の質量モル濃度 m（mol kg^{-1}）には比例関係があり，**モル沸点上昇** K_b（K kg mol^{-1}）を用いて次のように表される.

$$\Delta t = K_b m \tag{2-11}$$

純物質の液体を冷却すると一般に凝固点（融点）で固体になるが，実際にゆっくり冷却すると凝固点（融点）より低い温度になっても固体にならないことがある．これを**過冷却**（過冷）という．過冷却の液体も凝固が始まると凝固熱によって液体の温度は上昇し，凝固が進むにつれて凝固点で一定になる．その後，液体がすべて固体になると，また温度は下がり始める．一方，溶質を溶かした溶媒では，同様に過冷却が起きても，最終的に凝固点は純粋な液体（溶媒）より低くなる．この現象を**凝固点降下**という.

溶液の凝固点は，図 2-11 のように，溶媒が凝固し始め溶液の温度が下がる変化を，過冷却が起こらなかったと仮定して外挿して求める．凝固が始まってもさらに溶液の温度（凝固点）が下がるのは，溶媒が凝固することで，溶液の濃度が高くなったためであり，凝固点降下の大きさ（凝固点降下度 Δt）と溶液の質量モル濃度 m には比例関係があり，**モル凝固点降下** K_f（K kg mol^{-1}）を用いて次のように表される.

$$\Delta t = K_f m \tag{2-12}$$

沸点上昇，凝固点降下のいずれの場合も，溶質が電解質のときは，溶質粒子（分子，イオン）の質量モル濃度に比例するので，強電解質の塩化ナトリウム NaCl や硫酸ナトリウム Na$_2$SO$_4$ ではイオンの総物質量を，また弱電解質の酢酸 CH$_3$COOH などでは濃度と電離度を考慮する必要がある.

2-1-9 浸　透　圧

セロハンや動物の膀胱膜などの**半透膜**は，水のような小さい分子は通すが，デンプンやタンパク質などの大きな分子は通さない．このような半透膜で純水とデンプン水溶液を仕切って放置すると，図 2-12 のように，水分子が半透膜の小さな穴を通って移動す

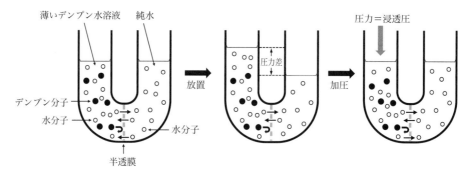

図 2-12　半透膜による浸透圧

る（**浸透**）ため，純水側の液面は下がり，水溶液側の液面は上昇する．液面の高さの差による圧力（液面の高さをそろえるために水溶液側に加える圧力）を**浸透圧**という．

　非電解質の希薄溶液の浸透圧 Π は，溶媒や溶質の種類によらず，溶液のモル濃度 c と絶対温度 T に比例（ファントホッフの法則）し，次のように表される．

$$\Pi = cRT = \frac{n}{V}RT \tag{2-13}$$

ここで，n は溶質の物質量（mol），V は溶液の体積（L），比例定数 R は気体定数（$8.31 \times 10^3 \, \mathrm{Pa \, L \, K^{-1} \, mol^{-1}}$）と同じ値である．この式を変形した

$$\Pi V = nRT \tag{2-14}$$

を**ファントホッフの式**という．

2-1-10　コロイド

　普通の分子やイオンの大きさ（直径）は 1 ナノメートル（nm, 10^{-9} m）より小さい．一方，半透膜を通過できないデンプンやタンパク質の直径は 1〜100 nm であり，このような粒子を**コロイド粒子**という．また，コロイド粒子が均一に分散している状態や，その物質を**コロイド**という．代表的なコロイドである牛乳は，**分散媒**である水に**分散質**である脂質やタンパク質が分散している**コロイド溶液**である．コロイドは液体に限らず，種々の状態で存在する．表 2-2 にいろいろなコロイドの例を示す．

表 2-2　いろいろなコロイド

		分散媒		
		気体（エアロゾル）	液体（液体コロイド）	固体（固体コロイド）
分散質	気体		せっけんの泡，ビールの泡	シリカゲル，活性炭，軽石
	液体	雲	牛乳，マヨネーズ，クリーム	ゼリー，寒天，バター，豆腐
	固体	煙	墨汁，絵の具，練り歯磨き	金赤ガラス，めのう，真珠，合金

　コロイドは，性質やサイズによってそれぞれ次のように分類される．
① 流動性：寒天は温水に溶かすと流動性のあるコロイド溶液（**ゾル**）になり，これを冷やすと流動性を失った弾性のあるところてん（**ゲル**）になる．豆腐を乾燥させた高野豆腐やシリカゲルなど，ゲルを乾燥させたものを**キセロゲル**という．
② 疎水性・親水性：水酸化鉄(III)や粘土のコロイド溶液は水との親和力が小さく，**疎水コロイド**という．疎水コロイドは正か負の電荷を帯びているので，少量の電解質を加えると表面電荷が打ち消され，電気的反発力がなくなり凝集して沈殿する．この現象を**凝析**という．一方，デンプンやタンパク質のコロイド溶液は水との親和力が大きく，**親水コロイド**という．親水コロイドは，水分子によって水和され水中で安定に存在している．少量の電解質では凝析しないが，多量の電解質（塩）を加えると電解質のイオンが水和されるために水分子が使われるため，親水コロイドは沈殿する．この現象を**塩析**という．また，疎水コロイドに十分な量の親水コロイドを加えると，**保護コロイド**として

はたらき疎水コロイドの凝析を抑える．墨汁に加える膠や，インクに加えるアラビアゴムなどがその例である．

③ 構造：1分子でコロイド粒子の大きさをもつものを**分子コロイド**といい，せっけんのように界面活性剤分子が集合（会合）したものを**会合コロイド**という．また，硫黄や水酸化鉄(III)などの微細粒子が分散したものを**分散コロイド**という．

　さらに，コロイドにはサイズや電荷に由来する特異な現象や性質がある．

チンダル現象：コロイド溶液にレーザーなどの強い光を当てると，コロイド粒子が光を散乱し，光路が明るく輝いて見える現象．

ブラウン運動：コロイド溶液を限外顕微鏡で観測すると，光の点（コロイド粒子）が不規則に動いて見える現象．これは，水分子（分散媒）が熱運動によりコロイド粒子に不規則に衝突するために起こる．

透析：小さな分子やイオンを含むコロイド溶液を半透膜に包んで水に入れると，小さな分子やイオンは半透膜を透過して水中に出てくるが，コロイド粒子は透過できず半透膜の内側に残る．このような操作を透析という．これを利用した身近な医療技術として，人工の半透膜を用いて血液中から分子量が小さい老廃物を取り除く人工透析がある．

電気泳動：コロイド粒子は正または負に帯電していることが多い．そこで，コロイド溶液に電極を差し込み，直流電圧をかけると，正の電荷を帯びている水酸化鉄(III)のコロイド粒子などは陰極に移動し，粘土のような負の電荷を帯びているものは陽極に移動する．

2-1-11　結晶の種類とその構造 （2-7節参照）

　原子，イオン，分子などの構成粒子が繰り返し規則正しく配列した構造をもつ固体を**結晶**という．また，配列の仕方を**結晶構造（結晶格子）**といい，結晶構造の最小の繰返し単位を**単位格子**という．結晶中の1個の粒子に注目して，その粒子に最も近いところにある他の粒子の数を**配位数**という．結晶は，構成粒子の種類と結合の仕方によって，**金属結晶，イオン結晶，分子結晶，共有結合結晶**に分かれる（図1-7）．

　金属結晶の構造には，細密構造の**面心立方格子**および**六方最密構造**と，隙間のある**体心立方格子**がある．それぞれの結晶構造を図2-13に示す．

　イオン結晶の構造も，陽イオンと陰イオンが静電気的な引力で結びつき，繰り返し規

　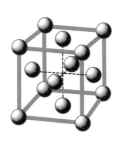　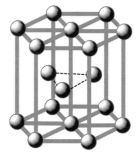

　　（a）体心立方格子　　　　（b）面心立方格子　　　　（c）六方最密構造

図 2-13　金属結晶の構造

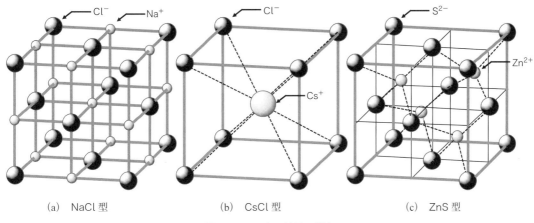

(a) NaCl 型　　　　　(b) CsCl 型　　　　　(c) ZnS 型

図 2-14　イオン結晶の構造

則正しく配列した単位格子を考えればよい．図 2-14 に示すように，NaCl 型，CsCl 型，ZeS 型などがある．これ以外にもすでに 1 章で述べたように，ドライアイス（二酸化炭素），ヨウ素，水分子のような分子が分子間力で結びつき結晶になる分子結晶や，ダイヤモンド（正四面体），黒鉛（層状），二酸化ケイ素（正四面体）のように原子が共有結合して結晶になる共有結合結晶がある．

　一方，結晶でない固体，すなわち粒子の配列が規則的でない固体を**非晶質（アモルファス）**という．アモルファスは，普通の結晶とは異なり，一定の融点を示さず融解や凝固が徐々に起こる．代表的なアモルファスとして，太陽電池などに用いられるアモルファスシリコン，強靱性・耐腐食性・特異な磁気特性などをもつアモルファス金属，光ファイバーなどに用いられる石英ガラス，窓やコップに使われるソーダ石灰ガラスなどがある．

2-2　分子の電気的性質

2-2-1　電場（電界）中の極性分子（1-3-7 項，8-1〜8-3 節参照）

　分子中の共有結合に電荷の偏りがあり，分子全体として電子分布が不均衡になっている極性分子では，結合の電荷の偏りをベクトル量である**電気双極子モーメント**（electric dipole moment）とし，その合成ベクトル（合成双極子モーメント）で分子の**極性**（polarity）を表すことができる．例えば，水分子では，O−H 結合の双極子モーメントは 1.51 D（デバイ，$1\,D \approx 3.33564 \times 10^{-30}\,C\,m$）で，結合角 $\angle HOH\,\theta$ は 104°なので，分子全体では 1.86 D（$= 2 \times 1.51 \times \cos\theta$）となる．実測の値が 1.94 D なので，簡単な構造の分子であれば，結合の双極子モーメントで分子の双極子モーメントを求めることができる．

　次に，このような電気双極子を電場の中に入れるとどうなるかを考える．当然，正の部分電荷をもつ側がマイナス，負の部分電荷をもつ側がプラスを向く．分子は熱運動しているので（図 2-15(a)），完全に整列（配向）することはないが，もし完全に整列したとすると（図 2-15(b)），内側は正負で打ち消されて，電極との界面にのみ正負の電荷があるとみなすことができる．ちょうどそれは，**誘電体**（dielectric）を電場に入れたとき

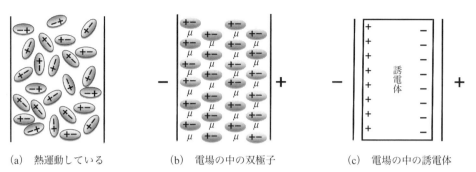

(a)　熱運動している　　　　　　(b)　電場の中の双極子　　　　　(c)　電場の中の誘電体

図 2-15　電場中の電気双極子と誘電体

と同じようである（図 2-15(c)）．すなわち，電気双極子を電場に入れるとミクロには双極子が配向し，マクロには誘電体が**分極**（polarization）したものとみなせる．

　そこで，双極子モーメント μ は，分極（表面電荷密度）を使って，誘電体の比誘電率と結びつけることができ，その関係式は**デバイの式**（Debye equation）と呼ばれている．

$$\frac{\varepsilon_r - 1}{\varepsilon_r + 2} = \frac{\rho P_m}{M} \tag{2-15}$$

ここで，ε_r は**比誘電率**（relative permittivity），ρ は密度，M は分子量である．P_m はモル分極と呼ばれ，

$$P_m = \frac{N_A}{3\varepsilon_0}\left(\alpha + \frac{\mu^2}{3k_B T}\right) \tag{2-16}$$

である．N_A はアボガドロ定数，ε_0 は**真空の誘電率**（permittivity of vacuum, 8.85×10^{-12} F m^{-1}），α は**分極率**（polarizability），k_B はボルツマン定数，T は絶対温度である．さらに，電場の周波数が高いときは，双極子モーメントの配向が電場の変化に追従できなくなるので，

$$\frac{\varepsilon_r - 1}{\varepsilon_r + 2} = \frac{\rho N_A \alpha}{3M\varepsilon_0} \tag{2-17}$$

となる．この式は，**クラウジウス-モソッティの式**（Clausius-Mossotti equation）と呼ばれる．

2-2-2　分極と双極子モーメントの関係

　図 2-16 のように，表面積 A，距離 d の平行極板間に双極子モーメント μ の極性分子（誘電体）を入れ，電場をかけて完全に配向させた場合を考える．電場により極板と誘電体表面には反対の符号をもつ電荷が現れ，分極（**誘電分極**（dielectric polarization））が生じる．この誘電分極すなわち表面電荷密度を P とすれば，電場により生じた総電荷は PA となる．二つの電荷は距離 d だけ離れているので，誘電体の全体の双極子モーメントは PAd とみなすことができる．一方，誘電体の体積は Ad なので，この誘電体の単位体積あたりの双極子モーメントは P になる．よって，誘電分極すなわち単位面積あたりに誘起された電荷 P は，単位体積あたりの双極子モーメント μ とみなすことができる．

　実際には，温度 T における 1 分子の平均双極子モーメント $\langle\mu\rangle$ を使って分極を考える必要がある．双極子モーメントが μ である分子が，電場 E^* の中で，双極子と電場のな

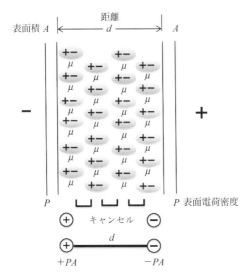

図 2-16　分極と双極子モーメント

す角度が θ であるときの 1 分子の配向エネルギーは,

$$E(\theta) = -\mu E^* \cos \theta \tag{2-18}$$

となる. ここで, 電場 E^* は外部からかけた電場 E と, 注目している分子のまわりの分子たちによる**局所電場**（local electric field）E' を考慮する必要があり,

$$E^* = E + E' \tag{2-19}$$

である. 電場 E^* による配向は, 温度 T における熱運動によって攪乱（じょうらん）されるので, 配向エネルギーと熱エネルギーに**ボルツマン分布**（Boltzmann distribution）を適用し, **ランジュバン関数**（Langevin function）の展開式を用いると, 1 分子の平均双極子モーメント $\langle \mu \rangle$ は,

$$\langle \mu \rangle = \frac{\mu^2 E^*}{3k_{\mathrm{B}}T} \tag{2-20}$$

となる. さらに, 単位体積あたり N 個の分子があるとすると, 分極 P と双極子モーメント μ の関係は,

$$P = N\langle \mu \rangle = \frac{N\mu^2 E^*}{3k_{\mathrm{B}}T} \tag{2-21}$$

である.

2-2-3　分極と誘電率の関係

　真空中で平行極板間に電位をかけ, 両極板に $+Q$, $-Q$ の電荷があるときと, 極板間に誘電体を入れたときの電場の強さ E を考える（図 2-17）. 高校の物理の知識を借りると, **ガウスの法則**（Gauss' law）から電荷 $+Q$ から出る電気力線の本数 E は常に Q/ε_0 であり, 電場の強さが E であれば単位面積あたりの電気力線は E 本である（8-1-4 項参照）. よって, 極板の表面積を S とすれば, 真空中では電場の強さ E と電荷 Q の関係は,

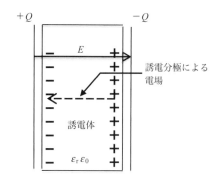

図 2-17　分極と誘電率

$$E = \frac{Q}{S\varepsilon_0} = \frac{\sigma}{\varepsilon_0} \tag{2-22}$$

となる．ここで，σ は電荷密度（$= Q/S$）である．一方，誘電体がある場合は，誘電分極（8-1-3 項参照）によって電場が打ち消されて弱くなり（誘電率が $\varepsilon_r\varepsilon_0$ と大きくなり），

$$E = \frac{\sigma}{\varepsilon_r\varepsilon_0} \tag{2-23}$$

になる．ここで，ε_r は誘電体の比誘電率（>1）であり，誘電体があることで電場が弱まったともいえる．このように，電場の変化を誘電率の増加によって説明することができる．

また，電場の変化は，誘電分極 P による電荷密度の減少によっても表すことができ，次のようになる．

$$E = \frac{\sigma - P}{\varepsilon_0} \tag{2-24}$$

式(2-23)と式(2-24)から電荷密度 σ を消すと，

$$E = \frac{P}{\varepsilon_0(\varepsilon_r - 1)} \tag{2-25}$$

となる．さらに，先に述べた局所電場 E' を考慮すると，

$$E^* = E + E' = \frac{P}{\varepsilon_0(\varepsilon_r - 1)} + \frac{P}{3\varepsilon_0} = \frac{P(\varepsilon_r + 2)}{3\varepsilon_0(\varepsilon_r - 1)} \tag{2-26}$$

となり，誘電分極 P と誘電率 ε_r の関係は，

$$P = 3\varepsilon_0 \frac{(\varepsilon_r - 1)}{(\varepsilon_r + 2)} E^* \tag{2-27}$$

である．ここで考えた誘電分極 P が，双極子モーメントの配向による分極 P にあたる．

2-2-4　誘起双極子モーメント

無極性の分子も電場の中では，電子分布がひずんで一時的に双極子モーメントを生じる．このような双極子モーメントを**誘起双極子モーメント**（induced dipole moment）といい，この誘起双極子モーメントによる分極も考える必要がある．誘起双極子モーメント μ^* の大きさは，電場 E^* の強さに比例し，向きは常に電場と同じである．よって，熱運動による双極子モーメントの擾乱を考慮した平均双極子モーメントを用いる必要がな

く，1分子の誘起双極子モーメント μ^* は次のように書ける．

$$\mu^* = \alpha E^* \tag{2-28}$$

ここで，比例定数 α を**分極率**（polarizability）という．α の単位は $C^2\,m^2\,J^{-1}$ であり，扱いにくい．そこで，次の関係式を使って体積の次元 m^3 をもつ**分極率体積**（polarizability volume）α' として用いることが多い．

$$\alpha' = \frac{\alpha}{4\pi\varepsilon_0} \tag{2-29}$$

永久双極子モーメントの場合と同様に，単位体積あたりの誘起双極子モーメントが，単位面積あたりの誘起された分極 P なので，単位体積あたり N 個の分子があるとすると，

$$P = N\mu^* = N\alpha E^* \tag{2-30}$$

となる．式(2-21)，(2-27)，(2-30)から，全分極は，

$$P = \frac{N\mu^2 E^*}{3k_B T} + N\alpha E^*$$

$$= 3\varepsilon_0 \frac{(\varepsilon_r - 1)}{(\varepsilon_r + 2)} E^* \tag{2-31}$$

で表される．ここで，アボガドロ定数 N_A を用いると，$N = (\rho/M)N_A$ なので，式(2-31)の右辺だけを整理すると，

$$\frac{\varepsilon_r - 1}{\varepsilon_r + 2} = \frac{\rho N_A}{3\varepsilon_0 M}\left(\alpha + \frac{\mu^2}{3k_B T}\right) \tag{2-32}$$

となり，モル分極 P_m を式(2-16)のように括り出すと，式(2-15)のデバイの式が得られる．

2-2-5 電場の周波数と分極

静電場および周波数が低い振動電場では，永久双極子モーメントは電場に応答して電場の方向に配向（**配向分極**（orientation polarization））することができるが，10^{11} Hz 以上になると配向が追いつかなくなり，分極に寄与できなくなる（$\mu = 0$）．このとき，式(2-15)のデバイの式から永久双極子モーメントの項が落ちてしまい，式(2-17)のクラウジウス-モソッティの式になる．すなわち，高周波領域では，分極に寄与するのは誘起双極子モーメント（分極率）だけになる．高周波領域で誘起双極子モーメントを生じる分子の電子分布のひずみとしては，分子の変形（振動や変角）があり，マイクロ波から赤外領域（$<10^{15}$ Hz）で起こる．このような**変形分極**（distortion polarization）も電場の振動数がさらに高くなると起こらなくなり，最終的には電子だけが電場の変化に応答でき，電子遷移による分極（**電子分極**（electronic polarization））が残る．電子分極は可視，紫外領域（$>10^{15}$ Hz）で起こる．

電子分極が起こる光学振動数の領域では，マクスウェルの方程式から，誘電率 ε_r と屈折率 n_r の間には次の関係があることが知られている．

$$\varepsilon_r = n_r^2 \tag{2-33}$$

そこで，クラウジウス-モソッティの式に代入して，

$$\frac{n_r^2 - 1}{n_r^2 + 2} = \frac{\rho L \alpha}{3 M \varepsilon_0} \tag{2-34}$$

となり，誘電率の代わりに屈折率をはかることで，分極率がわかる．

2-3　分 子 間 力

2-3-1　分子間相互作用（1-1-3項参照）

　閉殻分子間の静電相互作用（分子間相互作用）を分子間力といい，**ファンデルワールス力**（van der Waals force）や**水素結合**（hydrogen bond）などがある．特に無極性分子間にはたらくファンデルワールス力，特に**分散相互作用**（dispersion interaction）もしくは**ロンドン相互作用**（London interaction）といわれるものは，これがなければ無極性分子は液体として存在できず，物質の根元に関わる重要な相互作用の一つである．このような引力相互作用に加えて，分子が近づきすぎてつぶれないようにする反発相互作用がある．ここでは，まず，ファンデルワールス力のうち，双極子間の相互作用について示し，その後に反発相互作用について示す．

2-3-2　極性分子間の双極子-双極子相互作用（8-1，8-2節参照）

　二つの点電荷 q_1，q_2 が距離 r だけ離れているとき，その相互作用の**ポテンシャルエネルギー**（potential energy）U は，

$$U = \frac{q_1 q_2}{4 \pi \varepsilon_0 r} \tag{2-35}$$

である．そこで，図2-18のような双極子 $\mu_1 (= q_1 l)$ と点電荷 q_2 が距離 r だけ離れているときの，相互作用のポテンシャルエネルギーを考える．ここでは，点電荷 q_1，q_2 と点電荷 $-q_1$，q_2，それぞれのポテンシャルエネルギーの和を求めればよく，

$$U = \frac{1}{4 \pi \varepsilon_0} \left(\frac{q_1 q_2}{r + (l/2)} + \frac{-q_1 q_2}{r - (l/2)} \right) \tag{2-36}$$

となる．式を整理して**マクローリン展開**（Maclaurin series，15-2-2項参照）し，$l \ll r$ として高次の項を落とすと，

$$U = -\frac{q_1 q_2}{4 \pi \varepsilon_0 r^2} = -\frac{\mu_1 q_2}{4 \pi \varepsilon_0 r^2} \tag{2-37}$$

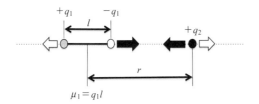

図 2-18　双極子 $(\mu_1 = q_1 l)$ と点電荷 q_2 の相互作用

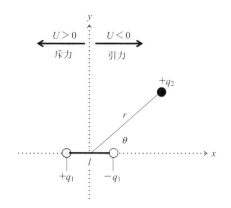

図 2-19 双極子と点電荷（軸方向から角度 θ）の
相互作用

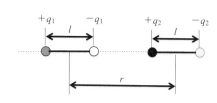

図 2-20 双極子（$\mu_1 = q_1 l$）と双極子（$\mu_2 = q_2 l$）の
相互作用

が得られる．この式からわかるように，図 2-18 の配置ではポテンシャルエネルギーは
負になり，引力がはたらく．逆に，点電荷 q_2 が双極子の左側にある配置では，ポテン
シャルエネルギーは正になり，反発力がはたらく．また，式 (2-37) は $1/r^2$ で効くので，
r が大きくなると，二つの点電荷の場合（$1/r$）より急速にポテンシャルエネルギーは小
さくなる．

さらに，図 2-19 のように，点電荷 q_2 が双極子 μ_1 の軸の方向からずれて角度 θ をもつ
ときは，軸の方向に射影した成分が残り，

$$U = -\frac{\mu_1 q_2}{4\pi\varepsilon_0 r^2}\cos\theta \tag{2-38}$$

となる．このとき，q_2 が第一象限と第四象限にあるときは，ポテンシャルエネルギーは
負になり，第二象限と第三象限にあるときは正になる．

双極子 $\mu_1(=q_1 l)$ と双極子 $\mu_2(=q_2 l)$ が，図 2-20 のように距離 r だけ離れていると
きの相互作用のポテンシャルエネルギーは，双極子と点電荷の場合と同様に計算して求
められ，

$$U = -\frac{2\mu_1\mu_2}{4\pi\varepsilon_0 r^3} \tag{2-39}$$

となる．

さらに，図 2-21 のように，双極子が平行で角度 θ をもつときは，

$$U = \frac{\mu_1\mu_2}{4\pi\varepsilon_0 r^3}(1 - 3\cos^2\theta) \tag{2-40}$$

となる．$1 - 3\cos^2\theta = 1$ になる $\theta = 54.7°$ で分けられる空間によって，ポテンシャルエネ
ルギーの正負が変わる．式 (2-39)，(2-40) はいずれも $1/r^3$ で効くので，r が大きくなる
と，双極子と点電荷の場合（$1/r^2$）より急速にポテンシャルエネルギーは小さくなる．

式 (2-40) のポテンシャルエネルギーは，固体中で平行な配向に固定された極性分子に
対応する．一方，液体中では分子は自由回転しており，双極子間の相互作用は平均化さ
れ，0 になると考えられる．しかし，実際は双極子-双極子相互作用で配向が制御される
ので，完全な自由回転にはならず，平均の相互作用エネルギーはわずかに負になる．ケー

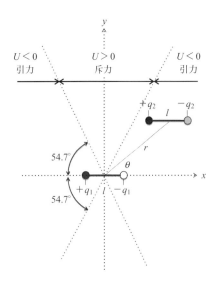

図 2-21　双極子と双極子（平行で角度 θ）の
相互作用

ソム（W. H. Keesom）によると，回転している 2 個の双極子の相互作用（**ケーソム相互作用**（Keesom interaction））は，次のように表される．

$$U = -\frac{2\mu_1^2\mu_2^2}{3(4\pi\varepsilon_0)^2 k_B T r^6} \tag{2-41}$$

　式(2-41)からわかるように，平均の相互作用エネルギーは常に負で，引力がはたらいており，$1/r^6$ と $1/T$ に比例する．すなわち，相互作用は双極子間の距離が大きくなると著しく減少し，また，温度を上げると熱運動により配向の効果が消えるのでやはり相互作用は小さくなる．

2-3-3　極性分子と無極性分子間の双極子‐誘起双極子相互作用

　2-2-4 項で示したように，電場 E^* があると無極性分子でも，次のような誘起双極子モーメント μ^* をもつ．

$$\mu^* = \alpha E^* \tag{2-42}$$

ここで，α は分極率である．そこで，極性分子がつくる電場 E_1 のもとでの，極性分子（$\mu_1 = q_1 l$）と無極性分子（$\mu_2^* = \alpha_2 E_1$）の双極子‐誘起双極子相互作用のポテンシャルエネルギー U を考える．誘起双極子モーメントは電場と同じ向きなので，式(2-39)から

$$U = -\frac{2\mu_1\mu_2^{\,*}}{4\pi\varepsilon_0 r^3} = -\frac{2\mu_1\alpha_2 E_1}{4\pi\varepsilon_0 r^3} \tag{2-43}$$

となる．ここで，r は双極子と誘起双極子の距離である．点電荷 q が距離 r につくる電場 E は，

$$E = \frac{q}{4\pi\varepsilon_0 r^2}$$

なので（8-1 節参照），永久双極子 μ_1 が距離 r につくる電場 E_1 は，図 2-22 に示す二つの電場 E' と E'' の和になる．

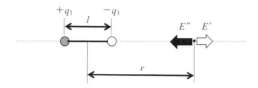

図 2-22　双極子がつくる電界

よって,

$$E_1 = E' + E'' = \frac{1}{4\pi\varepsilon_0}\left(\frac{q_1}{r+(l/2)^2} - \frac{q_1}{r-(l/2)^2} \right) \tag{2-44}$$

となる. 式を整理してマクローリン展開し, $l \ll r$ として高次の項を落とすと,

$$E_1 = -\frac{2q_1 l}{4\pi\varepsilon_0 r^3} = -\frac{2\mu_1}{4\pi\varepsilon_0 r^3} \tag{2-45}$$

よって, 双極子-誘起双極子相互作用のポテンシャルエネルギーは,

$$U = -\frac{2\mu_1\alpha_2|E_1|}{4\pi\varepsilon_0 r^3} = \left(-\frac{2\mu_1\alpha_2}{4\pi\varepsilon_0 r^3} \right)\left(\frac{2\mu_1}{4\pi\varepsilon_0 r^3} \right) = -\frac{4\mu_1^2\alpha_2}{(4\pi\varepsilon_0)^2 r^6} \tag{2-46}$$

となる. **分極率体積** (polarizability volume) α' を用いると,

$$U = -\frac{\mu_1^2\alpha_2'}{\pi\varepsilon_0 r^6} \tag{2-47}$$

となり, 双極子間の角度 θ および温度 T に依存しない. これは, 永久双極子モーメントがつくる電場と同じ方向に誘起双極子モーメントができるためであり, また, 誘電分極が分子の熱運動より速い時間で起こるためである.

2-3-4　無極性分子間の誘起双極子-誘起双極子相互作用

　無極性分子は永久双極子をもたないが, 電子分布のゆらぎによって一時的な双極子モーメント, すなわち誘起双極子モーメントを生じる. 一つの無極性分子に生じた誘起双極子モーメント μ_1^* は, 近傍の別の無極性分子を分極させ, 誘起双極子モーメント μ_2^* を生じさせる. 二つ目の無極性分子に生じる分極は, μ_1^* の変化 (大きさ, 方向) に追従し, 二つの分子間には引力 (**ロンドン分散力**, London dispersion force) がはたらく. よって, 誘起双極子-誘起双極子相互作用 (分散相互作用, ロンドン相互作用) のポテンシャルエネルギー U は負になる. また, いずれの誘起双極子モーメントもそれぞれの分子の分極率に依存し, ポテンシャルエネルギーは近似的に次のように書ける.

$$U = -\frac{2}{3} \times \frac{\alpha_1'\alpha_2'}{r^6} \times \frac{I_1 I_2}{I_1 + I_2} \tag{2-48}$$

ここで, I_1, I_2 はイオン化エネルギーであり, この関係式を**ロンドンの式** (London formula) という.

2-3-5　引力相互作用と反発相互作用

　これまでに示した双極子-双極子相互作用, 双極子-誘起双極子相互作用, 誘起双極子-誘起双極子相互作用は, 配置にもよるがいずれもポテンシャルエネルギー U は負にな

り，分子間に引力相互作用としてはたらく．また，式(2-41)，(2-47)，(2-48)からわかるように，どれも分子間距離の 6 乗に反比例している．そこで，式を簡略化すると，

$$U = -\frac{C}{r^6} \tag{2-49}$$

で表すことができる．C はそれぞれの分子の引力に由来する係数で，ここでは自由回転できる 2 分子間の双極子相互作用だけを考慮している．

　一方，分子が近づきすぎると，電子間や原子核間の反発，すなわち反発相互作用が引力相互作用を上回り，分子間に斥力がはたらく．引力相互作用と反発相互作用の和である全相互作用のポテンシャルエネルギーを正確に見積もることはむずかしいが，次に示す**ミーポテンシャル**（Mie potential）で近似することができる．

$$U = \frac{C_n}{r^n} - \frac{C_m}{r^m} \tag{2-50}$$

この式は，式(2-49)と同様に，反発相互作用（第 1 項）と引力相互作用（第 2 項）がそれぞれ分子間距離 r の n 乗と m 乗に反比例し，斥力と引力に由来する係数を C_n と C_m としたものである．反発相互作用のほうが r に敏感に反応し，$r \to 0$ でポテンシャルエネルギーは正に発散しないといけないので，$n > m$ である．ミーポテンシャルの特別な場合で，$n = 12$，$m = 6$ として，係数 C_n と C_m の代わりに変数 ε と r_0 を用いたものを**レナード-ジョーンズポテンシャル**（Lennard-Jones potential）といい，次のように書ける．

$$U = 4\varepsilon \left\{ \left(\frac{r_0}{r} \right)^{12} - \left(\frac{r_0}{r} \right)^6 \right\} \tag{2-51}$$

ここで，ε と r_0 は，図 2-23 に示すように，それぞれポテンシャルエネルギーの最低値と $V = 0$ になる分子間距離を表す．また，式(2-51)から，エネルギーが最小となる分子間距離は $2^{1/2} r_0$ と求まる．いくつかの物質の，レナード-ジョーンズポテンシャルのパラメーターを表 2-3 に示す．ただし，k_B はボルツマン定数，N_A はアボガドロ定数である．

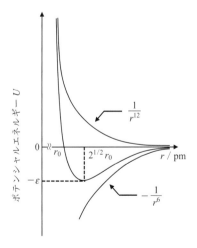

図 2-23　レナード-ジョーンズポテンシャル

表 2-3　レナード–ジョーンズポテンシャルのパラメーター

分子	(ε/k_B) / K	εN_A / kJ mol^{-1}	r_0 / pm
Ar	111.84	0.9299	362.3
Kr	154.87	1.288	389.5
Xe	213.96	1.779	426.0
F_2	104.29	0.8671	357.1
Cl_2	296.27	2.463	448.5
N_2	91.85	0.7637	391.9
O_2	113.27	0.9418	365.4

2-4　分子の磁気的性質

2-4-1　磁気モーメントと磁化（9-1, 9-2 節参照）

　電子，核，軌道をまわる電子などは**磁気双極子モーメント**（magnetic dipole moment）m をもち，図 2-24 のように小さな磁石とみなすことができる．ここで，磁気双極子モーメントの大きさは，

$$m = q_m l \tag{2-52}$$

となり，q_m は磁荷で単位は Wb（ウェーバ，$1\ \mathrm{Wb} = 1\ \mathrm{V\,s}$），$l$ は磁荷間の距離である．物質中の磁気双極子モーメントに注目すると，図 2-25 のように**磁場**（magnetic field）がかかっていないときはランダムに配向している．一方，外部から磁場 H をかけると磁気双極子モーメントは磁場の方向に配向し，**磁気分極**（magnetic polarization）が起きる．

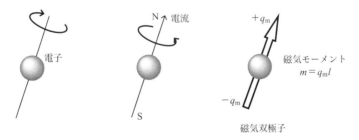

図 2-24　磁気双極子

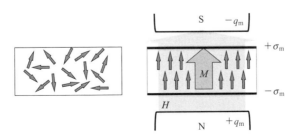

図 2-25　外部磁場による磁気分極

このとき物質には**磁化**（magnetization）M が生じる．電気双極子の場合と同様に，磁化 M（単位面積あたりに誘起された磁荷 σ_m）の大きさは，単位体積あたりの平均磁気双極子モーメントになる．この関係を表すと，

$$M = \frac{1}{\mu_0} \frac{\sum_i m_i}{V} \tag{2-53}$$

ここで，μ_0 は**真空の透磁率**（permeability in vacuum，$4\pi \times 10^{-7} \mathrm{J\,C^{-2}\,m^{-1}\,s^2}$），$V$ は体積である．

2-4-2　磁　化　率

このような磁場によって誘起される磁化 M は，磁場の強さ H に比例し，次のように書ける．

$$M = \chi H \tag{2-54}$$

ここで，H と M の単位は $\mathrm{N\,Wb^{-1}}$ である．比例定数 χ は物質によって決まり，**磁化率**（magnetic susceptibility）という．磁化率が正の場合，先に述べたように磁気双極子モーメントをもち，その物質は**常磁性**（paramagnetism）であるという．逆に，磁化率が負の場合，その物質は**反磁性**（diamagnetism）であるという．反磁性はすべての物質がもつ磁性であり，電磁誘導におけるレンツの法則（9-3-1 項参照）のように説明できる．常磁性の効果のほうが大きいので，永久磁気双極子モーメントをもつ物質では反磁性は観測できないが，常磁性の効果を若干打ち消す作用をしている．

磁化率には，式(2-54)で使った無次元の**体積磁化率**（volume magnetic susceptibility）χ のほかに，**モル磁化率**（molar magnetic susceptibility）χ_m，**質量磁化率**（mass magnetic susceptibility）χ_g があり，次のような関係がある．

$$\chi_\mathrm{m}(\mathrm{m^3\,mol^{-1}}) = \chi V_\mathrm{m} = \chi \cdot \frac{M}{\rho} \tag{2-55}$$

$$\chi_\mathrm{g}(\mathrm{m^3\,kg^{-1}}) = \frac{\chi}{\rho} \tag{2-56}$$

ここで，V_m はモル体積，ρ は密度である．表 2-4 にいくつかの物質の磁化率 χ とモル磁化率 χ_m を示す．

2-4-3　磁　束　密　度

外部からかける磁場だけを考えるときは，磁場の強さは H だけでよいが，物質があると，物質には磁化 M が生じる．そこで，磁化 M も加えて考えるために，**磁束密度**（magnetic flux density）B を用いることにする．磁束密度の単位は T（テスラ）である．磁場の強さ H と磁束密度 B には次の関係がある．

$$B = \mu_0 H \tag{2-57}$$

図 2-26 のように，磁場中の物質（**磁性体**（magnetic substance））には式(2-54)のような磁化が生じる．よって，

表 2-4 いくつかの物質の磁化率 χ とモル磁化率 χ_m

	$\chi / 10^{-6}$	$\chi_m / \mathrm{cm^3\ mol^{-1}}$	$\rho / \mathrm{g\ cm^{-1}}$ (20 ℃)
N_2	-0.0049	-1.5×10^{-4}	0.000 910
O_2	0.371	4.27×10^{-2}	0.000 278
H_2O	-9.0	-1.62×10^{-4}	0.998
Na	8.10	1.91×10^{-4}	0.971
Al	-21	-2.1×10^{-4}	2.70
Cu	-9.7	-6.9×10^{-5}	8.96
Pt	264	2.41×10^{-3}	21.4
NaCl	-14.0	-3.79×10^{-4}	2.16
$FeCl_2 \cdot 4H_2O$	1600	1.6×10^{-1}	1.93
$Fe(NH_4)_2(SO_4)_2 \cdot 6H_2O$	760	1.56×10^{-1}	1.86
$NiSO_4 \cdot 6H_2O$	540	5.4×10^{-2}	2.7

図 2-26 磁性体による磁化

$$B = \mu_0(H+M) = \mu_0(1+\chi)H \tag{2-58}$$

となる.

2-4-4 磁化率（磁気分極）と磁気双極子モーメント

2-2 節で述べた誘電率（電気分極）と永久双極子モーメント，誘起双極子モーメントの関係（式(2-16)）と同様に，以下の関係式が導き出せる.

$$\chi = N\mu_0\left(\xi + \frac{m^2}{3k_BT}\right) \tag{2-59}$$

ここで，N は単位体積あたりの分子の個数，ξ は誘起磁気モーメントである．体積磁化率 χ の代わりに，モル磁化率 χ_m で式(2-59)を書き直すと，

$$\chi_m = \frac{M}{\rho}N\mu_0\left(\xi + \frac{m^2}{3k_BT}\right) = N_A\mu_0\left(\xi + \frac{m^2}{3k_BT}\right) \tag{2-60}$$

となる．N_A はアボガドロ定数である．よって，磁化率を測定することで物質の磁気モーメントを見積もることができる.

2-4-5 磁化率の測定

不均一磁場（磁場勾配）中に常磁性物質を置くと，高磁場側に動こうとする力がはたらき，反磁性物質では低磁場側に動こうとする力がはたらく．不均一な磁場中で，体積磁化率 χ，体積 v の物質が受ける磁気力は，

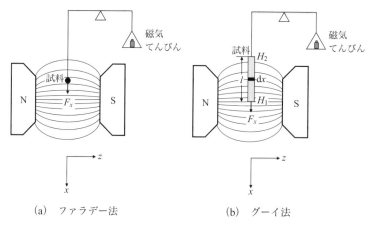

（a）ファラデー法　　　　　　　　　（b）グーイ法

図 2-27　磁化率の測定

$$F = \mu_0 M \, \mathbf{grad} \, H = \mu_0 \chi v H \, \mathbf{grad} \, H \tag{2-61}$$

である．そこで，図 2-27 のように磁気てんびんを用いて試料にはたらく力を測定する．図 2-27(a)のような磁場勾配中での微小試料にはたらく力は，

$$F_x = \mu_0 M_z \frac{\partial H_z(x)}{\partial x} = \mu_0 \chi v H_z \frac{\partial H_z(x)}{\partial x} \tag{2-62}$$

である．試料位置での $H_z(\partial H_z(x)/\partial x)$ がわかっていれば，F_x の測定により試料の磁化率を決定できる（ファラデー法）．ただし，試料中での $H_z(\partial H_z(x)/\partial x)$ は一定である必要があるので，試料は十分に小さくなければならない．

　グーイ法では，図 2-27(b)のように円筒状の試料を不均一磁場中に吊し，試料全体が受ける力を考えると，

$$F_x = \int_{x_1}^{x_2} \mu_0 \chi s H_z \frac{\partial H_z(x)}{\partial x} dx = \frac{1}{2} \mu_0 \chi s (H_1{}^2 - H_2{}^2) \tag{2-63}$$

$$= \frac{1}{2l} \mu_0 m \chi_g (H_1{}^2 - H_2{}^2) \tag{2-64}$$

である．ここで，s，l，m および χ_g はそれぞれ試料の断面積，長さ，質量および質量磁化率である．また，H_1 と H_2 はそれぞれ試料位置 x_1 および x_2 での磁場の強さであり，これらがわかっていれば，力の測定から磁化率が得られる．実際には磁気てんびんを用いて，磁場による試料の重量変化 Δw を測定する．重力加速度を g とし，l がある程度長ければ $H_2{}^2$ はゼロとみなせるので，式(2-64)は，

$$F_x = g \Delta w = \frac{1}{2l} \mu_0 m \chi_g H_1{}^2 \tag{2-65}$$

となり，質量磁化率は

$$\chi_g = \frac{2g}{\mu_0 H_1{}^2} \frac{l}{m} \Delta w \tag{2-66}$$

である．標準物質もしくは**ホール効果**（hall effect，9-2-7 項参照）を用いたガウスメーターで H_1 を求めておけば，試料の l，m および Δw を測定することで，その物質の磁化

率を求めることができる.

2-4-6　磁化率とスピン角運動量

　永久磁気モーメントは,荷電粒子(電子,原子核)がスピン運動(自転,公転)することによって生じ,**電子スピン**(電子の自転, electron spin)によるものがもっとも大きい.電子スピンによる磁気モーメント m は,**スピン角運動量**(spin angular momentum)の大きさ

$$\{s(s+1)\}^{1/2}\hbar \tag{2-67}$$

に比例する. s はスピン量子数で $1/2$ であり,電子が n 個ある場合は全スピン $S\,(=n/2)$ を用いて m は,

$$m = g_\mathrm{e}\{S(S+1)\}^{1/2}\mu_\mathrm{B} \tag{2-68}$$

となる. ここで, g_e と μ_B は比例定数で,それぞれ**自由電子の g 値**(electron g-factor)と**ボーア磁子**(Bohr magneton)といい,

$$g_\mathrm{e} = 2.0023 \tag{2-69}$$

$$\mu_\mathrm{B} = \frac{e\hbar}{2m_\mathrm{e}} = 9.274\times10^{-24}\ \mathrm{J\ T^{-1}} \tag{2-70}$$

である. また, m_e は電子の質量 $(9.109\times10^{-31}\ \mathrm{kg})$, e は**電気素量**(elementary electric charge, $1.602\times10^{-19}\ \mathrm{C}$)である. 一方,磁気モーメントと磁化率の関係は式(2-60)で表され,誘起磁気モーメント ξ は小さいので無視すると,

$$\chi_\mathrm{m} = \frac{L\mu_0 g_\mathrm{e}^2\mu_\mathrm{B}^2 S(S+1)}{3k_\mathrm{B}T} \tag{2-71}$$

となる. この式から,温度 T で磁化率を測定すると,電子スピンの数(有効不対電子数)を見積もることができる.

2-5　気体の性質

2-5-1　気　体

　我々が生活する地球上には大気がある. 地球上の大気が宇宙に拡散されず地表近くにとどまっているのは,たまたま大気を構成する分子の運動エネルギーが地球の引力を上回らなかったからに過ぎない. 実際多くの星では,気体が表面近くにとどまることができていない.

　大気を構成する分子はほとんど制約なく飛び回っている. これは,構成分子間が十分離れており,分子間の相互作用がほとんど無視できるからである. しかし,構成分子の数が少ないというわけではない. 例えば,地上にある1Lの気体に含まれる粒子数は 10^{22} のオーダーであり,等方的に力が隅々まで伝わるとともに,巨視的・統計的な扱いが可能になり,一定温度では体積 V と圧力 P が反比例する**ボイルの法則**(Boyle's law, $PV=$

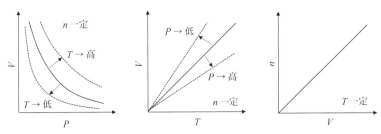

図 2-28　体積，圧力，温度，物質量の関係

一定）や，体積 V が温度 T に比例する**シャルルの法則**（Charles's law, $V \propto T$）が見出された．さらに，分子数が圧力または体積と比例する**アボガドロの法則**（Avogadro's law, P または $V \propto n$）がこれらの法則と結びつき，統一的な関係式である気体の**状態方程式**（equation of state）

$$PV = nRT \tag{2-72}$$

が提案された（2-1-3 項，11-1 節参照）．ここで，R は気体定数（gas constant）である．これらの関係を図 2-28 に示す．

　このような，構成分子間の相互作用を無視した気体の取扱いは，種類の違う分子が混ざった場合でも成り立ち，各々の構成分子を独立して考えることができる場合が多い．例えば，図 2-29 において，容器の仕切りを取り除いたあとの全圧は，$P_1 + P_2 + P_3$ に等しい．一般に，全圧 P を構成成分それぞれの圧力（分圧）P_i で考えた場合，$P = \Sigma P_i$ が成り立つ．これを**ドルトンの分圧の法則**（law of partial pressures）という．

　例えば，大気中の酸素は 21.0 ％程度なので，760 mmHg の大気と接している液体には 160 mmHg の分圧とつり合う酸素が溶け込んでいることになる．ヒトの肺胞の酸素分圧はそれより少し下がった 100 mmHg 程度であり，溶存酸素としては 100 mmHg の酸素分圧とつり合った酸素を取り込んでいることになる．この動脈血は体内を巡り，酸素分圧が 20〜30 mmHg と小さな末端組織で酸素を放出する．実際の血液では，ヘモグロビンが酸素と結合して体内を巡るので，分圧による溶存酸素より多くの酸素が運ばれている．

2-5-2　理想気体

　実際の気体は，液体や固体と比べて取扱いやすいが，より厳密な取扱いで気体の本質を探るためには，構成粒子である分子間の相互作用や体積などを考慮しない仮想的な気

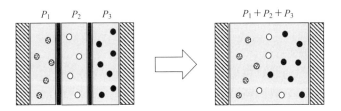

図 2-29　分圧の構成図
隔壁（黒色の部分）の体積を無視すると，除去前後で全体の圧力は変わらない．

体，すなわち**理想気体**（ideal gas）を考える必要がある．理想気体は，以下の条件を満たしているものと仮定する．

1.　温度によらず，構成分子どうしや容器の壁とは完全弾性衝突する．

2.　構成粒子間の相互作用（引力と斥力）は無視できる．

これらの仮定から，気体を構成している粒子の運動エネルギー U は，回転運動を考慮しない場合，

$$U = \frac{3RT}{2} \tag{2-73}$$

となる（11-1 節参照）．式(2-73)の重要な結論は，その粒子の運動能力は温度 T にのみ比例することである．さらに，ランダムに運動している構成粒子の平均速度を計算するために，速度 $\langle v \rangle$ を二乗して根をとった**根平均移動速度**（root-mean-square speed）$\sqrt{\langle v^2 \rangle}$ を考えると，

$$\frac{3RT}{2} = \frac{m\langle v^2 \rangle}{2} \tag{2-74}$$

となる．よって，

$$\sqrt{\langle v^2 \rangle} = \sqrt{\frac{3RT}{m}} \tag{2-75}$$

が導ける．ここで，m は粒子 1 個の質量である．この平均速度の粒子を用いて図 2-30 のような半径 d の球体を仮定すると，他と衝突せずに進むことができる平均の長さ，**平均自由行程**（mean free path）L を式(2-76)のように導くことができる．表 2-5 に代表的な

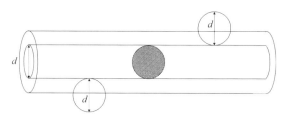

図 2-30　半径 d の粒子が移動するときに他の粒子と当たらない体積

表 2-5　代表的な気体分子の 1 atm, 273 K における根平均移動速度 $\sqrt{\langle v^2 \rangle}$ と平均自由行程 L

気体分子	分子直径 / nm	$\sqrt{\langle v^2 \rangle}$ / m s^{-1}	L / nm
He	0.22	1363	195
Ne	0.26	607	138
Ar	0.36	431	70
H_2	0.27	1920	123
N_2	0.38	515	66
O_2	0.36	482	71
CO_2	0.46	411	44
H_2O	0.46	642	44

気体分子の$\sqrt{\langle v^2 \rangle}$と$L$の値を示す．ここで，$N$は全体の粒子数を示す．一般的に，大気を構成するような分子の分子間距離は，分子径の100倍のオーダーをもち，気体が十分離れて飛び回る多数の分子からなることを示している．

$$L = \frac{1}{\sqrt{2\pi d^2 N}} \tag{2-76}$$

ここまでは，構成粒子が平均的なある一つの速度で移動することを前提に進めてきた．しかし，すべての粒子が同じ速度で動くわけではなく，個々の粒子がどのような速度分布をとるかは，別の角度から検討する必要がある．まず，とびとびのエネルギー準位からなる系において，各エネルギー準位ε_iと占有数Nの間には，式(2-77)で示される**ボルツマン分布**（Boltzmann distribution）の関係がある（3-3-1項参照）．

$$\frac{n_i}{N} = \frac{\exp\left(-\dfrac{\varepsilon_i}{k_B T}\right)}{\sum_i \exp\left(-\dfrac{\varepsilon_i}{k_B T}\right)} \tag{2-77}$$

ここで，k_Bは**ボルツマン定数**（Boltzmann constant）である．さらに，気体分子の速度がvと$v+dv$の間にある割合，すなわち分子の相対数dN/Nは，式(2-78)のようなマクスウェル-ボルツマンの式で表される．

$$\frac{dN}{N} = 4\pi \left(\frac{m}{2\pi k_B T}\right)^{3/2} \exp\left(-\frac{m}{2\pi k_B T}v^2\right)v^2 dv \tag{2-78}$$

式(2-78)を見ると，vが0から大きくなるにつれ，v^2の項が効いて分子の相対数dN/Nは急速に増加するが，vがある程度大きくなると，指数項の減少が支配的になりdN/Nは小さな値となる．よって，dN/Nには極大値の存在が予測できる．実際，式(2-78)で$dN/dv = 0$とすると，$v = v_{max} = \sqrt{2k_B T/m}$で極大値をもち，図2-31のように$T$が大きくなる高温では，$v_{max}$も高速側にずれることがわかる．

2-5-3　実在気体，ファンデルワールス式

実際の気体，**実在気体**（real gas）には，理想気体で無視した体積や相互作用が存在する．そこでファンデルワールス（van der Waals）は，理想気体の状態方程式に体積，圧力それぞれに補正項を付け加えた．まず体積に関しては，分子自身のもつ体積を有限と

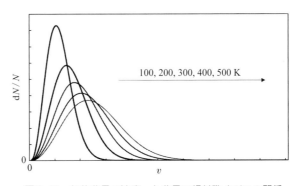

図2-31　気体分子の速度vと分子の相対数dN/Nの関係

し，V を $V-nb$ と置き換えた．ここで，b は**排除体積**（excluded volume）といい，以下のように計算できる．ある半径 d の球状粒子に着目すると，別の粒子は，その 2 倍の半径 $2d$ のつくる空間 $32\pi d^3/3$ に侵入することができない．そこで，二つの粒子がそれぞれ排除し合うことを考慮すると，n 個の粒子からなる群は $16n\pi d^3/3$ の体積が排除体積となる．この値は，大気圧近辺では問題にならないが，高圧になると無視できなくなってくる．

次に，粒子間の引力が圧力に及ぼす影響を考えた．2-3 節でも示した通り，分子間相互作用は距離に大きく依存し，距離が小さくなると無視できなくなる．分子間相互作用による圧力変化は，注目分子のまわりにいくつの分子が存在するかに依存するので，分子密度の二乗 $(n/V)^2$ に比例する．すなわち，式(2-72)の P を $P+a(n/V)^2$ に置き換えればよい．ここで，a は分子間相互作用に関連する任意の定数である．

$$\left[P+a\left(\frac{n}{V}\right)^2\right](V-nb)=nRT \tag{2-79}$$

式(2-79)を考慮した実在気体の P-V 曲線を図 2-32 に示す．ここで式(2-79)を変形すると，式(2-80)のようなモル体積 V_{m}（$=V/n$）の三次式になる．

$$V_{\mathrm{m}}^3-\left(b+\frac{RT}{P}\right)V_{\mathrm{m}}^2+\frac{a}{P}V_{\mathrm{m}}-\frac{ab}{P}=0 \tag{2-80}$$

これは，この関数が二つの極値をもつ曲線 a のような形であることを意味する．また，変節点が一つだけであるような曲線 b の場合は，解が一つだから，そのときの体積 V を V_{c} とすると，$(V^3-V_{\mathrm{c}})=0$ なので，係数比較により式(2-81)の関係式が導かれる．ここで，a および b を**ファンデルワールス定数**（van der Waals constant）という．

$$T_{\mathrm{c}}=\frac{8a}{27bR}, \quad P_{\mathrm{c}}=\frac{a}{27b^2}, \quad V_{\mathrm{c}}=3b \tag{2-81}$$

図 2-32 中のこの変節点 A を**臨界点**（critical point）といい，このときの温度，圧力，体積を，それぞれ**臨界温度**（critical temperature）T_{c}，**臨界圧力**（critical pressure）P_{c}，**臨界体積**（critical volume）V_{c} という．温度が T_{c} より高いときは，変節点は現れず，理想気体のような単調な凹型の曲線 c となる．

臨界点は気相と液相，固相がすべて共存できる点であり，これより低温，低圧側では

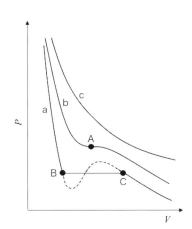

図 2-32　分子間相互作用を考慮した
P-V 曲線

液体が存在することになる．図2-32において曲線aのB–C間は，式(2-80)の曲線に相当する点線ではなく，B–Cを結ぶ直線上を移動し，その間は液相と気相が共存する．理想気体ではいくら気体の温度を下げても，運動エネルギーが低下した構成粒子の集合体にとどまるとしか考えようがなかったが，式(2-79)のように分子間力と排除体積を考慮するだけで，液相の出現も示すことができるようになる．

　実際の気体において，臨界状態をつくりだせるので，T_cとP_c，V_cは実測でき，ここからファンデルワールス定数aやbの値を求めることもできる．表2-6にファンデルワールス定数の代表的な値を示す．

表2-6　気体分子のファンデルワールス定数

気体分子	a / L^2 atm mol^{-2}	b / L mol^{-1}	気体分子	a / L^2 atm mol^{-2}	b / L mol^{-1}
He	0.034	0.0237	N_2	1.390	0.0391
Ne	0.211	0.0171	O_2	1.360	0.0381
Ar	1.337	0.0322	CO_2	3.592	0.0427
H_2	0.244	0.0266	H_2O	5.464	0.0305

　理想気体と実在気体のずれをみるには，**圧縮因子**(compressibility factor)Zを式(2-82)のように計算し，1からのずれをみればよい．ここでは式(2-79)を変形してPを消去してある．

$$Z = \frac{PV}{nRT} = \frac{V}{nRT}\left(\frac{nRT}{V-nb} - a\frac{n^2}{V^2}\right) = \frac{1}{1-(nb/V)} - \frac{an}{RTV} \qquad (2\text{-}82)$$

　式(2-82)の最右辺の第1項は，Pが小さいとVは概ね大きくなるので1に近いが，Pが大きくなると1より大きくなる．この傾向は，粒子の大きさを示すbが大きいほど著しくなる．一方，第2項（an/RTV）もPの上昇に伴って大きくなる．分子間力が小さいH_2やHeでは，aが小さくあまり第2項の影響を受けないが，aが大きいH_2OではPが小さいときに特に大きな影響を受け，Zが1より大きく下がったのち，増加に転じる（2-1-4項参照）．

2-6　液体の性質

2-6-1　一成分の気-液平衡

　実在気体では，ある程度の低温高圧になると分子間力が運動エネルギーに打ち勝ち，液体（場合によっては固体）の状態をとるようになる．液体になると，気体に比べてはるかに分子どうしは近接するが，相互の位置関係は固定されるところまではいかず，ほぼ自由に回転・振動・並進運動が可能である．

　同じ物質の気体と液体を密閉容器に入れて放置すると，気-液平衡に達する．ここでは気体から液体へ凝縮する速度と，液体から気体へ気化する速度がつり合っている．つまり，気体分子が液相中に突入する凝縮が絶えず起こる一方で，接近したまわりからの分子間力を振り切って分子が液相中から飛び出す数がつり合う状態になっている．

　この状態を熱力学的に考えると，液相の**化学ポテンシャル**（chemical potential）μ^{l}と

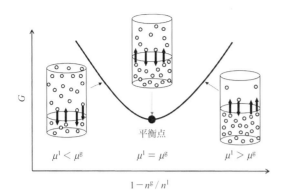

図 2-33 密封容器内での気–液平衡と
化学ポテンシャル

気相の化学ポテンシャル μ^g が等しい，ということに相当する（3-2-14 項参照）．化学
ポテンシャル μ は物質量変化に対応する**ギブズエネルギー**（Gibbs energy）G の変化
$(\partial G/\partial n)_{T,P}$ であるから，気体から液体へ，また液体から気体へ物質が移動する変化，す
なわち気–液平衡の考察に都合がよい．ここでは密封系であるため，液相の物質量 n^l と
気相の物質量 n^g の総和は一定で，$dn^l + dn^g = 0$ が成り立つ．そこで，平衡系全体の G の
変化は式(2-83)のように表せる．

$$dG = \mu^l dn^l + \mu^g dn^g = (\mu^l - \mu^g)dn^l \tag{2-83}$$

　そのため，図 2-33 のように，μ^l と μ^g が等しくないと液相–気相間の物質移動が起こ
り，最終的に両者が等しくなる割合である平衡点に落ち着く．なお，このような化学ポ
テンシャルに基づく考え方は，液相–固相系など他の密閉系での相平衡でも役立つ．

　図 2-33 の平衡点における蒸気圧を**飽和蒸気圧**（saturated vapor pressure）という．飽
和蒸気圧が 1 気圧（1.013×10^5 Pa）とつり合うときの温度が，物質固有の沸点である．
大気圧は場所や時期によって異なるので，液体が沸騰する温度もその条件によって変化
する．

　2-3 節でみたとおり，分子間相互作用は分子間距離が短くなると急速に増大するので，
分子どうしが近接する液体中では，分子間力の影響を大きく受ける．すべての分子間に
みられるロンドン分散力以外に，誘起双極子–イオン，イオンどうしの静電相互作用，水
素結合などの分子間相互作用が作用し，これらが強いほど液体中での結びつきが支配的
になり，飽和蒸気圧は低く，沸点は高くなる．近年注目されている**イオン液体**（ionic
liquid）は，陽イオン分子と陰イオン分子から構成され，常温で液体のイオン性の物質で
ある．その静電的な相互作用は非常に強いため，液体としての流動性をもちながらも沸
点は非常に高く，多くのイオン液体はほとんど気化しない．

　一方，開放空間においては平衡は成り立たないので，気体は外部へ流れ出すことがで
きる．そのため，一見高沸点の液体でも揮発が可能になってくる．例えば油性ボールペ
ンでは，染料または顔料とその他の添加物を溶かした高沸点の溶剤が，毛管現象で紙に
吸収されながら，その沸点からは予想できないほどの速さで蒸発する．

2-6-2　多成分の気-液平衡（3-2-15 項参照）

　一成分の気-液平衡に続き，多成分の気-液平衡を考える．簡単のために，A からなる液体に，わずかな気体分子 B が溶解している二成分系を取り上げる．ここでは，A も当然ある程度の蒸気圧をもち，気体 A と液体 A の平衡，気体 B と液体 B の平衡がともに成り立っている．このとき，液体 A 中での液体 B の溶解度 S_B は，溶液に接している気体 B の分圧 P_B に比例する．すなわち，式(2-84)の関係が成り立つ．

$$S_B = k_H P_B \tag{2-84}$$

この関係を**ヘンリーの法則**（Henry's law）といい，k_H は**ヘンリー定数**（Henry's law constant）である（2-1-7 項参照）．例えば，大気中の CO_2 濃度が上昇すると，それに接する海洋中に溶け込む CO_2 量も増える．CO_2 が水和した炭酸 H_2CO_3 は弱酸であり，溶解が進むと海水の酸性化につながる．

　式(2-84)は，B 成分が 0 に近いとき，すなわち $P_B \to 0$ のときに最も成り立ちやすい．液体中の B 分子のまわりは A 分子ばかりなので，B 分子が受ける分子間相互作用はほとんどの場合 A 分子から，となる．そのため，B 分子が純物質の液体として存在しているときとは違う蒸気圧を示す可能性があることに注意しなければならない．ヘンリーの法則は，単に分圧と溶解度が比例する領域が存在することを示しているにすぎない．一方，S_B が 1 に近いときは，B のまわりもほとんど B で，その蒸気圧は本来の B の蒸気圧に近くなる．

　そこで次に，溶液に溶けている溶質がその成分（溶質）の蒸気圧に与える影響をみてみよう．一般に，溶液中の各成分が示す蒸気圧（蒸気分圧）は，溶液中の各成分のモル分率に比例すると考えられる．すなわち，純物質の蒸気圧が P_i^0 である成分 i が，モル分率で x_i だけ溶液に溶けているとすると，その蒸気分圧 P_i は

$$P_i = x_i P_i^0 \tag{2-85}$$

で表される．この関係を**ラウールの法則**（Raoult's law）という．また，式(2-85)がどの成分比でも成り立つ溶液のことを，**理想溶液**（ideal solution）という．この関係を A，B の 2 成分系で表したのが図 2-34(a)である．二成分の大きさや形が似ており，かつ A–A どうし，B–B どうし，および A–B 間のそれぞれの分子間相互作用が等しいと理想溶液

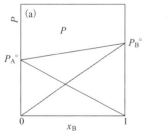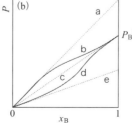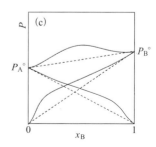

図 2-34　二成分混合系での成分比と蒸気分圧の関係
(a) 理想溶液，(b)，(c) 非理想溶液

として振るまうことができる.

　実際の溶液ではこの理想的な形から多少なりともずれが生じる. 一般的には図 2-34 (b)のように, x_B が 0 に近いときにはヘンリーの法則がよく成り立ち, 異種分子間での相互作用が反映された直線近似 (a に近い b, e に近い d) がみられるものの, x_B が 1 に近づくと, ラウールの法則がよく成り立ち B 分子本来の蒸気圧 $P_B{}^\circ$ となる比例関係 (直線 c) に収束する. なお, 図 2-34(c)のようなずれは, 異種分子間で反発する相互作用が強く, 理想溶液に比べて気体分子になりやすい系で観測される. 例としてはジメトキシエタン-二硫化炭素系があり, アルコールと水の系もこの範疇に含まれる. 一方, 曲線が理想的な形から下にずれるのは, 異種分子の引き合う相互作用が強く, 分子の気化が抑制される場合であり, アセトン-クロロホルム系などが知られている.

　最後に, 不揮発性の B 分子を考えた場合, ラウールの法則から溶質のモル分率に比例して溶媒 A の蒸気圧は減少する. これに従い, 同一気圧下では沸点が上昇する. これが, いわゆる沸点上昇の原因である (2-1-8 項参照).

2-6-3 活 量

　物質量としての濃度から予想される振る舞いと, 実際の溶液中の振る舞いがずれる場合がある. 例えば, 分子 A と分子 B からなる二成分混合系において, A どうしの相互作用が B どうしの相互作用より強い場合, 溶液中における A の振る舞いは実際の A の濃度より大きく見え, 逆に相互作用の大小が反対の場合は見かけの濃度も小さくなる. このような実効的な濃度を**活量** (activity) といい, 一般的に a_i で表さる. 活量 a_i は**モル分率** (mole fraction) x_i を用いて,

$$x_i = \frac{n_i}{n} \quad (n = n_A + n_B + \cdots) \tag{2-86}$$

$$a_i = \gamma_i x_i \tag{2-87}$$

と表される. ここで, n_i は分子 i の物質量, n は混合物中の分子の総物質量である. また補正係数である γ_i を**活量係数** (activity coefficient) という.

　一般的には活量係数が 1 に近い溶液を扱うことが多いので, 熱力学的な意味での活量をモル濃度 mol L^{-1} や mol kg^{-1} で代用してもほとんど問題ない場合が多い. ただし, それほど濃厚溶液ではないのにモル濃度と活量の差が無視できない溶液がある. そのような例として電解質溶液がある. 電解質は溶液中でイオンに解離し, まわりの溶質分子と静電的に相互作用し合う. その強さは分子間距離 r において, $1/r$ に比例し, ファンデルワールス力に比べて強く, また長距離にまで及ぶ. 例えば NaCl 水溶液を考えると, 水中では Na$^+$ と Cl$^-$ の各イオンにほぼ完全に電離しており, これらイオンどうしの静電相互作用が低い濃度でもみられる. そのため, 0.1 mol kg^{-1} の水溶液における活量係数は, 非イオン性のスクロースが 0.998 なのに対し, NaCl では 0.778 と大きく低下する. さらに, 両イオンは極性をもった水分子にぐるりと取り囲まれている. これらの特徴は, 水溶液中のイオンの移動度などに反映され, 水溶液中のイオンの挙動は, 単にモル濃度では説明できず, 活量を基準に考える必要があることを強く示唆している.

2-6-4　溶液の混合

　異種の液体を混合すると，元の体積との合計からずれる場合がある．例えば，同体積のエタノールどうしや水どうしを混ぜると，それぞれ正確に元の 2 倍の液体になる．ところが同体積のエタノールと水を混ぜると，元の 2 倍の体積より少し小さくなる．このような液体の混合による体積変化は決して珍しくなく，組合せによっては体積が増加するものもある．これらの事実から，溶液中で分子が占める体積は，温度や圧力だけでは決まらないことがわかる．このような体積を正確に扱うためには，**部分モル体積**（partial molar volume）V_i を用いればよい．液体 A と液体 B の混合において V_i を考えるとき，A に B を少しずつ加えたときの体積変化の割合 $(\partial V / \partial n_i)_{T,P,n_j \neq i}$ を調べることで V_i を実験的に求めることができる．V_i は 1 mol の純物質が占める体積であるモル体積 V_m とは，概念的に違うので注意が必要である．V_i や，すでに出てきた化学ポテンシャル μ などの部分モル量は，重要な熱力学パラメーターである．

　2 種の液体 A，B を物質量 n_1，n_2（mol）で混合すると，完全に均一に混ざり合う場合と，2 相に分離する場合がある．2 種が理想溶液を形成する場合であれば，混合時のエンタルピー変化 ΔH_{mix} は 0 となるので，混合のギブズエネルギー変化 ΔG_{mix} は，$\Delta G_{\mathrm{mix}} = -T\Delta S_{\mathrm{mix}}$ となる．一方，混合エントロピー ΔS_{mix} は

$$\Delta S_{\mathrm{mix}} = -R(n_1 \ln x_1 + n_2 \ln x_2) \tag{2-88}$$

で表される．ここで，x_1 と x_2 はそれぞれ液体 A と液体 B のモル分率であり，$0 < x_1 < 1$，$0 < x_2 < 1$ なので右辺は正となる．よって，$\Delta G_{\mathrm{mix}} < 0$，すなわち自発的に進行する．トルエンとベンゼン，メタノールとエタノールなど，類似した分子は理想溶液に近く，完全に相溶する傾向にある．これに対し，まったく性質が違い，異種分子間相互作用よりそれぞれの分子間相互作用が弱い場合は相分離しやすくなる．水と直鎖アルコールの相溶性は，メタノール CH_3OH，エタノール C_2H_5OH，プロパノール C_3H_7OH までが相溶性で，ブタノール C_4H_9OH から相分離が始まる．

　溶液中の溶質は，図 2-35 の模式図のように様々な大きさが可能である．溶質として低分子量の分子やイオンなどが分子レベルで分散する場合，その直径はせいぜい 1 nm 以下となる．しかし，**ミセル**（micelle）など分子が集合したり，高分子のように元々が巨大分子の場合には，粒子径が十〜数百 nm に及ぶことがある．後者の場合，まだ可視光の波長とはオーダー的に差があるので人間の目で確認することはできないが，レーザー

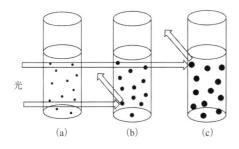

図 2-35　溶液中の粒子径と光散乱
（粒子径は，(a)＜(b)＜(c) の順）

光などの強力な光を当てると，粒子部分で乱反射（**散乱**（scattering））が起こり，光路が目で見えてくる（**チンダル現象**（Tyndall dffect））．それらがさらに多数集まって会合体を形成したり，ミクロ相分離することで見掛けの直径がもっと大きなものになると，もはや可視光も散乱してしまい，いわゆるにごりの状態になる．一般に，溶質（**分散質**（dispersoid））の直径が数 nm〜数 mm のものを**コロイド**（colloid）といい，媒体（**分散媒**（dispersion medium））が液体の場合には，ゾルやゲル，エマルションなどがある（2-1-10 項参照）．

コロイドの例として，金ナノ粒子が最近注目されている．金ナノ粒子は粒子径によって色を変えたり（**表面プラズモン**, surface plasmon），数十個の原子からなる**量子ドット**（quantum dot）が特異な性質を示すことが知られており，その合成方法や安定化が模索されている．

2-6-5 液　晶

一部の特殊な形状を有する分子は，通常の液体のような自由な運動が制限され，ある程度自由に位置を変えることはできるが，全体として規則的な分子集合体を示す場合がある．特に，柔らかで追随性のある部位と**メソゲン**（mesogen）と呼ばれる硬い部位から構成される物質に，このような性質を示すものが多い．このような，固体の結晶状態と液体の自由運動性を兼ね備えたような状態の物質を，**液晶**（liquid crystal）という．液晶状態では光の通過の具合が制限され，ゆらぎながら刻々と反射面を変えるような性質を示す．偏光フィルムを介して見ると，このようなゆらぎを確認しやすい．このような液晶に対し，分子どうしの並び方や配列に特に制限がかからず，したがってまったくそのようなゆらぎが観察できない液体は**等方性**（isotropic）と呼ばれる．液晶の発現パターンは大別して三つあり，それぞれ，ネマチック型，スメクチック型，コレステリック型と呼ばれる．

2-7　固体の構造

2-7-1　結晶とアモルファス

液体からさらに物質を構成する粒子どうしが近づき自由に動けなくなると，その物質は固さを示すようになり，そのような状態を固体という．このとき，きちんと規則的に粒子が組まれ，反復性がみられるものを**結晶**（crystal）という．結晶中の粒子の空間的な配列構造を**結晶格子**（crystal lattice）といい，結晶格子を形成する最小の繰返し構造を**単位格子**（unit cell）という．金属の結晶格子には，単純立方格子，面心立方格子，体心立方格子，六方最密格子（六方最密充填構造）がある．

また，構成する粒子に規則性がなくランダムに並びながら移動不可能になった固体を**非晶質固体**（**アモルファス**（amorphous））という．この状態の代表例がアモルファスシリコンやソーダガラスである．ソーダガラスのような非晶質でかつ非平衡状態にあるものをガラスと呼び，そのような状態をガラス状態という．一般的にガラスと呼ばれるのは無機ガラスだが，有機物や高分子でもガラス状態になっているものがあり，例としては鎖状高分子硫黄やポリスチレンなどがある．

2-7-2　結晶構造の格子と基本構造

　結晶構造（crystal structure）は原子やイオンが三次元的に規則正しく繰り返すことによってできている．結晶格子は，この繰返しを表すためのものであり，**並進操作**（translation）を行うとそれ自身に重なる（図 2-36）．図中の A と B を結ぶベクトルによる並進や A と E を結ぶベクトルによる並進を行うと全体がそれ自身に重なる．しかし，A と C を結ぶベクトルによる並進ではそれ自身には重ならない．並進により自身に重なる操作により**格子**（lattice）が定義される．

　格子点とは，結晶中で周囲の環境が同一である点をいう．なお，格子上に原子がある必要はない．図 2-36 において格子点を A の上にとってもよいし，A と B の中点，A と C の中点にとってもよい．どの格子も同じように他の格子に囲まれている．この格子の上に原子やイオンからなる**基本構造**（basis）が付随している（図 2-37 の•）．図 2-37 に示すとおり格子点ごとに基本構造が付随している．基本構造は格子点の真上にあってもなくてもよい．基本構造と格子が決まると，結晶構造が完全に定義される．

　結晶における単位格子のとり方にはいくつもの種類があるが，最も小さくなるようにとることが多い．塩化ナトリウムの構造を二次元的に表現した図 2-38 において，A（大きい正方形）は単位格子であるが，B（小さい正方形）は単位格子ではない（並進操作に

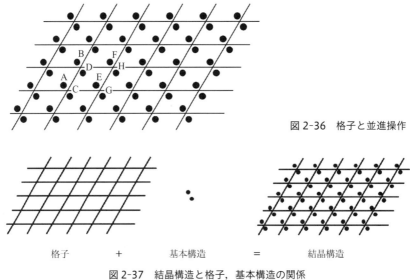

図 2-36　格子と並進操作

格子　　　　　＋　　　　　基本構造　　　　＝　　　　　結晶構造

図 2-37　結晶構造と格子，基本構造の関係

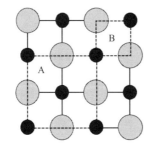

図 2-38　塩化ナトリウムの二次元的な模式図

よって結晶全体を埋め尽くすことができない).

2-7-3　結　晶　系

　並進操作のみで空間を埋め尽くすことのできる格子は 7 種類ある．これらの格子からつくられる七つの結晶系は表 2-7 に示す通りである．すべての結晶の構造はこれらのいずれかの晶系に属する．

表 2-7　結晶系と格子定数

結晶系	格子定数の関係
三斜晶	$a \neq b \neq c,\ \alpha \neq \beta \neq \gamma$
単斜晶	$a \neq b \neq c,\ \alpha = \gamma = 90°,\ \beta \neq 90°$
直方晶（斜方晶）	$a \neq b \neq c,\ \alpha = \beta = \gamma = 90°$
正方晶	$a = b \neq c,\ \alpha = \beta = \gamma = 90°$
立方晶	$a = b = c,\ \alpha = \beta = \gamma = 90°$
菱面体晶（三方晶）	$a = b = c,\ \alpha = \beta = \gamma < 120°,\ \neq 90°$
六方晶	$a = b = c,\ \alpha = \beta = 90°,\ \gamma = 120°$

2-7-4　球の最密充塡構造（2-1-11 項参照）

　同じ大きさの球が最も密に詰まった構造（**最密充塡構造**（closest packed structure））は**六方最密充塡構造**（hexagonal closest packed structure）と**立方最密充塡構造**（cubic closest packed structure）である．多くの金属の単体は最密充塡構造をとる．二次元的に球を最も密に並べるのには，図 2-39(a)のようにそれぞれの球の中心を結んだときに正三角形

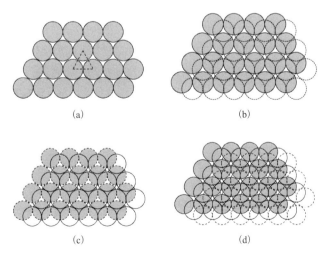

(a)　　　　　　　　　　　　(b)

(c)　　　　　　　　　　　　(d)

図 2-39　球の最密充塡の方法
(a)　二次元平面の充塡方法．(b)　2 層目の充塡方法，1 層目の窪みの上の球がのる．(c)　3 層目の充塡方法，1 層目のちょうど上に 3 層目の球がのる．(d)　3 層目の充塡方法．1 層目，2 層目と異なる位置に 3 層目の球がのる．

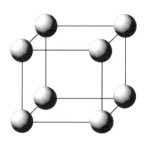

図 2-40　単純立方構造

が現れるようなものである（正方形ではないことに注意する）．この二次元的なシートを積み上げることによって三次元構造をつくることができる．その積み上げ方は二次元シートの正三角形の凹みに，次のシートの原子がちょうど乗るものである（図 2-39(b)）．3 層目が 1 層目の直上にくるようなとき，ABABAB と繰り返されることになる（図 2-39(c)）．このような積み上げ方を六方最密充塡という．また，2 層目のシートの正三角形の凹みに 3 層目の原子がちょうど乗ったとき，ABCABCABC のようになる（図 2-39(d)）．この構造を立方最密充塡構造という．立方最密充塡構造では，各頂点がつくる面の中心に格子がくるため，**面心立方格子**（face-centered cubic structure）とも呼ばれる．

2-7-5　球の最密充塡でない構造（2-1-11 項参照）

球の最密充塡でない構造の例として**単純立方構造**（simple cubic structure）や**体心立方構造**（body-centered cubic structure）がある．前者は立方体の各頂点に球がある構造であり（図 2-40），後者は立方体の各頂点と立方体の中心（体心）に球がある構造である（図 2-13(a)）．これらの構造は最密充塡構造と比べると充塡率が低い．

2-7-6　イオン結晶の構造（2-1-11 項参照）

塩化ナトリウム構造（**岩塩構造**（rock salt structure））では，大きなほうのイオン（多くの場合は陰イオン）が面心立方構造にあり，その八面体間隙に小さなほうのイオンが入っている（図 2-14(a)）．小さなほうのイオンが面心立方構造をとり，大きなほうがその間隙に入っているとみることもできる．この構造において隣接するイオンは逆符号どうしとなっている．また，陰イオンが立方体の頂点を占め，体心位置に陽イオンが入っている場合，**塩化セシウム型構造**（$CsCl_2$ structure）という（図 2-14(b)）．せん亜鉛鉱型（ZnS 型）構造においては，陰イオンが面心立方構造をとり，陽イオンが四面体位置の半分を占めている（図 2-14(c)）．

2-7-7　X 線結晶構造解析法

気体や液体においては，分子は動き回っており，集合体としての三次元構造の解明がむずかしい．一方，固体においては，分子は動きを抑えられ，密に詰まった周期構造をもつ結晶となっているものが多い．このような結晶を顕微鏡でどんなに拡大しても結晶中の原子や分子の世界は見えてこないが，結晶中の原子・分子のミクロな三次元構造を見るための **X 線結晶構造解析**（X-ray crystallography）という強力な手法を用いることが

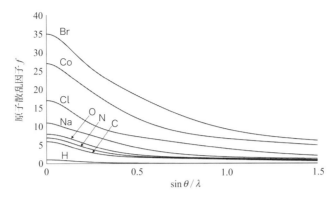

図 2-41 各原子散乱因子 f の散乱角に対する変化

できる．この手法は，1×10^{-10} m 程度という結晶中の原子間距離と同じオーダーの波長をもつ電磁波 X 線（10-2-3 項参照）を用いて，結晶による X 線回折を測定することで，結晶中に周期的に並ぶ原子や分子からの散乱の総和をとることにより，マクロに観測可能な像として，固体の三次元構造を精密に明らかにするものである．

2-7-8 原子による散乱

X 線は各原子の原子核を覆っている電子雲によって散乱される．各原子からの散乱は次式で表され，

$$f(\boldsymbol{K}) = \int_V \rho(\boldsymbol{r}) \exp\{2\pi\mathrm{i}\,(\boldsymbol{r}_j \cdot \boldsymbol{K})\}\mathrm{d}v_\mathrm{r} \qquad (2\text{-}89)$$

$f(\boldsymbol{K})$ の値を，**原子散乱因子** $f(\boldsymbol{K})$（atomic scattering factor）という．ここで，散乱ベクトル $\boldsymbol{K}$，電子 j の位置ベクトル $\boldsymbol{r}_j$（14 章参照），**電子密度**（electron density）ρ，原子全体の体積 V である．各原子の電子密度は原子核を中心とした球対称だと仮定した各原子の散乱因子の値がすでに精密に計算されており，"International Tables for Crystallography, Vol. C"（国際結晶学連合 IUCr 発行）にそれぞれの原子について散乱角 θ での値が一覧表で示されている．図 2-41 は代表的な原子の原子散乱因子の散乱角に対する変化を示したものである．各原子の散乱因子は散乱角（横軸）が大きくなると減少するが，一定の散乱角で比べると，各原子の散乱因子はその原子の全電子数に比例すると考えてよい．散乱角 0° での散乱因子の値は，各原子の電子数に対応している．散乱 X 線は原子がもつ電子による X 線の散乱なので，電子数の多い原子ほど散乱因子の値も大きくなる．

2-7-9 結晶からの散乱

原子や分子が規則的に周期構造をもって並んでいる結晶による **X 線の回折**（X-ray diffraction）は，図 2-42 のような**ブラッグの条件**（Bragg's law，**ラウエの条件**（Laue's law）と同等）に従っている（10-2-4 項参照）．すなわち，原子・分子が並んだ結晶面に X 線の波が入射すると散乱 X 線が干渉し，散乱 X 線の光路差が波長の整数倍なら散乱 X 線の波の位相が合う．すなわち，山と山，谷と谷の位相が合い，強め合うので回折強度となって観測される．その他の条件では，波と波が打ち消しあって，回折強度が観

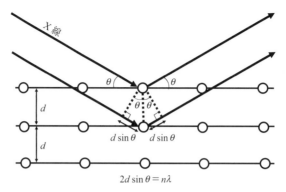

X線

θ　θ

d

θ θ

d

$d\sin\theta$　$d\sin\theta$

$2d\sin\theta = n\lambda$

図 2-42　X 線回折におけるブラッグの条件

測されない．このような回折強度データを結晶の三次元的ないろいろな方向から測定し，三次元構造の情報を集める必要がある．ところで，1 辺がわずか 0.1 mm の立方体（0.1 mm 角）の結晶を用いたとしても，例えば**単位格子（単位胞（unit cell））** の 1 辺が 1 nm $= 10^{-9}$ m とすると，この結晶は単位胞が 10^{15}（1 000 000 000 000 000）個分も集まったものなのである．このような単位胞からの散乱が 10^{15} 倍となった効果が，周期構造をもつ結晶による X 線回折測定で原子や分子の世界が見えてくる大きな理由の一つとなっている．

2-7-10　結晶構造解析の原理

　本書では，散乱ベクトル $\boldsymbol{K}$，ラウエの条件，逆格子，1 電子による散乱から結晶による散乱への専門的な説明は割愛する．詳細な原理については，X 線結晶構造解析の専門書を参照されたい．

　さて，単位胞の散乱因子である構造因子 $F(\boldsymbol{K})$ は，単位胞内の電子密度 $\rho(\boldsymbol{r})$ から得られる．

$$F(\boldsymbol{K}) = \int_V \rho(\boldsymbol{r}) \exp\{2\pi\mathrm{i}(\boldsymbol{r}_j \cdot \boldsymbol{K})\}\mathrm{d}v_\mathrm{r} \tag{2-90}$$

この関係式は，数学的には $\rho(\boldsymbol{r})$ のフーリエ変換といわれている．フーリエ変換の法則によれば，ある関数がフーリエ変換されると数学的にはその逆変換も可能である．この関係を利用して式(2-90)をフーリエ逆変換すると，次式のようになる．

$$\rho(\boldsymbol{r}) = (1/V)\int_K F(\boldsymbol{K}) \exp\{-2\pi\mathrm{i}(\boldsymbol{K}\cdot\boldsymbol{r})\}\mathrm{d}v_\mathrm{r} \tag{2-91}$$

ここで，V は単位胞の体積であり，積分は $\boldsymbol{K}$ 空間全体にわたって行うことになる．$\boldsymbol{r}$ は単位胞を基準とした次式の分率座標を使い（図 2-43），

$$\boldsymbol{r} = x\boldsymbol{a} + y\boldsymbol{b} + z\boldsymbol{c} \tag{2-92}$$

散乱ベクトル $\boldsymbol{K}$ は $\boldsymbol{K} = h\boldsymbol{a}^* + k\boldsymbol{b}^* + l\boldsymbol{c}^*$ で表されるので，

$$\boldsymbol{K}\cdot\boldsymbol{r} = (h\boldsymbol{a}^* + k\boldsymbol{b}^* + l\boldsymbol{c}^*)\cdot(x\boldsymbol{a} + y\boldsymbol{b} + z\boldsymbol{c}) = hx + ky + lz \tag{2-93}$$

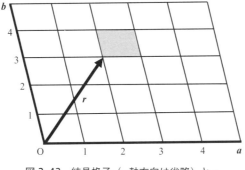

図 2-43 結晶格子（c 軸方向は省略）と r

と表せる（a^*, b^*, c^*は逆格子ベクトル，hkl はミラー指数）．K は飛び飛びの値を使うので，式(2-91)は積分の代わりに級数で表され，次式となる．

$$\rho(xyz) = (1/V)\sum\sum\sum F(hkl)\exp\{-2\pi i(hx+ky+lz)\} \qquad (2\text{-}94)$$

この式は，$F(hkl)$が実験で求められれば，フーリエ級数を使って単位胞内の電子密度が計算できることを意味している（図 2-44）．電子密度が求まれば，電子密度のピーク位置に原子核が存在するので，そこに原子を置くことができ，結晶構造解析が可能となる．すなわちこの式(2-94)を計算すればよいのである．これが X 線結晶構造解析の原理である．

　だが残念ながら，実験で得られるのは回折強度 $I(hkl)$ であって，構造因子 $F(hkl)$ ではない．しかし，$I(hkl)$ と $F(hkl)$ の間には次式の関係がある．ここで，$F^*(hkl)$は$F(hkl)$の複素共役である．

$$I(hkl) = F(hkl)^2 = F(hkl)\times F^*(hkl) \qquad (2\text{-}95)$$

$$F(hkl) = |F(hkl)|\exp\{\{i\phi(hkl)\} \qquad (2\text{-}96)$$

　実験では位相$\phi(hkl)$は測定できないので，電子密度を求めるためには何らかの手段で各構造因子 $F(hkl)$ の位相$\phi(hkl)$を求めないといけない．これが X 線結晶構造解析の本質的な問題である（これを**位相問題**（phase problem）という）．しかしながら，幸い近年

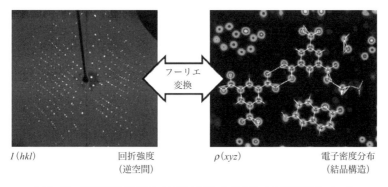

$I(hkl)$　　　　回折強度　　　　　　　$\rho(xyz)$　　　　電子密度分布
　　　　　　　（逆空間）　　　　　　　　　　　　　　　（結晶構造）

フーリエ
変換

図 2-44　回折強度 $I(hkl)$（$\doteqdot |F(hkl)|^2$）と単位胞内の電子密度 $\rho(xyz)$

では，優れた位相推定プログラム，実空間と逆空間の双方で得られる位相や電子密度に修正を加えながら解く画期的なプログラムに加えて，精度のよいデータ測定，そして高速コンピューターのおかげで，ほとんどのケースで位相を容易に求めることができるようになった．したがって，回折強度データが測定できれば結晶中の電子密度が求まり，X 線結晶構造解析が可能となるのである．このため，現在では汎用性の高い手法となっている．なお，結晶の大きな特徴として対称性（1-4 節参照）があり，実際の解析計算においては，この利用が不可欠である．

　X 線回折強度測定に使用する単結晶の大きさは，X 線回折装置にもよるが 0.2 mm 角程度の小さいサイズで十分である．X 線回折強度測定を行うと，単結晶 1 個から図 2-44（左）のような多数の回折点が観測される．この回折点 1 点 1 点が，各結晶面からの回折である．それをフーリエ変換すると図 2-44（右）のような電子密度が得られる．

2-7-11　X 線結晶構造解析結果の利用

　このようにして精密に得られた三次元構造である結晶構造は，各原子の座標 (x, y, z) が精密に求まるため，分子内の結合距離・結合角をはじめ，ねじれ角，二面角，水素結合距離の精密な値が得られる．また，結晶中の分子のパッキングも明らかになり，分子間についても，分子間水素結合距離，π···π 相互作用などの分子間相互作用を明らかにすることができる．また分子のパッキングなども明らかになる．現在では，解析結果の三次元構造を簡単にディスプレイ上で表示することができ，非常に便利になった．また，得られた結晶構造解析結果は，有機化合物・有機金属化合物なら CSD（Cambridge Structural Database, https://www.ccdc.cam.ac.uk/, 日本での取りまとめ先は化学情報協会 https://www.jaici.or.jp/wcas/wcas_ccdc.htm），無機化合物なら ICSD（Inorganic Crystal Structure Database, https://icsd.fiz-karlsruhe.de/index.xhtml, 日本での取りまとめ先は化学情報協会 https://www.jaici.or.jp/wcas/wcas_icsd.htm），タンパク質を含む生体分子なら PDB（Protein Data Bank, https://www.rcsb.org/pdb/, 日本版は PDBj, https://pdbj.org）の結晶構造データベースに登録されており，データを利用できるシステムになっている．X 線結晶構造解析により解析された結晶構造は多く，三次元の構造情報をもっているので研究の考察などに大変有用である．

3章　化学反応のエネルギー

3-1-1　反応熱と熱化学方程式

　化学反応には熱を発生するものと，吸収するものがある．例えば，炭素が酸化すると，二酸化炭素になる．

$$C + O_2 \longrightarrow CO_2 \tag{3-1}$$

この反応では，炭素 1 mol あたり 394 kJ の発熱がある．一方，赤熱した炭素に水を反応させると，一酸化炭素と水素が発生する．

$$C + H_2O \longrightarrow CO + H_2 \tag{3-2}$$

この反応では，炭素 1 mol あたり 131 kJ の吸熱がある．前者のような反応を**発熱反応**，後者のような反応を**吸熱反応**という．また，化学反応に伴って，発生もしくは吸収される熱量を**反応熱**という．熱量はジュール（J）またはカロリー（cal）を単位として表される．1 g の水の温度を 1 K 上昇させるのに必要な熱量が 1 cal で，4.184 J である．

　反応物がもつエネルギー（化学エネルギー）の総和と生成物のもつエネルギーの総和を比べて，前者が後者より大きい場合は発熱反応になり，逆に前者より後者が大きい場合は吸熱反応になる．式(3-1)，(3-2)のような化学反応式に状態（固体，気体，液体）も加えて，さらに発生もしくは吸収する熱量（反応熱）を合わせて書いたものを**熱化学方程式**という．例えば，気体の水素 1 mol と気体の酸素 0.5 mol から，液体の水 1 mol が生成するときの熱化学方程式は，以下のように書ける．

$$H_2(g) + \frac{1}{2} O_2(g) = H_2O(l) + 286\ kJ \tag{3-3}$$

ここで，(g)と(l)はその物質の状態を表し，それぞれ気体（gas）と液体（liquid）である．また，固体（solid）は(s)で表す．なお，水溶液については aq と表す．

　反応熱は反応の種類や状態の変化によっていろいろあり，注目する物質 1 mol あたりの熱量を kJ mol^{-1} を単位で示す．例えば式(3-3)では，水素の**燃焼熱**は 286 kJ mol^{-1} である．燃焼熱以外にも**生成熱**（化合物 1.0 mol がその成分元素の単体から生成するとき

の反応熱（式(3-3)は $H_2O(l)$ の生成熱も示している)），**溶解熱**，**中和熱**（中和反応により 1.0 mol の水が生成するときの反応熱）などがあり，状態変化では**融解熱**，**蒸発熱**，**昇華熱**などがある．吸熱の反応や状態変化では，右辺の熱量の符号がマイナスで表される．例えば，0 ℃，1.013×10^5 Pa での氷の融解熱は 6.0 kJ mol^{-1} なので，熱化学方程式は，

$$H_2O(s) = H_2O(l) - 6.0 \text{ kJ} \tag{3-4}$$

である．表 3-1～3-3 に代表的な物質の燃焼熱，生成熱，溶解熱を示す．

表 3-1　燃　焼　熱

物　　質		燃焼熱 / kJ mol^{-1}	物　　質		燃焼熱 / kJ mol^{-1}
水素	H_2 (g)	286*	エタン	C_2H_6 (g)	1561*
炭素（黒鉛）	C (s)	394	エチレン	C_2H_4 (g)	1411*
一酸化炭素	CO (g)	283	エタノール	C_2H_5OH (l)	1368*
メタン	CH_4 (g)	891*	プロパン	C_3H_8 (g)	2219*

＊　$H_2O(l)$ が生成する場合．

表 3-2　生　成　熱

物　　質		生成熱 / kJ mol^{-1}	物　　質		生成熱 / kJ mol^{-1}
水	H_2O (l)	286	エチレン	C_2H_4 (g)	−52.5
水蒸気	H_2O (g)	242	アセチレン	C_2H_2 (g)	−227
一酸化炭素	CO (g)	111	プロパン	C_3H_8 (g)	105
二酸化炭素	CO_2 (g)	394	塩化水素	HCl (g)	92.3
メタン	CH_4 (g)	74.9	アンモニア	NH_3 (g)	45.9
エタン	C_2H_6 (g)	83.8	二硫化炭素	CS_2 (l)	−89.7

表 3-3　溶　解　熱*

物　　質		溶解熱 / kJ mol^{-1}	物　　質		溶解熱 / kJ mol^{-1}
硫酸	H_2SO_4 (l)	95.3	硝酸カリウム	KNO_3 (s)	−34.9
塩化水素	HCl (g)	74.9	塩化アンモニウム	NH_4Cl (s)	−14.8
塩化ナトリウム	NaCl (s)	−3.9	硝酸アンモニウム	NH_4NO_3 (s)	−25.7
水酸化ナトリウム	NaOH (s)	44.5	尿素	$(NH_2)_2CO$ (s)	−15.4
アンモニア	NH_3 (g)	34.2			

＊　多量の水に溶解する場合．

3-1-2　ヘスの法則

　　反応熱は，反応経路によらず，反応の始めの状態と終わりの状態で決まる．これを**ヘスの法則**（総熱量保存の法則）という．代表的な例としては，水酸化ナトリウムの中和反応がある．図 3-1 に示すように，この中和反応は二通りのやり方がある．

　　【反応経路 1】　1.0 mol 固体の水酸化ナトリウム NaOH(s)を，1.0 mol の HCl を含む希塩酸 HCl aq に入れる．

$$NaOH(s) + HCl \text{ aq} = NaCl \text{ aq} + H_2O(l) + 101 \text{ kJ} \tag{3-5}$$

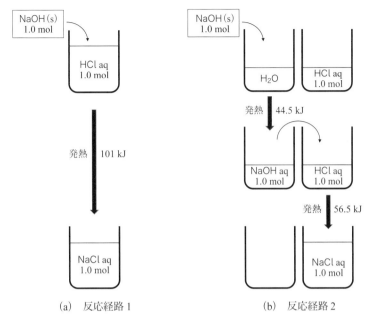

(a)　反応経路 1　　　　　　　　　　　(b)　反応経路 2

図 3-1　ヘスの法則（水酸化ナトリウムの中和反応）

【反応経路 2】　固体の水酸化ナトリウム 1.0 mol を水に溶解して NaOH aq をつくって から（式(3-6)），1.0 mol の HCl を含む希塩酸 HCl aq と反応させる（式(3-7)）．

$$NaOH(s) = NaOH\,aq + 44.5\ kJ \tag{3-6}$$

$$NaOH\,aq + HCl\,aq = NaCl\,aq + H_2O(l) + 56.5\ kJ \tag{3-7}$$

　反応経路 1 の発熱量（中和熱）と反応経路 2 の発熱量の和（溶解熱と中和熱の和）は 等しく，固体の水酸化ナトリウムと希塩酸との中和反応の反応熱は，反応経路によらず 一定で 101 kJ mol^{-1} である．また，ヘスの法則を用いると，実験で測定することがむず かしい反応熱を計算で求めることができる．例えば，黒鉛を酸素と反応させて，一酸化 炭素だけを発生させる反応熱（CO の生成熱）などがある．

3-1-3　結合エネルギー

　共有結合を切ってバラバラの原子にするのに必要なエネルギーを，その共有結合の**結 合エネルギー**といい，結合 1 mol あたりの熱量（kJ mol^{-1}）で表す．表 3-4 に，代表的 な共有結合の結合エネルギーを示す．結合を切るためには外部からのエネルギーが必要 なので，いずれも吸熱反応である．例えば，水素分子，塩素分子および塩化水素の結合 エネルギーはそれぞれ，436, 243, 432 kJ mol^{-1} である．そこで，熱化学方程式は，

$$H_2(g) = 2H(g) - 436\ kJ \tag{3-8}$$

$$Cl_2(g) = 2Cl(g) - 243\ kJ \tag{3-9}$$

$$HCl(g) = H(g) + Cl(g) - 432\ kJ \tag{3-10}$$

となる．ここで，水素分子と塩素分子から塩化水素ができる反応の反応熱は，式(3-8)＋式(3-9)−2×(式(3-10)) で求まり，熱化学方程式は，

$$H_2(g) + Cl_2(g) = 2HCl(g) + 185\ kJ \tag{3-11}$$

となる．このように，気体から気体が生成する反応では，

反応熱＝(生成物の結合エネルギーの和)−(反応物の結合エネルギーの和)

となる．

表3-4　共有結合の結合エネルギー

結　合	結合エネルギー[1] kJ mol^{-1}	結　合	結合エネルギー[1] kJ mol^{-1}
H−H	436	N−H　(NH$_3$)	391[2]
F−F	158	O−H　(H$_2$O)	463[2]
Cl−Cl	243	C−C　(C$_2$H$_6$)	330[2]
H−F	568	C−C　(ダイヤモンド)	357[2]
H−Cl	432	C=O　(CO$_2$)	804[2]
N≡N	945	C=C　(C$_2$H$_4$)	589[2]
O=O	498	C≡C　(C$_2$H$_2$)	811[2]
C−H　(CH$_4$)	416[2]		

[1]　25℃の値，[2]　分子内の一つの結合に対する値．

3-1-4　光と化学反応

　光は波の性質と，粒子の性質を併せもつ（10章参照）．波としてみると，一つの波の長さを波長といい，波長によって，紫外線（約 400 nm ＝ 400×10^{-9} m 以下），可視光（約 400〜800 nm），赤外線（約 800 nm 以上）に分類される．一方，粒子としてみると，光はエネルギーをもった粒（**光子**）とみなすことができ，波長 λ と光子がもつエネルギー E には次の関係がある．

$$E = \frac{ch}{\lambda} = h\nu \tag{3-12}$$

ここで，c は光速（2.998×10^8 m s^{-1}），比例定数の h はプランク定数（6.626×10^{-34} J s）と呼ばれている．また，ν は振動数といい，光が1秒間に進む距離（2.998×10^8 m）を波長で割ったものである．光が関わる化学反応を**光化学反応**といい，光を吸収して反応が起こる場合と反応によって光を放出する場合がある．前者としては光合成，酸化チタン(IV)の光触媒反応，光学写真のフィルム上での臭化銀の反応，水素と塩素から光によって塩化水素ができるラジカル反応などがある．一方，後者は**化学発光**，**化学ルミネセンス**といい，ルミノール反応，ケミカルライト，ホタルやクラゲの生物発光などがある．

　光化学反応では，分子がエネルギーの低い**基底状態**とエネルギーの高い**励起状態**を行き来するときに，光エネルギーを吸収したり，光を放出したりする．また，**炎色反応**は熱エネルギーにより生じた原子の励起状態が基底状態に落ちるときに，励起状態と基底状態のエネルギー差を光として放出する．その際に，炎が色づく現象である．

3-2 熱 力 学

3-2-1 系 と 外 界

炭素 C が酸化して CO_2 になるとき (式(3-1)), 炭素 1 mol あたり 394 kJ の燃焼熱を発生する. これを熱化学方程式で表現すると,

$$C + O_2 = CO_2 + 394 \, kJ \tag{3-13}$$

となる. 3-1-1 項で述べたとおり, このように反応物のエネルギーの総和が, 生成物のエネルギーの総和より大きいときには**発熱反応** (exothermic reaction) となり, その逆の場合には**吸熱反応** (endothermic reaction) となる. ここでの熱は実験者が観測した値を意味する. つまり反応容器を我々が外から観察したときの熱の出入りを示す値である. 化学反応を考えるとき, 注目している部分が何かを明らかにしておくことが重要である. 注目している反応を含む部分のことを "**系** (system)" といい, 図 3-2 のようにいくつかに分類できる.

一方, 実験者 (観察者) のいる場所が "**外界** (surroundings)" であり, "系" の周囲を指す. 化学反応では, "外界" から熱を加えたり, 物質が出入りする "**開放系** (open system)" で実験を行うことが多いので, このような分類を取り入れると理解しやすくなる.

3-2-2 仕事とエネルギー, エネルギー保存則

質量 m の物体を高さ d に持ち上げるとき, 地球の重力 mg に逆らってある高さまで移動させなければならない. 力 F で距離 d だけ移動させたとき, 仕事 w を行ったと表現する.

$$w = Fd \tag{3-14}$$

この物体から手を離すと, 物体は落下して**運動エネルギー** (kinetic energy) を獲得する. 物体はその位置に相当するエネルギー mgd (**位置エネルギー**, **ポテンシャルエネルギー** (potential energy)) をもっていたといえる (図 3-3).

孤立系

粒子, エネルギーの
出入りなし

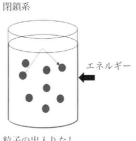

閉鎖系

エネルギー

粒子の出入りなし
エネルギーの出入り
あり

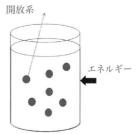

開放系

エネルギー

粒子, エネルギーの
出入りあり

図 3-2 孤立系, 閉鎖系, 開放系の比較

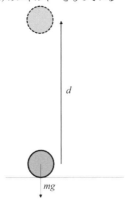

持ち上げるのに要した仕事 mgd
だけのエネルギーをもっている

d

mg

図3-3　質量 m のボールを重力 mg に抗して
高さ d まで持ち上げたときに獲得し
たエネルギー

　このようにして獲得したエネルギーは勝手に生まれることも消えることもない．これがエネルギー保存則（low of conservation of energy）である．図3-3において，高さ d の物体の位置エネルギーは，落下して地上に到達する直前にはすべて運動エネルギーに変わる．物体が落下している途中では，位置エネルギーと運動エネルギーの両方をもっており，これらエネルギーの総和は常に等しい．また，他の例では，火力発電のように熱エネルギーを用いて水を気化させ，その運動エネルギーでタービンを回して発電するようなものある．このように系に外界から熱や仕事が加わると，系のエネルギーは増える．これがエネルギー保存則の一つの表し方である．

3-2-3　熱と温度，仕事と熱

　熱せられた鉄に不意に手が触れると，私たちは熱いと感じ，その温度が高いことを知る．このとき，手と鉄の温度差に応じて，鉄から手へ熱が移動したのであって，決して温度が移動したのではない．一般に物質の温度差があると，それらの温度が等しくなるように，図3-4のように熱（heat）としてエネルギーが移動する．熱や仕事（work）は，エネルギーの形態ではなく，エネルギーが移動する方法であることに注意が必要である．一方，温度は系の状態を表す一つの物差しであり，熱が移動する方向を決めている．

　仕事も熱もエネルギーが移動する方法であるが，両者はどのように異なっているのだろうか．図3-5(a)のように，物体が仕事を受けたとき，その物体を構成する原子や分子などはすべて同じ方向に移動する．つまり，物体に仕事を行うと，エネルギーはその物体を構成する原子や分子すべてに一方向的に加わる．一方，図3-5(b)のように，物体に熱が加わると，原子や分子はより激しく動き回る．このとき，原子や分子の動きは一方向的なものではない．

3-2-4　内部エネルギーと熱力学第一法則

　系に含まれる原子やイオン，分子のすべての運動エネルギーと位置エネルギーを足したものを内部エネルギー（internal energy）という．例えば，300 K で 12 g の炭素には，アボガドロ数個の原子があり，その6倍の個数の電子を含んでいる．この系は，原子核

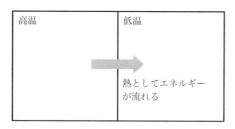

図 3-4 温度差のある二つの物体が接触し，熱が移動する

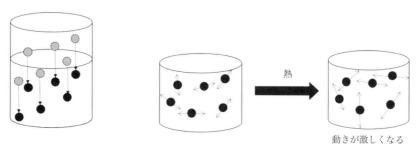

(a) 力学的仕事の場合：一方的に動く　　　(b) 熱の場合：バラバラに動く

図 3-5 仕事や熱が加わったときの原子の動き

と電子の間の静電的なエネルギーや炭素原子どうしの結合によるエネルギーをもっている．さらに，それぞれの原子は振動をしているので，その運動エネルギーもある．これらすべてのエネルギーを足し合わせたものが内部エネルギーである．

物質の内部エネルギーに関して最も重要なことは，その内部エネルギーの絶対値を知り得ないということである．実際に知ることができるのは，系が変化した前後での内部エネルギーの差である．実際の化学反応について理解するうえでは，その差を知ることができれば十分である．

ある系に仕事 w と熱 q を加えたときの，内部エネルギー U の変化 ΔU は，

$$\Delta U = w + q \qquad\qquad (3\text{-}15)$$

と表すことができ，ここでは $\Delta U > 0$ である．エネルギーが仕事と熱で移動するときの内部エネルギーの変化を表した式(3-15)は，エネルギー保存を唱える**熱力学第一法則**（first law of thermodynamics）の定義式である．ここでは，系に着目しているので，w や q は観測者のいる外界から系に与えられたものとしている．この式から，系に仕事や熱が加わると内部エネルギーは増え，逆に取り除かれると減少することがわかる．なお，どの系に着目しているのかということは混乱しがちなので，注意が必要である．ここで，内部エネルギーの値そのものを知ることができないのとは異なり，仕事と熱の大きさは測定することができるので，それらの差で考える必要はない．

3-2-5 熱容量（11-2-6 項参照）

物質に熱を加えると，相変化が起きない限りは，温度が上昇する．同じ熱量を与えたとしても，水より鉄の温度のほうが速く上昇する．物質の温度上昇は，原子の振動や伝

導電子による熱伝導などによっているので，物質ごとに温度の上昇の仕方が異なる．そこで，一定温度だけ上昇させるのに必要な熱量，**熱容量**（heat capacity）C を定義する．

$$C = q / \Delta T \tag{3-16}$$

ここで，q は加えた熱量，ΔT は温度上昇とする．体積が変化しない場合には，$w = 0$ である．式(3-15)より，

$$C_V = \Delta U / \Delta T \tag{3-17}$$

となる．ここで，C_V を**定積熱容量**（heat capacity at constant volume）という．一般に内部エネルギー U は温度に対して非直線的な関係となる．そこで，熱容量は内部エネルギーの温度変化，すなわち傾き（微分係数）で表す．ゆえに，C_V は，

$$C_V = \left(\frac{\partial U}{\partial T} \right)_V \tag{3-18}$$

となる．ここで ∂ はラウンドデルタ，デルなどと読み，体積 V 一定のもとで，温度 T で微分した値（偏微分）を表している．単原子の理想気体の場合，1 mol あたりの内部エネルギーは $U = (3/2)RT$ であるから（2-5-2 項参照），

$$C_V = \frac{3}{2} R \tag{3-19}$$

となる．

3-2-6　エンタルピー

　次に，実際の化学反応で重要となる等圧下での化学変化について考える．我々の住む世界はおよそ 1 気圧であり，反応の前後でその圧力は変化しない．化学反応は開放系で行われることが多いので，ほぼ 1 気圧のもとでの変化，すなわち等圧変化が重要である．

　図 3-6 のようなビーカーの中に置いた亜鉛に塩酸を加えて水素が発生する反応について考える．ビーカーの上部は開いているため水素が発生するとまわりの大気を押しのけて外界へと拡散していく．このとき，水素は発生した気体の体積分の仕事をする（反応系からは仕事としてエネルギーが失われる）．

　ビーカーの上に重さのない薄い面積 S の膜があると仮定しよう．仕事の定義より $w = Fd$ であった．圧力を p，発生した気体の体積を V とすると，

$$w = Fd = (F / S)(Sd) = pV \tag{3-20}$$

である．気体が発生すると，この仕事に相当するエネルギーが内部エネルギーから差し引かれる．水素が燃焼し，水が生成するような反応では，内部エネルギーにこの値を付け加える．

　一定圧力下で実験を行うため，気体発生に伴う仕事を含めた量として**エンタルピー**（enthalpy）H を定義する（11-2-3 項参照）．

$$H = U + pV \tag{3-21}$$

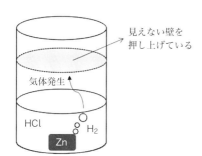

見えない壁を
押し上げている

気体発生

HCl

H₂

Zn

図 3-6　水素発生により生じる仕事

式(3-20)に示したように，pV の項は仕事の定義から出てきたものである．そのため，この式が完全気体のみに成り立つと誤解してはならない．エンタルピーは，不完全気体や，液体，固体についても定義できる．

　エンタルピーを定義することの利点は以下の通りである．① 気体発生の仕事がすでに含まれているので，その都度考慮しなくてよい．② エンタルピーの値は経路によらない．つまり物質の状態（温度や圧力など）が決まれば一意に決まる．このような量を**状態量**（quantity of states）という．これより，非可逆的な経路でのエンタルピー変化と可逆的な経路でのエンタルピー変化は等しい（非可逆反応のエンタルピー変化は，可逆反応のエンタルピー変化と等しい）ということができる．

　ここで，系の圧力 p が一定で外界の圧力 p_{ex} に等しい場合を考える．このとき，エンタルピー変化は定義により，

$$\Delta H = \Delta U + p\Delta V = \Delta U + p_{ex}\Delta V \tag{3-22}$$

である．また，内部エネルギー変化は，式(3-15)より $\Delta U = w + q$ である．系が十分にゆっくりと $p_{ex} = p$ の関係を保ったまま，膨張の仕事のみを行う場合（**準静的過程**（quasi-static process））には，外界の圧力に逆らって ΔV だけ広がるので，

$$w = -p_{ex}\Delta V \tag{3-23}$$

となる．これより，

$$\Delta H = \Delta U + p_{ex}\Delta V = -p_{ex}\Delta V + q + p_{ex}\Delta V = q \tag{3-24}$$

となる．つまり，

$$\Delta H = q \tag{3-25}$$

という重要な関係が得られた．系に出入りした熱量は，エンタルピーの変化量だった．実際には，$p_{ex} = p$ の関係を保った準静的過程によっては膨張しない．それでも，$p_{ex} < p$ のような非可逆的な経路のエンタルピー変化は経路によらないため，式(3-25)が成り立つ．

　ここで，エンタルピー変化と熱の出入りの符号について注意が必要である．エンタルピー変化は系に着目したときの正味の出入りの量を表している．一方，高校の熱化学方程式で扱った熱量は外界で観測した値であったため，符号が逆になる（3-1-1 項参照）．

3-2-7　定圧熱容量（11-2-6 項参照）

一定圧力のもとでの熱容量，すなわち**定圧熱容量**（heat capacity at constant pressure）C_p は，式(3-16)，(3-25)より，$C = q/\Delta T$，$\Delta H = q$ であるから，

$$C_p = q/\Delta T = \Delta H/\Delta T \tag{3-26}$$

と書ける．式(3-26)から，C_p はエンタルピーの温度変化であるから，

$$C_P = \left(\frac{\partial H}{\partial T}\right)_P \tag{3-27}$$

となる．

また，単原子の理想気体の場合には，1 mol あたり $U = (3/2)\,RT$，$pV = RT$ であるから，

$$C_p = \frac{5}{2}R \tag{3-28}$$

となる．

3-2-8　ヘスの法則（3-1-2 項参照）

反応に伴うエンタルピー変化を反応エンタルピー $\Delta_r H$ といい，標準状態（1 atm の圧力で温度は定められていない）の $\Delta_r H$ のことを**標準反応エンタルピー**（standard enthalpy of reaction）$\Delta_r H°$ という．化学反応は高圧でも起きるため，標準状態を定義しておかなければならない．

エンタルピーは経路に依存しない量であるため，図 3-7 のように状態を定義すればその値を決めることができる．原子が化合物に変化する標準生成エンタルピーがわかっていれば，反応前後でのエンタルピー変化は反応物と生成物のエンタルピー差から計算できる．このように，基本的な反応に対するエンタルピー変化を定義しておくことによって，実際には測定できないような経路のエンタルピー変化を知ることができる．これが**ヘスの法則**（Hess' law）である．

高校化学では，炭素 C が完全燃焼して CO_2 になる反応の熱化学方程式を，等号を用いて発生した熱（+394 kJ）も含めて式(3-13)のように書いた．このように書けた理由は，状態を指定すればエンタルピーの値が決まるからである．同じ反応に対してエンタルピー変化で書く場合には，

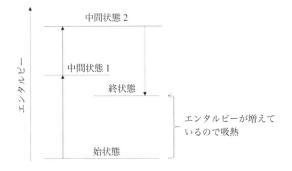

図 3-7　ヘスの法則の概略図

$$C + O_2 \longrightarrow CO_2 \qquad \Delta_r H = -394 \text{ kJ} \qquad (3\text{-}29)$$

のように書く．ここで符号が反対になっている理由は，C と O_2 のほうが CO_2 よりもエンタルピー（の絶対値）が大きいからである．発熱反応の場合にはエンタルピー変化は負となり，吸熱反応の場合には正となる．

3-2-9　種々の変化に伴うエンタルピー変化

標準生成エンタルピー：元素が最も安定にある状態（単体）から，標準状態で物質が 1 mol 生成するときのエンタルピー変化を**標準生成エンタルピー**（standard enthalpy of formation）$\Delta_f H°$ という．式(3-30)に水素 H_2 と酸素 O_2 から水 H_2O が生成する場合を示す．

$$H_2(g) + 1/2\, O_2(g) \longrightarrow H_2O(l) \qquad \Delta_f H° = -286 \text{ kJ} \qquad (3\text{-}30)$$

ここで着目しているのは H_2O であるから，1 mol の H_2O が生成する反応を考える．そのため，O_2 の係数が 1/2 となっている．また，H_2 と O_2 が最も安定にある状態は，ともに分子として気体になっている状態である．この状態を起点としたときの，H_2O が生成するときのエンタルピー変化が標準生成エンタルピーである．熱化学方程式（式(3-3)）では，286 kJ の発熱になっている．

蒸発エンタルピー：エンタルピー変化は化学変化のみならず，蒸発や昇華などといった物理変化にも定義されている．

$$H_2O(l) \longrightarrow H_2O(g) \qquad \Delta_v H = +40.7 \text{ kJ} \qquad (3\text{-}31)$$

これらのエンタルピー変化の値は "化学便覧 基礎編"（丸善出版）などの文献に詳しく記載されている．

3-2-10　エントロピー

例えば，二酸化炭素がひとりでに炭素と酸素に分解したとしても，閉鎖系で考えるとエネルギーは保存している．しかし，このような反応は決して起こらない．エネルギー保存則では，ある反応が進み，また別の反応が進まないということについて，何の情報も与えない．

ある物質が別の物質にひとりでに変化することを，自発的に反応するという．炭素の燃焼のような自発的な反応，二酸化炭素の分解のような自発的でない反応，いずれの反応においてもエネルギーは保存されている．エネルギーの変化の方向に反応が進んでいるのではない．

化学反応のなかには炭酸水素ナトリウム（重曹）とクエン酸の反応のように熱を吸収するものも知られている．しかし，反応系に着目すると吸熱反応であるが，外界を含めて考えると全エネルギーはやはり保存されている．いかなる条件のときに，反応が進行し，また反応が進行しないかを考えるには，次に述べる**エントロピー**（entropy）の概念が必要となる．

エンタルピーとエントロピーは異なる概念であるため，注意が必要である．エンタル

ピーはエネルギーに関係していて，エントロピーは乱雑さ（散らばり具合）に関係している．例えば，硫酸銅(II)の結晶を水に入れて静かに置いておくと，数日のうちに溶液全体が青い色になる．逆に硫酸銅(II)の水溶液を静かに置いておいた後に，無色の水と結晶に分離するということは決して起こらない．また，水とエタノールを仕切り付きの箱に入れておき，この仕切りを取ると全体が一様になる．しかし，水とエタノールの混合物がひとりでに水とエタノールに分離することは起きない．このように状態の変化というのは，一方向に自発的に進むのである．水分子やイオンのレベルで考えると，はじめは硫酸銅(II)の結晶として一塊りだったが，時間の経過とともに拡散しバラバラに（乱雑に）なったといえる．このように，エントロピーの増加が変化の要因となっている．

　熱い物体から冷たい物体への熱の移動についても同じように説明することができる．熱い金属においては原子が激しく振動し，冷たい金属では原子がゆっくりと振動している．これらを接触させると，熱い金属の原子が冷たい金属の原子にぶつかってエネルギーを与える．この原子は隣の原子にさらにエネルギーを与える．最初，激しく動く原子とゆっくり動く原子があったが，エネルギーを与えた結果，時間が経つとともにすべての原子が同じ速さで振動し，全体が一様な温度となる．これが熱の移動である．

3-2-11　エントロピーの定義

　エントロピーを熱力学的に演繹して定義することもできるが，本書の範囲を超えている．ここでは，エントロピー変化 ΔS を次のように定義する．

$$\Delta S = q / T \tag{3-32}$$

ここで，q は系に出入りした熱量，T はその系の温度である．例えば，100 ℃ の水の蒸発エンタルピーが 40.7 kJ であるとすると，100 ℃ の水の蒸発エントロピーは式(3-22)より，

$$\Delta S = 40.7 / 373 = 0.109 \ \mathrm{kJ \ K^{-1}} \tag{3-33}$$

となる．

　この定義に現れるのは熱であり，仕事ではない．これは図 3-5 にも示したように，物質を構成する原子が一様に動くのか，バラバラに動くのかということと関係している．系に仕事をした場合，一様に変化するので乱雑さの変化はない．そのため仕事はエントロピーの定義に現れない．また，同じ熱量が出入りしたとしても，温度が低いほうがエ

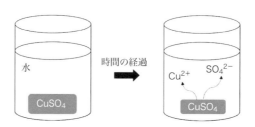

図 3-8　物質拡散の模式図

ントロピーの変化がより大きい点が重要である．これは後に述べるように，低温のほう
が状態の占める数が少ないため（3-3-1 項参照），熱が加わったことによる影響がより大
きく現れるためである．

　エントロピーもまた状態が決まれば値が決まる状態量である．どのようにしてその状
態にしたかには関係しない．例えば，気体を筒の中に閉じ込めておいたとしよう．この
気体を一気に熱を加えようが平衡を保ったまま熱をゆっくり加えようが最終的な乱雑さ
を区別することはできない．また，この気体を一気に圧縮しようが，十分な時間をかけ
て平衡を保ったままゆっくりと圧縮しようが，最終的な気体の体積と圧力が決まれば，
乱雑さは一意に決まる．この性質は可逆変化と非可逆変化を考える上で，重要な意味を
もっている．

　可逆変化（reversible change）というのは読んで字のごとく逆方向が可能な変化である
が，熱力学的には厳密に定義されている．ある変数を無限に小さく変化させたときに逆
転できるとき，可逆的であるという（無限に小さな変化を繰り返すと，大きな変化にな
る）．エントロピーは状態量であるから，可逆変化，**非可逆変化**（irreversible change）の
いずれであっても値は同じになる．よって，エントロピー変化を計算する場合は，非可
逆変化であっても，可逆変化と仮定して計算することができる．

　自発的変化（spontaneous change）の場合には，$\Delta S > 0$ となり，エントロピーは増大す
る．つまり "エントロピーが反応の方向を決めている" ともいえ，これが**熱力学第二法
則**（second law of thermodynamics）の一つの表現である．先ほどの硫酸銅(II)の拡散や，
熱の伝導の場合にもこの条件が成り立っている．ここで，自発的という言葉の使い方に
は注意が必要である．すなわち，ここには，反応の速さということは含まれていない．
H_2 が燃焼すると H_2O が発生するが，単に H_2 と O_2 を混ぜておいただけでは何も変化し
ない．きっかけ（着火）さえあれば反応が自然に起こるが，きっかけがなければ反応は
起きない．熱力学でいうところの自発的というのは，反応が起きる傾向があるというこ
とを意味している．

3-2-12　外界のエントロピー変化と熱力学第二法則

　水素の燃焼時のエントロピーを考えると，水素の燃焼反応は，

$$H_2(g) + 1/2\, O_2(g) \longrightarrow H_2O(l) \qquad \Delta H = -286 \text{ kJ} \qquad (3\text{-}34)$$

であるから，それぞれの物質の**標準生成エントロピー**（standard entropy of formation, 標
準状態（25 ℃，1 atm）における生成エントロピー）から計算することができる．水，水
素，酸素の標準生成エントロピーはそれぞれ 70, 131, 205 J mol^{-1} であるから，

$$\Delta S = 70 - 131 - 205/2 = -163.5 \text{ J mol}^{-1} \qquad (3\text{-}35)$$

となり，エントロピー変化は負となり，この結果だけでは反応は自発的変化ではないこ
とになる．

　水素と酸素は自発的に反応が進行するにもかかわらず，エントロピー変化 ΔS は負の
値となっている．この反応により乱雑さが減少する（気体が液体に変化する）ことを考

えれば負の値となることは納得できる．しかし，エントロピー変化 ΔS が負の値であるのにもかかわらず，反応が自発的に進むことはどのように理解すればよいのだろうか．

　ここまで，我々は反応の起きている系のみに着目して反応が自発的かどうかを考えていた．反応が生じると，外界の環境の乱雑さも変化するので，両者を合わせて考える必要がある．そこで，水素の燃焼反応における外界のエントロピー変化 ΔS_s を 300 K で考えると，式(3-34)から，

$$\Delta S_s = 286\,000\,/\,300 = 953 \text{ J} \tag{3-36}$$

これより，系と外界の全エントロピー変化 ΔS_{total} は，

$$\Delta S_{total} = \Delta S + \Delta S_s = -163.5 + 953 = 789.5 \text{ J mol}^{-1} \tag{3-37}$$

となり，系と外界の全体ではエントロピー変化は正となる．このように系と外界のすべてのエントロピー変化を考えると，エントロピーは増大する．つまり，自発変化が起きる．これが熱力学第二法則である．

3-2-13　ギブズエネルギー

　反応のエントロピーを計算するときには，系と外界の両方のエントロピー変化を計算しなければならない．ギブズ（J. W. Gibbs）は，これらの値の両方を同時に計算する方法を提案した．全エントロピー変化は，

$$\Delta S_{total} = \Delta S + \Delta S_s = \Delta S - \Delta H\,/\,T \tag{3-38}$$

と書き直すことができる．二つ目の等号は，反応系のエンタルピー変化と外界のエンタルピー変化が逆符号であることに由来している．これにより反応系のエントロピー変化とエンタルピー変化を用いて，系と外界の全エントロピー変化を表すことができる．ここで，**ギブズエネルギー**（Gibbs energy）G は，

$$G = H - TS \tag{3-39}$$

で定義される．温度一定の下では，

$$\Delta G = \Delta H - T\Delta S \tag{3-40}$$

となる．先ほどの式と見比べると，

$$\Delta S_{total} = -\Delta G\,/\,T \tag{3-41}$$

となっている．ここでギブズエネルギーと全エントロピー変化の符号が逆になっている（温度は常に正である）．自発的な反応においては，エントロピーが増大し，同時にギブズエネルギーが減少する．別の言い方をすると，ギブズエネルギーが減少する方向に反応が進行する．ただし，これは自発反応では，エントロピーが増大すると言っていることに等しい．

　ギブズエネルギーより，一定温度，一定圧力（通常の化学反応はこの条件になってい

る）の下で，膨張圧縮以外の仕事（非膨張仕事）の最大値を知ることができる．熱力学で定義されている様々なエネルギーがあるが，化学反応への応用という意味ではギブズエネルギーが最も重要なものとなっているゆえんである．このような非膨張仕事としては，電気的な仕事（電池など）がある．

3-2-14　化学ポテンシャル（2-6-1 項参照）

純物質の（理想）気体では物質量と体積は比例するが，大気のような物質量比で O_2 と N_2 が 20：80 で含まれる混合気体（混合物）では，必ずしもそうはならない．そこで，1 mol あたりの体積を部分モル体積として定義し，この混合気体の O_2 と N_2 の部分モル体積を V_{O_2}, V_{N_2} とする．このとき，合計の体積 V は，

$$V = 0.2\, V_{O_2} + 0.8\, V_{N_2} \tag{3-42}$$

となる．

これは，気体に限らず液体でも同様である．例えば，水 H_2O とエタノール C_2H_5OH を混合すると，分子間の相互作用により混合物の体積は混合前の各物質の体積の和より小さくなる．一般的に，物質量を n_i, 部分モル体積を V_i とすると，混合物の体積は

$$V = n_1 V_1 + n_2 V_2 + \cdots = \sum n_i V_i \tag{3-43}$$

と書ける．

前項で扱ったギブズエネルギーについても同様に，部分モルギブズエネルギー G_i を用いて書き直すと，

$$G = n_1 G_1 + n_2 G_2 + \cdots = \sum n_i G_i \tag{3-44}$$

となる．この G_i は化学において重要な役割を果たすので，**化学ポテンシャル**（chemical potential）という名前がつけられており，μ とも表記される．

$$G = n_1 \mu_1 + n_2 \mu_2 + \cdots = \sum n_i \mu_i \tag{3-45}$$

化学ポテンシャルはある物質の 1 mol あたりのギブズエネルギー（部分モルギブズエネルギー）のことである．化学ポテンシャルは化学反応の方向性を決める重要なパラメーターであり，この名称は非常に的を射ている．ギブズエネルギーが小さくなる方向に反応が進むのと同様に，化学ポテンシャルの小さくなる方向に反応が進みやすい．$\Delta\mu < 0$ のときは正反応が進み，$\Delta\mu > 0$ のときは逆反応が進む．また，$\Delta\mu = 0$ のときは平衡状態となっている．化学ポテンシャルとは，物質の活性を示す指標ともみなせる．

導出は割愛するが，ある圧力 P（bar）の理想気体の化学ポテンシャル μ は，1 bar（＝ 0.987 atm）の**標準化学ポテンシャル**（standard chemical potential）μ° を用いると，

$$\mu = \mu^\circ + RT \ln P \tag{3-46}$$

と表される．この式をよく見ると，圧力が 1 bar のときには対数の項が 0 になるため，$\mu = \mu^\circ$ である．これよりも高い圧力では $\mu > \mu^\circ$，低い圧力ではその逆となる．圧力が高

いほど，気体の化学ポテンシャルが大きくなることは，物質の活性を示すという意味の理解の手助けになるだろう．

次に，2 種類の理想気体 1，2 を，物質量 n_1，n_2（mol）だけ混合するときのことを考えてみよう．まず，これらの気体が密閉容器に同じ圧力 P（bar）で入っており，互いに壁によって分けられているとする．このとき，系全体のギブズエネルギー G_{before} はそれぞれの気体の化学ポテンシャル μ_i の和で書くことができる．

$$G_{\mathrm{before}} = n_1\mu_1 + n_2\mu_2 = n_1(\mu_1^\circ + RT\ln P) + n_2(\mu_2^\circ + RT\ln P) \tag{3-47}$$

ここで，μ_i° は理想気体 i（$i=1, 2$）の 1 bar における標準化学ポテンシャルである．次にこの壁を取り除くと，全圧力は変化しないが，それぞれの分圧はドルトンの分圧の法則（2-5-1 項参照）により，

$$P_1 = x_1P \tag{3-48}$$

$$P_2 = x_2P \tag{3-49}$$

となる．ここで，x_i はモル分率で，

$$x_1 = n_1/(n_1+n_2), \qquad x_2 = n_2/(n_1+n_2) \tag{3-50}$$

である．よって，混合後のギブズエネルギー G_{after} は，

$$G_{\mathrm{after}} = n_1(\mu_1^\circ + RT\ln x_1P) + n_2(\mu_2^\circ + RT\ln x_2P) \tag{3-51}$$

である．この混合の前後の差であるギブズエネルギー変化 ΔG は，

$$\begin{aligned} \Delta G &= G_{\mathrm{after}} - G_{\mathrm{before}} \\ &= n_1RT\ln x_1 + n_2RT\ln x_2 \\ &= nRT(x_1\ln x_1 + x_2\ln x_2) \end{aligned} \tag{3-52}$$

となる．式(3-52)の ln の引数 x_1，x_2 は式(3-50)から x_1，$x_2 < 1$ であり，ΔG は負の値となる．

また，$\Delta G = \Delta H - T\Delta S$（式(3-40)）であり，混合に伴うエンタルピー変化は 0 なので，エントロピーのみが変化（増加）した．これは，壁で区切られた空間にそれぞれ存在していた気体が，壁を取り除くことによって互いに行き来するようになり，より広い空間を占めるようになった（体積が増えた）ことによっている．このことは，二つの気体を接触させると自然に混じり合うという経験とも一致し，ギブズエネルギーや化学ポテンシャルを用いることで，実際の現象をうまく説明することができる．

ここでは，理想気体の混合を考えたが，2 種類の液体の混合や固体が液体中に拡散する様子についても化学ポテンシャルを考えることにより理解することができる．そのほかの例としては，浸透圧や凝固点降下などがあげられる．

3-2-15　理想溶液（2-6-2 項参照）

　溶質の化学ポテンシャルを考えるとき，次の**ラウールの法則**（Raoult's law）が重要である．ラウールの法則とは，混合液体中のある物質が示す**蒸気圧**（vapor pressure）は，その物質が純粋なときの蒸気圧と混合液体中でのモル分率に比例するというものである．その物質を A，蒸気圧を P_A，モル分率を x_A，純粋なときの蒸気圧を P_A^{pure} とすると，

$$P_A = x_A P_A^{pure} \tag{3-53}$$

である．**理想溶液**（ideal solution）とは，すべての組成で式(3-53)が成り立つような溶液である．分子構造の似た液体の混合溶液が理想溶液に近い振る舞いを示すことがあるが，一般的には溶質濃度がきわめて低い場合に，溶媒に対して成り立つ法則である．

　次に溶媒の化学ポテンシャルに注目しよう．平衡状態では化学ポテンシャルが等しくなっているので，溶媒の化学ポテンシャルを表すために，気液の平衡を利用することができる．

$$\mu^l = \mu^g \tag{3-54}$$

ここで，μ^l, μ^g は溶媒の液体（l）と気体（g）の化学ポテンシャルである．混合物中の溶媒 A（蒸気圧 P_A，モル分率 x_A，純粋なときの蒸気圧 P_A^{pure}）の化学ポテンシャルを考えると，式(3-53)を用いて，

$$\mu_A^l = \mu_A^g = \mu_A^{g\circ} + RT \ln P_A \tag{3-55}$$
$$= \mu_A^{g\circ} + RT \ln x_A P_A^{pure} = \mu_A^{g\circ} + RT \ln P_A^{pure} + RT \ln x_A$$

となる．ここで，気体の標準化学ポテンシャル $\mu_A^{g\circ}$ と $RT \ln P_A^{pure}$ は，混合物の組成によらないため，純液体 A の標準化学ポテンシャルを $\mu_A^{l\circ}$ とすると，

$$\mu_A^l = \mu_A^{l\circ} + RT \ln x_A \tag{3-56}$$

である．この式のなかの x_A の値は分率を表しているため，$x_A < 1$ である．このとき，$\ln x_A < 0$ となるので，混合液体の化学ポテンシャルは純液体の化学ポテンシャルよりも必ず低くなる．

　溶媒の化学ポテンシャルを記述することができたので，次は溶質の化学ポテンシャルについて考える．通常，化学反応は多量の溶媒中での，溶質どうしの反応を取り扱うので，溶質の化学ポテンシャルは反応を考えるうえで重要な量である．溶質の化学ポテンシャルを考えるには，**ヘンリーの法則**（Henry's law）を用いる．ヘンリーの法則とは，希薄溶液において溶質の蒸気圧は溶液中のモル分率に比例するというものである．ここで，溶質を B，モル分率を x_B，溶質の蒸気圧を P_B，ヘンリー定数を K_B とすると，

$$P_B = x_B K_B \tag{3-57}$$

である．ラウールの法則と同様に，きわめて低い濃度で成り立ち，溶液中の物質 B と蒸気中の物質 B の化学ポテンシャルが等しいので，

$$\mu_B{}^l = \mu_B{}^g + RT \ln P_B = \mu_B{}^g + RT \ln K_B + RT \ln x_B \tag{3-58}$$

である．よって，

$$\mu_B{}^l = \mu_B{}^{sol} + RT \ln x_B \tag{3-59}$$

のようになる．ただし，$\mu_B{}^{sol}$ は純液体 B の溶液の化学ポテンシャルである．式(3-59)を濃度で表すと，

$$\mu_B{}^l = \mu_B{}^\circ + RT \ln [B] \tag{3-60}$$

である．ただし，[B] は物質 B のモル濃度の数値部分（例えば，$0.1 \ \mathrm{mol \ L^{-1}}$ のとき，[B] = 0.1）を表したものである．ここで，式(3-59)から式(3-60)への変形においては，モル分率からモル濃度への変換や，単位を省略して [B] として書くことに伴う値の差が $\mu_B{}^\circ$ に含まれている．

3-2-16　活　量

実際の溶液は理想溶液とは異なり，式(3-53)がそのまま成り立つことはない．溶液における溶質の実効的な濃度として，**活量**(activity)a_j を次のように定義する(2-6-3 項参照)．

$$a_j = \gamma_j x_j \tag{3-61}$$

このとき，実在溶液の化学ポテンシャルは，理想溶液の（標準）化学ポテンシャル μ_j° を用いて，

$$\mu_j = \mu_j^\circ + RT \ln a_j \tag{3-62}$$

になる．活量とは実効的な濃度であるため，気にする必要はない（考える必要はない）と感じるかもしれない．しかし，活量を導入することにより，実在溶液と理想溶液の化学ポテンシャルが同じ形式で書けるという利点がある．これにより様々な熱力学の関係式を両者で同様に表現することができる．

3-3　統計熱力学

ここまでの議論では，気体や溶液の中の分子に着目することなく，系全体の振る舞いのみについて考えてきた．実際の気体や液体には分子が含まれているので，より精密な議論をする際にはそれらに着目する必要がある．その要請に応えるのが**統計熱力学**(statistical thermodynamics）である．

1 mol の気体には 6.0×10^{23} 個という非常に大きな数の分子が含まれる．これらの分子それぞれは物理法則に従って運動している．ここでは箱の中の気体状の酸素に着目する．ある瞬間にすべての酸素分子が同じ運動エネルギーをもっていたとしよう．これらの分子は他の分子や壁と衝突しながら熱を交換し，ひいては運動エネルギーの大きさを変化させ続ける．たとえ最初は同じ運動エネルギーをもっていたとしても，長時間の後には

各分子はバラバラの運動エネルギーをもつ．別の酸素気体を準備したとして，先の気体と同じ条件（温度，圧力）にしておくと，長時間の後にはやはりバラバラの運動エネルギーをもつことになる．このとき，これら二つの気体の状態は果たして同じだろうか，異なるだろうか．我々は経験から，同じ条件に置いておくと，同じ状態（運動エネルギー）の気体が得られることを知っている．ある分子に着目すると，運動量を変えながら様々な方向に飛び回っているのに，全体としては同じ状態になることに答えを与えるのが統計熱力学である．

3-3-1　ボルツマン分布

個々の分子の運動エネルギーに着目し，分子 1 の運動エネルギーは E_1，分子 2 の運動エネルギーは E_2，分子 3 の運動エネルギーは E_3, …のように，10^{23} 個の分子に運動エネルギーを割り当てたとする．分子の運動エネルギーは，個々の分子が互いにぶつかり合うので，10^{23} 個の連立方程式に従っている．このような巨大な連立方程式を解くことは不可能なので，その代わりに確率論的な手続きで分子集団の振る舞いを知るというのが統計力学の出発点である．

最終的には，エネルギー状態が離散的で，10^{23} 個程度の分子が存在する状況での分布を記述したい．まず，簡単のために 3 準位系で四つの分子の場合を考える．複数の分子のエネルギー状態を表すのに，図 3-9 を用いる．図中の一つの●が一つの分子に対応している．

このような状態の取り方（3 準位系の 4 分子の分布）には，様々な方法がある．例えば，系の合計のエネルギーが 2ε のとき，どのような組合せが可能だろうか．それぞれの分子のエネルギーを並べて書くと，例えば $2\varepsilon, 0\varepsilon, 0\varepsilon, 0\varepsilon$ のように 1 分子だけが 2ε の場合が 4 通り，$1\varepsilon, 1\varepsilon, 0\varepsilon, 0\varepsilon$ のように 2 分子が 1ε の場合が 6 通りあるので，合計で 10 通りある（これをミクロ状態という）．合計エネルギーが 2ε で一定だという状況で，どちらの配置が多いかといえば後者であり，もし分子を系にバラまいてどちらのほうがとる確率が大きいかというと，後者の配置が主となる．これが確率的な考え方である．

この配置の数を W 個とすると，エントロピーは次のように表される（**ボルツマンの原理**（Boltzmann's principle））．

$$S = k_B \ln W \tag{3-63}$$

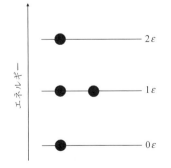

図 3-9　三つの離散的なエネルギー状態をもつ 4 分子が，各状態に分布する一例．ただし，合計のエネルギーが 4ε とする．

ここで, k_B は**ボルツマン定数**（Boltzmann constant, 1.380×10^{-23} J K^{-1}）である.

このように, 統計力学においては, 全エネルギーが一定のもとで最も取りうるミクロ状態を予測する. 詳しい導出は省略するが, あるエネルギーにある分子の個数 N_i は, 最低エネルギーとのエネルギー差を $\Delta\varepsilon_i$ とすると,

$$N_i \propto \exp(-\Delta\varepsilon_i / k_B T) \tag{3-64}$$

となる. すべてのエネルギー準位に対してこの式が成り立つので, 全粒子数を N とすると, その状態の数は,

$$N \propto \exp(-\Delta\varepsilon_1 / k_B T) + \exp(-\Delta\varepsilon_2 / k_B) + \cdots = \sum \exp(-\Delta\varepsilon_i / k_B T) \equiv q \tag{3-65}$$

となる. ここで, q は**分子分配関数**（molecular partition function）である. さらに, 式(3-64)より,

$$N_i = N \exp(-\Delta\varepsilon_i / k_B T) / \sum \exp(-\Delta\varepsilon_i / k_B T) \tag{3-66}$$

となる. これが統計熱力学における最も基本となる**ボルツマン分布**（Bolzmann distribution）の式である.

3-3-2　熱力学との関連

式(3-65)を出発点として, 熱力学で扱った様々な量を統計力学と結びつけることができる. 例えば, ゼロ点エネルギーがない場合, 内部エネルギーを, エネルギー状態 ε_i に N_i 個（総数 N 個）の粒子があるとして考える. それらの総和をとると,

$$U = N_1\varepsilon_1 + N_2\varepsilon_2 + \cdots = \frac{N}{q} \sum \varepsilon_i \exp(-\Delta\varepsilon_i / k_B T) \tag{3-67}$$

となる. さらに, この式は分配関数 $q = \sum \exp(-\Delta\varepsilon_i / k_B T)$ の微分を考えることによって,

$$U = \frac{Nk_B T^2}{q} \frac{dq}{dT} \tag{3-68}$$

となる. また, 内部エネルギーが得られたので, 定積熱容量 C_V と関連づけることも可能であり,

$$C_V = \frac{dU}{dT} \tag{3-69}$$

なので, 式(3-68)の勾配を求めればよい. これ以外の重要な量であるギブズエネルギーについても, 統計力学の観点から同様に書き下すことが可能である. N 個の分子からなる理想気体に対しては,

$$\Delta G = -Nk_B T \ln(q / N) \tag{3-70}$$

となる. このように, 統計力学はミクロの視点（原子や分子）から, 熱力学で定義された重要な量を定義することができるので, 熱力学の分子論的な考察の手がかりになる.

4章　物質の変化

4-1　基礎知識

4-1-1　酸と塩基（4-2節参照）

　アレニウス（S. A. Arrhenius）による酸と塩基の定義では，水に溶けて水素イオン H^+ を生じるものが酸，水酸化物イオン OH^- を生じるものが塩基である．H^+ は水溶液中では H_2O と結びつき（配位結合して），オキソニウムイオン H_3O^+ となる．例えば，塩酸 HCl は，

$$HCl + H_2O \longrightarrow H_3O^+ + Cl^- \tag{4-1}$$

となる．また，アンモニア NH_3 は水に溶けると，式(4-2)のようにその一部が H_2O と反応して NH_4^+ と OH^- を生成する．よって，NH_3 は塩基である．

$$NH_3 + H_2O \rightleftarrows NH_4^+ + OH^- \tag{4-2}$$

ここで，矢印 $\rightleftarrows$ は，条件によって反応がどちら向きにも進むことを示しており，このような反応を**可逆反応**という．

　より広い意味での酸と塩基の定義として，ブレンステッド（J. N. Brønsted）とローリー（T. M. Lowry）によるものがある．その定義では，酸は水素イオンを与える分子やイオンで，塩基は水素イオンを受け取る分子やイオンである．この定義によれば，式(4-1)では HCl は酸で H_2O は塩基になり，式(4-2)では NH_3 と OH^- は塩基で H_2O と NH_4^+ は酸になる．

　酸の化学式の中で電離して H^+ となることのできる H の数を酸の**価数**という．塩酸や酢酸 CH_3COOH は1価の酸，硫酸 H_2SO_4 やシュウ酸 $(COOH)_2$ は2価の酸，リン酸 H_3PO_4 は3価の酸である．塩基についても，OH^- になることができる OH の数を塩基の価数という．水酸化ナトリウム $NaOH$ は1価の塩基，水酸化カルシウム $Ca(OH)_2$ は2価の塩基，水酸化鉄(III) $Fe(OH)_3$ は3価の塩基である．NH_3 は1個の H^+ を受け取って NH_4^+ になるので，1価の塩基である．

　HCl と CH_3COOH はどちらも1価の酸であるが，前者は強酸で後者は弱酸である．また，2価の酸の H_2SO_4 は強酸だが，3価の酸の H_3PO_4 は弱酸である．塩基についても同

様なことがある．酸や塩基の強さは価数では決まらず，それぞれの酸，塩基が水溶液中でどれくらい電離しているか（**電離度** α）によって決まる．

$$電離度\ \alpha = \frac{電離した酸（塩基）の物質量（または濃度）}{溶解した酸（塩基）の物質量（または濃度）} \tag{4-3}$$

電離度 α は物質によって異なり，強酸や強塩基はほぼ 1 である．弱酸や弱塩基の α は 1 よりも著しく小さい．また，α は濃度や温度によって変化する．例えば，酢酸の電離

$$CH_3COOH \rightleftharpoons CH_3COO^- + H^+ \tag{4-4}$$

では，表 4-1 に示すように CH_3COOH の濃度が高くなるほど α は小さくなる．このような濃度の変化によって，可逆反応がどちらに進むかの定量的な扱いは，次章の化学平衡のところで述べる．

表 4-1 CH_3COOH の濃度 c と電離度 α

濃度 c / mol L^{-1}	電離度 α	濃度 c / mol L^{-1}	電離度 α
1.0	0.0052	0.020	0.037
0.50	0.0073	0.010	0.052
0.10	0.016		

4-1-2　水の電離と水溶液の pH（4-2-2 項参照）

純粋な水 H_2O も，その一部が式(4-5)のように電離しており，ごくわずかではあるが電気伝導性を示す．

$$H_2O \rightleftharpoons H^+ + OH^- \tag{4-5}$$

25 ℃ での，水素イオンのモル濃度 $[H^+]$ および水酸化物イオンのモル濃度 $[OH^-]$ は，いずれも 1.0×10^{-7} mol L^{-1} である．ここで，[ ] は分子やイオンのモル濃度を表す．$[H^+]$ と $[OH^-]$ が等しく，酸性も塩基性も示さないこのような状態を中性という．さらに，$[H^+]$ と $[OH^-]$ の積を水の**イオン積**といい，記号 K_w で表す．25 ℃ の H_2O では 1.0×10^{-14} mol^2 L^{-2} である．酸や塩基の水溶液では，水溶液中での $[H^+]$ と $[OH^-]$ の積が常に K_w になるように変化する．

$$K_w = [H^+][OH^-] = 1.0 \times 10^{-14}\ \text{mol}^2\ \text{L}^{-2} \tag{4-6}$$

H_2O に酸を加えると，式(4-6)を満たしながら $[H^+]$ が増加し，$[OH^-]$ が減少する．$[H^+]$ が 1.0×10^{-7} mol L^{-1} より大きいときが酸性，1.0×10^{-7} mol L^{-1} より小さいときが塩基性である．例えば，0.1 mol L^{-1} の HCl 水溶液では，$[H^+]$ は 1.0×10^{-1} mol L^{-1} になり，0.1 mol L^{-1} の NaOH 水溶液では，$[H^+]$ は 1.0×10^{-13} mol L^{-1} になる．このように酸や塩基の水溶液中の水素イオン濃度は，大変幅広い値をとりうる．そこで，10 を底とした指数を使って水素イオン濃度を表したものが，pH（ピーエイチ，水素イオン指数）である．$[H^+] = 1.0 \times 10^{-n}$ mol L^{-1} のとき，pH は n であり，常用対数で表すと次の

ようになる（13 章参照）．

$$pH = -\log_{10}[H^+] \tag{4-7}$$

よって，pH 7 が中性，7 より小さいと酸性，大きいと塩基性になる．

4-1-3　中和反応と滴定

　酸と塩基を混ぜると，酸の H^+ と塩基の OH^- が反応して H_2O になり，酸と塩基それぞれの性質は互いに打ち消される．このような反応を**中和反応（中和）**という．中和反応で残った酸の陰イオンと塩基の陽イオンから生成した化合物を**塩**という．塩には，塩化ナトリウム NaCl や塩化アンモニウム NH_4Cl のような，酸の H も塩基の OH も残っていない**正塩**，炭酸水素ナトリウム $NaHCO_3$ や硫酸水素ナトリウム $NaHSO_4$ のような H が残っている**酸性塩**，また，OH が残っている**塩基性塩**がある．この塩の分類（正塩，酸性塩，塩基性塩）は，塩の水溶液の液性（酸性，中性，塩基性）とは関係ない．塩の水溶液の液性は，塩を生成する中和反応の酸と塩基の強弱によって決まる．例えば，次の正塩では，

　　　　　NaCl（中性）⇐ HCl（強酸）と NaOH（強塩基）

　　　　　NH_4Cl（酸性）⇐ HCl（強酸）と NH_3（弱塩基）

　　　　　CH_3COONa（塩基性）⇐ NaOH（強塩基）と CH_3COOH（弱酸）

となる．さらに，弱酸や弱塩基の塩に，強酸や強塩基を加えると，弱酸や弱塩基が遊離し，

$$CH_3COONa + HCl \longrightarrow CH_3COOH + NaCl \tag{4-8}$$

$$NH_4Cl + NaOH \longrightarrow NH_3 + H_2O + NaCl \tag{4-9}$$

となる．これは，強酸や強塩基を加えることで，式(4-4)，(4-2)の平衡が左に偏るからである．

　中和反応の量的な関係は，H^+ と OH^- の量が等しいときに中和になるので，次の関係式が成り立つ．

$$酸の価数 \times 酸の物質量 = 塩基の価数 \times 塩基の物質量 \tag{4-10}$$

　このとき，電離度が小さい弱酸や弱塩基であっても，中和が進むにつれて，さらに電離が起こるので，酸塩基の強弱は無関係である．

　濃度未知の酸や塩基に，濃度のわかった塩基や酸を加えて，pH メーターや指示薬を用いて中和点（中和に要した濃度既知の塩基や酸の量）を求めると，式(4-10)の関係を使って濃度未知の酸や塩基の濃度を知ることができる．このような操作を**中和滴定**という．中和滴定の実験では，それぞれの物質量を正確に求めるために器具選択やその使い方に注意が必要である（6-1 節，6-4-1 項参照）．中和滴定において，加えた酸または塩基の体積と混合溶液の pH の関係を表す曲線を，中和反応の**滴定曲線**という．酸，塩基の強弱の組合せによって，図 4-1 のようにいろいろな形状になる．強酸と強塩基や弱酸と弱塩基では中和点はほぼ pH 7 になるが，強酸と弱塩基では 7 より小さく，弱酸と強

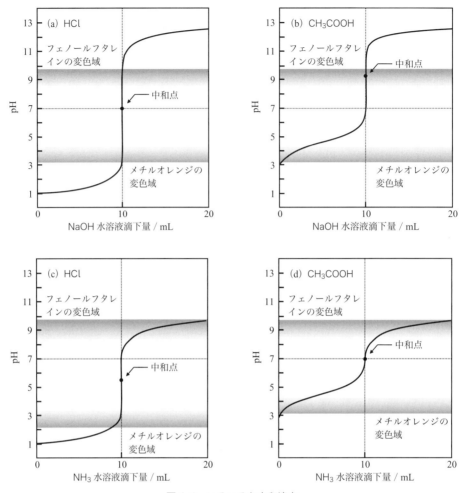

図 4-1 いろいろな中和滴定
(a) 0.1 mol L^{-1} 塩酸 10 mL, (b) 0.1 mol L^{-1} 酢酸 10 mL の 0.1 mol L^{-1} NaOH 水溶液による滴定,
(c) 0.1 mol L^{-1} 塩酸 10 mL, (d) 0.1 mol L^{-1} 酢酸 10 mL の 0.1 mol L^{-1} NH$_3$ 水溶液による滴定.

塩基では 7 より大きくなる.

　また, 酢酸, アンモニアのような電離度が小さい弱酸や弱塩基が関わる中和反応では, 弱酸もしくは弱塩基とその塩が**緩衝作用**（5-1-8 項参照）を示すため, pH があまり変化しない領域が生じる.

4-1-4 酸化と還元（4-3-1, 4-3-2 項参照）

　酸化と還元を酸素で考えるとき, 物質が酸素と化合する反応を**酸化**といい, 酸素を失う反応を**還元**という. 一方, 水素で考えることもでき, 水素の化合物が水素を失う反応が酸化で, 水素と化合する反応が還元である. さらに, 電子の授受でも酸化と還元を定義でき, 電子を失うと酸化, 受け取ると還元である. 電子の授受を理解するのに, **酸化数**を用いると簡単である. 酸化数は, 表 4-2 のように決める.

　酸化数が増加すると酸化で, 減少すると還元である. 一つの反応では, 酸化と還元は

表 4-2 酸化数の決め方

決め方	例
1. 単体中の原子の酸化数は 0	Na, Ca, Cu, H_2, O_2, Cl_2 など
2. 化合物中の水素原子 H と酸素原子 O の酸化数は，それぞれ +1 と −2	水分子 H_2O の H の酸化数は +1，O は −2．NH_3 や CO_2 でも，H の酸化数は +1，O は −2
3. 化合物を構成する原子の酸化数の総和は 0	NH_3 や CO_2 では，N は −3，C は +4．HCl の Cl は −1
4. 単原子イオンの酸化数はイオンの電荷に等しい	Na^+, Ca^{2+}, Cl^-, O^{2-} では，それぞれ +1, +2, −1, −2
5. 多原子イオンを構成する原子の酸化数の総和は多原子イオンの電荷に等しい	NH_4^+, NO_3^- では，N はそれぞれ −3, +5
6. 例外	金属水素化物 NaH, CaH_2, AlH_3, などの H は −1．過酸化水素 H_2O_2 の O は −1 など

必ず同時に起こり，そのような反応を**酸化還元反応**という．また，酸化還元反応では，酸化された原子の酸化数の増加量の総和は，還元された原子の酸化数の減少量の総和と等しくなる．例えば，次の反応では，

$$Ca + 2\,H_2O \longrightarrow Ca(OH)_2 + H_2 \tag{4-11}$$

Ca は 2 電子を失い，酸化数が 0 から +2 に増加したので酸化された．H_2O の H は，$Ca(OH)_2$ になったものは酸化数が +1 から +1 で変化していないので，酸化も還元もされていない．一方，H_2 になったものは酸素を失い，酸化数が +1 から 0 に減少したので還元された．全体として，酸化された原子（Ca）の酸化数の増加量の総和は 2 で，還元された原子（H）の酸化数の減少量の総和も 2 である．

同様に，

$$H_2O_2 + H_2S \longrightarrow 2\,H_2O + S \tag{4-12}$$

では，H_2O_2 の O の酸化数は例外的に −1 なので，−2 に減少したので還元された．一方，H_2S の S は水素を失い，酸化数が −2 から 0 に増加したので酸化された．H はいずれも酸化数の変化はない．全体としては，酸化された原子（S）の酸化数の増加量の総和は 2 で，還元された原子（O）の酸化数の減少量の総和も 2 である．

式(4-12)で H_2O_2 は H_2S を酸化しており，逆に H_2S は H_2O_2 を還元している．このような，相手を酸化することができる物質（H_2O_2）を**酸化剤**，還元することができる物質（H_2S）を**還元剤**という．また，酸化還元反応では，酸化剤自身は還元され，還元剤自身は酸化される．表 4-3 に代表的な酸化剤と還元剤，その半反応式（酸化還元反応の片側の反応を電子を含むイオン反応式で表したもの）をまとめて示す．このなかで，H_2O_2 と二酸化硫黄 SO_2 は酸化還元力が弱く，反応する相手によって酸化剤としても還元剤としてもはたらく．すなわち，相手がより強い酸化剤のときは還元剤として，相手が強い還元剤のときは酸化剤としてはたらく．また，ハロゲンの酸化力の強さは，塩素 Cl_2 ＞臭素 Br_2 ＞ヨウ素 I_2 であり，塩素のオキソ酸では，酸化力は HClO（塩素の酸化数 +1）＞

$HClO_2$（酸化数＋3）＞$HClO_3$（酸化数＋5）＞$HClO_4$（酸化数＋7）の順である.

　酸化還元反応の化学反応式は，酸化剤，還元剤の半反応式から，授受される電子の数をそろえることでつくることができる. 例えば，硫酸酸性下での酸化剤 $KMnO_4$ と還元剤 H_2O_2 の反応では，それぞれの半反応式（表 4-3）から，

$$MnO_4^- + 8\,H^+ + 5\,e^- \longrightarrow Mn^{2+} + 4\,H_2O \tag{4-13}$$

$$H_2O_2 \longrightarrow O_2 + 2\,H^+ + 2\,e^- \tag{4-14}$$

となり，式(4-13)を 2 倍，式(4-14)を 5 倍してまとめると，

$$2\,MnO_4^- + 5\,H_2O_2 + 6\,H^+ \longrightarrow 2\,Mn^{2+} + 5\,O_2 + 8\,H_2O \tag{4-15}$$

となる. これに，省略されているイオン（SO_4^{2-}，K^+）を補うと，

表 4-3　代表的な酸化剤・還元剤とその半反応式

(a)　酸化剤

物　質	半反応式
オゾン O_3	$O_3 + 2\,H^+ + 2\,e^- \longrightarrow O_2 + H_2O$
過酸化水素 H_2O_2	$H_2O_2 + 2\,H^+ + 2\,e^- \longrightarrow 2\,H_2O$（酸性）
	$H_2O_2 + 2\,e^- \longrightarrow 2\,OH^-$（中性，塩基性）
過マンガン酸カリウム $KMnO_4$	$MnO_4^- + 8\,H^+ + 5\,e^- \longrightarrow Mn^{2+} + 4\,H_2O$（酸性）
	$MnO_4^- + 2\,H_2O + 3\,e^- \longrightarrow MnO_2 + 4\,OH^-$（中性，塩基性）
酸化マンガン(IV) MnO_2	$MnO_2 + 4\,H^+ + 2\,e^- \longrightarrow Mn^{2+} + 2\,H_2O$
濃硝酸 HNO_3	$HNO_3 + H^+ + e^- \longrightarrow NO_2 + H_2O$
希硝酸 HNO_3	$HNO_3 + 3\,H^+ + 3\,e^- \longrightarrow NO + 2\,H_2O$
熱濃硫酸 H_2SO_4	$H_2SO_4 + 2\,H^+ + 2\,e^- \longrightarrow SO_2 + 2\,H_2O$
二クロム酸カリウム $K_2Cr_2O_7$	$Cr_2O_7^{2-} + 14\,H^+ + 6\,e^- \longrightarrow 2\,Cr^{3+} + 7\,H_2O$
ハロゲン $X_2(X = F, Cl, Br, I)$	$X_2 + 2\,e^- \longrightarrow 2\,X^-$
二酸化硫黄 SO_2	$SO_2 + 4\,H^+ + 4\,e^- \longrightarrow S + 2\,H_2O$

(b)　還元剤

物　質	半反応式
塩化スズ(II) $SnCl_2$	$Sn^{2+} \longrightarrow Sn^{4+} + 2\,e^-$
硫酸鉄(II) $FeSO_4$	$Fe^{2+} \longrightarrow Fe^{3+} + e^-$
硫化水素 H_2S	$H_2S \longrightarrow S + 2\,H^+ + 2\,e^-$
過酸化水素 H_2O_2	$H_2O_2 \longrightarrow O_2 + 2\,H^+ + 2\,e^-$
二酸化硫黄 SO_2	$SO_2 + 2\,H_2O \longrightarrow SO_4^{2-} + 4\,H^+ + 2\,e^-$
陽性の強い金属 （例えば，Na, Mg, Al など）	$Na \longrightarrow Na^+ + e^-$ $Mg \longrightarrow Mg^{2+} + 2\,e^-$ $Al \longrightarrow Al^{3+} + 3\,e^-$
シュウ酸 $H_2C_2O_4$	$H_2C_2O_4 \longrightarrow 2\,CO_2 + 2\,H^+ + 2\,e^-$
ヨウ化カリウム KI	$2\,I^- \longrightarrow I_2 + 2\,e^-$

$$2\,KMnO_4 + 5\,H_2O_2 + 3\,H_2SO_4 \longrightarrow 2\,MnSO_4 + 5\,O_2 + 8\,H_2O + K_2SO_4 \quad (4\text{-}16)$$

となる.

4-1-5 金属の酸化還元反応（4-3-3 項参照）

　　亜鉛 Zn を，塩酸の中に入れると反応して水素 H_2 が発生する．また，硫酸銅(II) $CuSO_4$ の水溶液に入れると亜鉛が溶けて，同時に銅 Cu が析出する．これらの反応は，金属の亜鉛が電子を出して亜鉛イオン Zn^{2+} になり，電子を水素イオン H^+ や銅イオン Cu^{2+} が受け取ることで起こる．

$$Zn \longrightarrow Zn^{2+} + 2\,e^- \quad\quad\quad\quad (4\text{-}17)$$
$$2\,H^+ + 2\,e^- \longrightarrow H_2 \quad\quad\quad\quad (4\text{-}18)$$
$$Cu^{2+} + 2\,e^- \longrightarrow Cu \quad\quad\quad\quad (4\text{-}19)$$

よって，Zn が還元剤で，H^+ や Cu^{2+} は還元されたことになり，これらの金属の反応は酸化還元反応である．金属が水溶液中で電子を出して陽イオンになろうとする性質を**イオン化傾向**といい，その順番を**イオン化列**という．イオン化列は，その金属の酸素，水，酸との反応性と強い相関がある．図 4-2 にイオン化列と反応性を示す．イオン化列の左の（イオン化傾向が大きい）ものほど陽イオンになりやすい．異なる金属と金属イオンが水溶液中に共存すると，Zn と Cu^{2+} の場合のように，イオン化傾向が大きい金属 (Zn) がイオン (Zn^{2+}) になり，イオン化傾向が小さいイオン (Cu^{2+}) は金属 (Cu) になる．イオン化列には，H_2 も記載されているので，H_2 よりイオン化傾向が大きい金属は水や酸と反応して H_2 を発生する．一方，H_2 よりイオン化傾向が小さい Cu，水銀 Hg，銀 Ag，は硝酸や熱濃硫酸など酸化力のある酸とのみ反応して H_2 以外の気体（一酸化窒素 NO，二酸化窒素 NO_2，二酸化硫黄 SO_2）を発生する．

（希硝酸）　　$3\,Cu + 8\,HNO_3 \longrightarrow 3\,Cu(NO_3)_2 + 4\,H_2O + 2\,NO\uparrow \quad (4\text{-}20)$

（濃硝酸）　　$Cu + 4\,HNO_3 \longrightarrow Cu(NO_3)_2 + 2\,H_2O + 2\,NO_2\uparrow \quad (4\text{-}21)$

（熱濃硫酸）　$Cu + 2\,H_2SO_4 \longrightarrow CuSO_4 + 2\,H_2O + SO_2\uparrow \quad (4\text{-}22)$

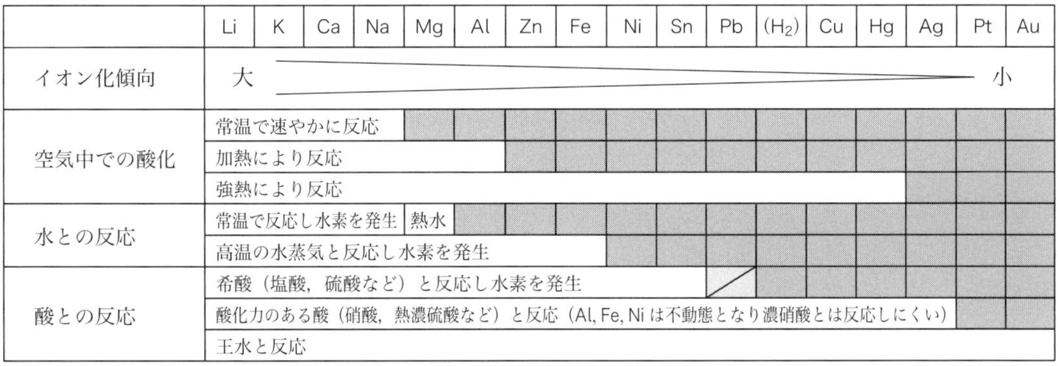

	Li	K	Ca	Na	Mg	Al	Zn	Fe	Ni	Sn	Pb	(H_2)	Cu	Hg	Ag	Pt	Au
イオン化傾向	大																小
空気中での酸化	常温で速やかに反応																
	加熱により反応																
	強熱により反応																
水との反応	常温で反応し水素を発生			熱水													
	高温の水蒸気と反応し水素を発生																
酸との反応	希酸（塩酸，硫酸など）と反応し水素を発生																
	酸化力のある酸（硝酸，熱濃硫酸など）と反応 (Al, Fe, Ni は不動態となり濃硝酸とは反応しにくい)																
	王水と反応																

図 4-2　金属のイオン化列

なお，H_2 よりイオン化傾向が大きいが，鉛 Pb は $PbCl_2$ や $PbSO_4$ が水に溶けないので，塩酸や希硫酸と反応しにくい（図 4-2 の ▨ の部分）．また，アルミニウム Al，鉄 Fe，ニッケル Ni も，濃硝酸で**不動体**（緻密な酸化被膜）をつくるために濃硝酸に溶けない．白金 Pt，金 Au は非常に酸化力が強い王水（濃硝酸と濃塩酸の体積比 1 : 3 混合物）には溶ける．

　空気による金属の酸化を腐食（さび）といい，腐食を防止するために他の金属で表面を覆うことを**めっき**という．鋼板（Fe）の表面をスズ Sn でめっきしたもの（ブリキ）や Zn でめっきしたもの（トタン）がある．缶詰の内側などに用いられるブリキは Fe より Sn のイオン化傾向が小さいこと，屋外の建材などに用いられるトタンは Zn のほうが Fe よりイオン化傾向が大きく先に酸化されることを利用している．

4-1-6　電　池（4-4 節参照）

　金属と金属イオンの酸化還元反応を利用して，電気エネルギーを取り出す装置を一般的に**電池**という．図 4-3 のようにイオン化傾向が異なる 2 種類の金属を半透膜（イオンなどは透過できるが，溶液は混ざらない膜）で仕切った電解質水溶液に浸して導線で結ぶと，イオン化傾向が大きい金属（**負極**）が陽イオンになり電子を出し，電子はイオン化傾向が小さい金属（**正極**）に導線を通って流れ，そこで還元反応が起こる．

　このとき，電子の流れとは逆向きに正極から負極に**電流**が流れ，全体として電池となる．正極と負極の間に生じる電圧を**起電力**といい，金属のイオン化傾向の大小を定量的に表す標準電極電位 $E^{\ominus}$ の差になる．後述する表 4-6 にイオン化列にある金属の標準電極電位を水素電極反応，

$$2\,H^+ + 2\,e^- \;\rightleftharpoons\; H_2 \tag{4-23}$$

の電極電位を基準（$E^{\ominus} = 0\,\mathrm{V}$）に示した．

　最も単純な電池として，亜鉛と銅を希硫酸に浸したものがある（**ボルタ電池**）．

$$\ominus\,\mathrm{Zn}\,|\,H_2SO_4\,\mathrm{aq}\,|\,\mathrm{Cu}\,\oplus \tag{4-24}$$

ここで，||は電解質を示し，両側に電極とその正負を表している．また，aq は水溶液を示す．ボルタ電池では，Zn のほうが Cu よりイオン化傾向が大きいので，電子を出し負

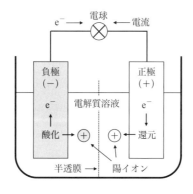

図 4-3　電池のモデル

表 4-4　実用電池

電池の名称	電池の構成			起電力 / V	用　途
	負極	電解質	正極		
マンガン乾電池	Zn	$ZnCl_2$, NH_4Cl	MnO_2	1.5	懐中電灯，リモコン
アルカリマンガン乾電池	Zn	KOH	MnO_2	1.5	懐中電灯，リモコン
リチウム電池	Li	$LiClO_4$	MnO_2	3.0	時計，カメラ
（酸化）銀電池	Zn	KOH	Ag_2O	1.55	腕時計
空気（亜鉛）電池	Zn	KOH	O_2	1.3	補聴器
鉛蓄電池	Pb	H_2SO_4	PbO_2	2.0	自動車バッテリー
ニッケル-カドミウム電池	Cd	KOH	NiO(OH)	1.3	コードレス機器
ニッケル-水素電池	MH	KOH	NiO(OH)	1.35	携帯電話，ハイブリッド自動車
リチウムイオン電池	Li_xC	$LiPF_6$ など	$Li_{1-x}CoO_2$	4.0	ノートパソコン
燃料電池（リン酸形）	H_2	H_2PO_4	O_2	1.2	電源

極になる．H_2SO_4 aq 中の Cu 側では，式(4-23)の右向きの反応が起こり H_2 が発生する（分極）．分極により，起電力は Cu の標準電極電位から求まる値（約 1.1 V）より小さくなる．そこで，正極で H_2 が発生しないように改良したものが式(4-25)の**ダニエル電池**である．

$$\ominus \, Zn \,|\, ZnSO_4 \, aq \,|\, CuSO_4 \, aq \,|\, Cu \, \oplus \qquad\qquad (4\text{-}25)$$

　ダニエル電池では，イオンは通過できるが 2 種類の電解質が混じり合わないよう，半透膜（セロハンや素焼き板）で電解質水溶液を区切っている．負極では Zn が溶け出し，正極では Cu が析出する．起電力は，Zn と Cu の標準電極電位より約 1.1 V になる．

　ボルタ電池やダニエル電池（4-4-1 項参照）は，電池の原理を考えるには適しているが実用的ではない．代表的な実用電池としては，表 4-4 のようなものがある．マンガン乾電池，アルカリマンガン乾電池，酸化銀電池（ボタン電池），リチウム電池，空気電池など，一度放電して起電力が下がると回復することができない**一次電池**と，鉛蓄電池，ニッケル-カドミウム電池，ニッケル-水素電池，リチウムイオン電池など，充電によって起電力を回復できる**二次電池**があり，それぞれの特性によって用途が分かれている．また，クリーンなエネルギー源として，水素（負極）と酸素（正極）の酸化還元反応によって，電気エネルギーを取り出す燃料電池も実用化されつつある．

4-1-7　電気分解

　電解質水溶液や高温の溶融塩（融解塩）に 2 本の電極を入れ，直流電流を流して酸化還元反応させることを**電気分解**（電解）という．電池の正極につないだ電極を**陽極**，負極につないだ電極を**陰極**といい，陽極では電解質や溶融塩中のイオンなどが電子を奪われ，陰極では電池の負極からの電子をイオンなどが受け取る．電極や溶けているイオンのイオン化傾向の大小によって，陽極，陰極で様々な反応が起こる．陽極では酸化反応が起こるので，

　(1)　白金および炭素以外の金属を電極に用いると，電極自身が酸化され陽イオンになって溶け出す．

　(2)　白金および炭素電極では，電解質や溶融塩中の酸化されやすいイオンや物質が，陽極に電子を与えて酸化される．例えば，塩化物イオン Cl^- では，

$$2\,Cl^- \longrightarrow Cl_2 + 2\,e^- \tag{4-26}$$

となる．また，塩基性の水溶液の場合は，多量にある OH^- が酸化され酸素が発生する．

$$4\,OH^- \longrightarrow 2\,H_2O + O_2 + 4\,e^- \tag{4-27}$$

硫酸イオン $SO_4{}^{2-}$ や硝酸イオン $NO_3{}^-$ のような安定な多原子イオンは酸化されず，H_2O が酸化され酸素が発生する．

$$2\,H_2O \longrightarrow O_2 + 4\,H^+ + 4\,e^- \tag{4-28}$$

　一方，陰極では還元反応が起こるので，

　(3)　電解質水溶液中の Cu^{2+} や Ag^+ のようなイオン化傾向の小さい金属の陽イオンが，還元されて金属となって析出する．例えば，Cu^{2+} では，式(4-19)のようになる．

　(4)　Li^+，K^+，Na^+，Mg^{2+}，Al^{3+} のようなイオン化傾向の大きい金属の陽イオンは還元されにくく，水溶液中では，H_2O が還元され水素が発生する．

$$2\,H_2O + 2\,e^- \longrightarrow H_2 + 2\,OH^- \tag{4-29}$$

ただし，酸の水溶液の場合は，多量にある H^+ が還元され水素が発生する．

$$2\,H^+ + 2\,e^- \longrightarrow H_2 \tag{4-30}$$

これらのイオン化傾向が大きい金属の単体は，水溶液の電気分解では得ることができないので，塩化物，水酸化物，酸化物などを溶融（融解）して，水を含まない状態で電気分解する．これを**溶融塩電解**（**融解塩電解**）という．代表例として，アルミニウムの溶融塩電解がある．アルミナ Al_2O_3 に融点を下げるために氷晶石 Na_3AlF_6 を加えて加熱，溶融して電気分解する．炭素を電極にすると，陰極で Al^{3+} が還元されて Al になり，陽極では炭素は酸化されて二酸化炭素 CO_2 や一酸化炭素 CO が発生する．

$$Al^{3+} + 3\,e^- \longrightarrow Al \tag{4-31}$$

$$C + 2\,O^{2-} \longrightarrow CO_2 + 4\,e^- \tag{4-32}$$

$$C + O^{2-} \longrightarrow CO + 2\,e^- \tag{4-33}$$

4-1-8　ファラデーの電気分解の法則

　電気分解の定量的な考え方として，ファラデー（M. Faraday）による"陰極または陽極で変化する物質の量は，流した**電気量**に比例する"がある（**ファラデーの電気分解の法則**）．電気量とは**電荷**の量であり，電荷とは電気現象を引き起こすもととなるものであ

る．電気量の単位はクーロンで，記号 C で表す．電子 1 個がもつ電気量の大きさは，1.6022×10^{-19} C である（**電気素量**）．電気分解は流れた電流と時間で考えることが多い．そこで，電気量と電流・時間の関係は，

$$\text{電気量(C)} = \text{電流(A)} \times \text{時間(s)} \tag{4-34}$$

となる．すなわち，1 A の電流を 1 秒間流した時の電気量が 1 C である（8-4-1 項参照）．さらに，電子 1 mol がもつ電気量，9.65×10^4 C mol^{-1} $(= 1.602 \times 10^{-19} \times 6.022 \times 10^{23})$ を**ファラデー定数**といい，電気量から物質量を求めるときなどに用いる．イオンや金属の価数，電気分解の電流，時間から，どれくらいの物質量の反応が起きるかがわかる．例えば，ファラデーの電気分解の法則から，十分な量の $CuSO_4$ の水溶液を 1.0 A の電流で1930 秒電気分解すると，陰極には Cu が 0.64 g 析出し，陽極では O_2 が 0 ℃，1 気圧で0.11 L 発生することがわかる．ただし，流れた電流はすべて電気分解に使用されたとする．

4-2 酸と塩基

4-2-1 アレニウスによる酸塩基の概念

水溶液中で電解質が解離（電離）してイオンの形で存在していることを，アレニウス（S. A. Arrhenius）は電解質溶液の電気伝導度測定から提案した．アレニウスの提案より以前は，水溶液に電位をかけて電流を流すと溶質が解離すると考えられていたが，アレニウスは電流を流さなくても溶質は解離していると提案したのである．アレニウスは，解離に関わる熱力学量，例えば，凝固点降下度に対する電解質のファントホッフ係数からそのことを裏付けた．さらに，オストワルト（F. W. Ostwald）はこれをもとに，酸塩基の概念を初めて提案し，酸の**解離度**（degree of dissociation）α と**平衡定数**（equilibrium constant，解離定数）K の間に以下のような関係を見出した．これを**オストワルトの希釈律**（Ostwald dilution law）という．

$$HA \rightleftarrows H^+ + A^- \tag{4-35}$$
$$c(1-\alpha) \quad c\alpha \quad c\alpha \tag{4-36}$$
$$K = \frac{c\alpha^2}{1-\alpha} \tag{4-37}$$

解離度 α がほぼ 1 である酸を強酸といい，塩酸 HCl，硝酸 HNO_3 などがある．$\alpha \ll 1$ である酸を弱酸といい，酢酸 CH_3COOH がその代表例である．ちなみに，式(4-37)では平衡定数 K が次元をもつが，IUPAC (International Union of Pure and Applied Chemistry) のルールに従えば，濃度 c を $c^{\ominus} = 1$ mol dm^{-3} $(= 1$ mol L$^{-1})$ で規格化するので無次元になる．式(4-35)の反応式ではプロトンを H^+ と記述したが，溶液中では水分子 H_2O とH^+ が結合したオキソニウムイオン H_3O^+，二つの水分子と H^+ が結合した $H_5O_2^+$ の形を行ったり来たりし，かつまわりの水分子とダイナミックな水素結合を形成していることが知られている．このことを考えると，酸塩基反応における水の役割は大きい．

4-2-2 ブレンステッドによる酸塩基の概念

ブレンステッド（J. N. Brønsted）とローリー（T. M. Lowry）はアレニウスの酸塩基の概念を拡張して，プロトン H^+ を提供する側（ドナー）を**ブレンステッド酸**（Brønsted acid），プロトン H^+ を受容する側（アクセプター）を**ブレンステッド塩基**（Brønsted base）と定義した．

$$HA + H_2O \longrightarrow H_3O^+ + A^- \tag{4-38}$$
$$\text{酸} \qquad \text{塩基}$$

強酸の反応は式(4-38)のみを考慮すればよい．弱酸の場合は逆反応も重要であり，

$$HA + H_2O \longleftarrow H_3O^+ + A^- \tag{4-39}$$
$$\text{酸} \qquad \text{塩基}$$

と書ける．この場合，H_3O^+ が H^+ のドナーとなり酸，A^- は H^+ のアクセプターとなり塩基となる．酸塩基反応の**酸解離定数**（acidity constant，濃度平衡定数）K_a は，IUPAC のルールに従うと，

$$K_a = \frac{\dfrac{[H_3O^+]}{c^\ominus}\dfrac{[A^-]}{c^\ominus}}{\dfrac{[HA]}{c^\ominus}\dfrac{[H_2O]}{c^\ominus}} = \frac{\dfrac{[H^+]}{c^\ominus}\dfrac{[A^-]}{c^\ominus}}{\dfrac{[HA]}{c^\ominus}} \tag{4-40}$$

となる．ここでは，$c^\ominus = 1\ \mathrm{mol\ dm^{-3}}$ で濃度を規格化し，$[H_2O]/c^\ominus = 1$，$[H_3O^+] = [H^+]$ とした．

pH を，$pH = -\log_{10}[H^+]$ で定義するのと同様に，pK_a を，

$$pK_a = -\log_{10} K_a \tag{4-41}$$

で定義する．表4-5に代表的な物質の pK_a を示す．pK_a の値は，温度はもちろん，溶媒や存在するイオン量などで変化する値であることに注意すべきである．なお，H_3O^+ と H_2O の pK_a の値は，多くの本で，それぞれ -1.74 と 15.7 と書いてあるが，本来は 0.0 と 14.0 とすべきである．H_3O^+ の酸解離反応の反応式を，

$$H_3O^+ + H_2O \rightleftharpoons H_2O + H_3O^+ \tag{4-42}$$

とすると，反応物と生成物が同じであるので，$pK_a = 0$ は当然である．ただし，反応式を，

$$H_3O^+ \rightleftharpoons H^+ + H_2O \tag{4-43}$$

とすると，pK_a の値は，

表 4-5　代表的な物質の水中における酸解離定数 pK_a（25 ℃）

物　質	pK_a	測定時の水溶液イオン強度 / mol L^{-1}
塩酸 HCl	−5.9	＊
硫酸 H$_2$SO$_4$	−3.29, +1.99（pK_{a2}）	＊
硝酸 HNO$_3$	−1.43	＊
フッ化水素酸 HF	2.97	1
ギ酸 HCOOH	3.54	0.1
次亜塩素酸 HOCl	7.47	1
酢酸 CH$_3$COOH	4.57	0.1
	4.76	＊
リン酸 H$_3$PO$_4$	1.83, 6.63（pK_{a2}）, 11.46（pK_{a3}）	0.2
炭酸 H$_2$CO$_3$	6.35, 10.33（pK_{a2}）	＊
アンモニウムイオン NH$_4^+$	9.46	1

＊　無限希釈時または理論値.

$$pK_a(H_3O^+) = -\log_{10}\frac{(c_{H^+}/c^{\ominus})(c_{H_2O}/c^{\ominus})}{c_{H_3O^+}/c^{\ominus}} = -\log_{10}\frac{c_{H^+}/c^{\ominus}}{c_{H_3O^+}/c^{\ominus}} - \log_{10}(c_{H_2O}/c^{\ominus})$$

$$= -\log_{10}(1) - \log_{10}(55.5) = -1.74 \tag{4-44}$$

となる．違いは水の活量を 1 とおくか 55.5 とおくかに起因しており，活量を 1 とおくのが正しい．一方，H$_2$O の反応式は，

$$H_2O + H_2O \rightleftharpoons H_3O^+ + OH^- \tag{4-45}$$

または，

$$H_2O \rightleftharpoons H^+ + OH^- \tag{4-46}$$

となり，式(4-45)からその平衡定数は，

$$K_a = \frac{\dfrac{[H_3O^+]}{c^{\ominus}}\dfrac{[OH^-]}{c^{\ominus}}}{\dfrac{[H_2O]}{c^{\ominus}}\dfrac{[H_2O]}{c^{\ominus}}} = \frac{[H^+]}{c^{\ominus}}\frac{[OH^-]}{c^{\ominus}} = K_w \tag{4-47}$$

となる．ここでも，[H$_2$O]/$c^{\ominus}$ = 1，[H$_3$O$^+$] = [H$^+$]を用いた．K_w を水の**自己解離定数**（self-dissociation constant）もしくは**イオン積**（ionic product）と呼び，10^{-14} の値をもつ．よって，pK_a(H$_2$O) = 14 である．ここで，水の活量を 55.5 とおくと，式(4-45)に対する pK_a の値は，

$$pK_a(H_2O) = -\log_{10}\frac{(c_{H_3O^+}/c^{\ominus})(c_{OH^-}/c^{\ominus})}{(c_{H_2O}/c^{\ominus})^2}$$

$$= -\log_{10}(c_{H_3O^+}/c^{\ominus})(c_{OH^-}/c^{\ominus}) + 2\log_{10}(c_{H_2O}/c^{\ominus})$$

$$= -\log_{10}(10^{-14}) + 2\log_{10}(55.5) = 17.5 \tag{4-48}$$

となり，正しくない．また，式(4-46)に対しては，

$$\mathrm{p}K_\mathrm{a}(\mathrm{H_2O}) = -\log_{10} \frac{(c_\mathrm{H^+}/c^\ominus)(c_\mathrm{OH^-}/c^\ominus)}{(c_\mathrm{H_2O}/c^\ominus)}$$

$$= -\log_{10}(c_\mathrm{H^+}/c^\ominus)(c_\mathrm{OH^-}/c^\ominus) + \log_{10}(c_\mathrm{H_2O}/c^\ominus)$$

$$= -\log_{10}(10^{-14}) + \log_{10}(55.5) = 15.7 \tag{4-49}$$

となり，やはり正しくない．

式(4-47)を用いて，K_a と K_w から塩基の解離定数 K_b が求められる．たとえば，アンモニウムイオン $\mathrm{NH_4^+}$ の $\mathrm{p}K_\mathrm{a}$ は 9.24 である．反応式および K_a は以下のように表される．

$$\mathrm{NH_4^+ + H_2O} \rightleftharpoons \mathrm{H_3O^+ + NH_3} \tag{4-50}$$

$$K_\mathrm{a} = \frac{\dfrac{[\mathrm{H_3O^+}]}{c^\ominus}\dfrac{[\mathrm{NH_3}]}{c^\ominus}}{\dfrac{[\mathrm{NH_4^+}]}{c^\ominus}\dfrac{[\mathrm{H_2O}]}{c^\ominus}} \tag{4-51}$$

一般には，この反応は以下のように書かれ，K_b で書かれることが多い．

$$\mathrm{NH_3 + H_2O} \rightleftharpoons \mathrm{NH_4^+ + OH^-} \tag{4-52}$$

$$K_\mathrm{b} = \frac{\dfrac{[\mathrm{NH_4^+}]}{c^\ominus}\dfrac{[\mathrm{OH^-}]}{c^\ominus}}{\dfrac{[\mathrm{NH_3}]}{c^\ominus}\dfrac{[\mathrm{H_2O}]}{c^\ominus}} \tag{4-53}$$

K_a と K_b の積から，K_w が以下のように得られる．

$$K_\mathrm{a}K_\mathrm{b} = \frac{\dfrac{[\mathrm{H_3O^+}]}{c^\ominus}\dfrac{[\mathrm{NH_3}]}{c^\ominus}}{\dfrac{[\mathrm{NH_4^+}]}{c^\ominus}\dfrac{[\mathrm{H_2O}]}{c^\ominus}}\frac{\dfrac{[\mathrm{NH_4^+}]}{c^\ominus}\dfrac{[\mathrm{OH^-}]}{c^\ominus}}{\dfrac{[\mathrm{NH_3}]}{c^\ominus}\dfrac{[\mathrm{H_2O}]}{c^\ominus}} = \frac{\dfrac{[\mathrm{H_3O^+}]}{c^\ominus}}{\dfrac{[\mathrm{H_2O}]}{c^\ominus}}\frac{\dfrac{[\mathrm{OH^-}]}{c^\ominus}}{\dfrac{[\mathrm{H_2O}]}{c^\ominus}}$$

$$= \frac{[\mathrm{H^+}]}{c^\ominus}\frac{[\mathrm{OH^-}]}{c^\ominus} = K_\mathrm{w} = 10^{-14} \tag{4-54}$$

式(4-54)を用いて，容易に K_a から K_b，あるいは K_b から K_a に変換できる．

4-2-3　ルイスによる酸塩基の概念

ルイス（G. N. Lewis）はブレンステッドの酸塩基の概念を拡張して，酸塩基を電子対の授受で定義した．ルイスの定義による酸（**ルイス酸**（Lewis acid））は電子対の受容体であり，塩基（**ルイス塩基**（Lewis base））は電子対の供与体である．

$$\mathrm{A} + \mathrm{:B} \rightleftharpoons \mathrm{A} \Leftarrow \mathrm{:B} \tag{4-55}$$
$$\text{酸}\quad\text{塩基}$$

ここで，式中の $\Leftarrow$ は配位結合を表している．より具体的には，トリメチルホウ素 $(\mathrm{CH_3})_3\mathrm{B}$ とアンモニア $\mathrm{NH_3}$ の反応で，

$$(CH_3)_3B + :NH_3 \rightleftharpoons (CH_3)_3B \Leftarrow :NH_3 \qquad (4\text{-}56)$$

と書けばわかりやすい．また，水素イオン H^+ と水 H_2O が反応して，オキソニウムイオン H_3O^+ が生じる反応では，

$$H^+ + H_2O \rightleftharpoons H_3O^+ \qquad (4\text{-}57)$$

であり，H^+ を酸，H_2O を塩基とみることができる．ルイス酸はルイス塩基から電子対を受け取り，酸塩基間に配位結合をつくる．

4-2-4　HSAB 原理

　ルイスの酸塩基は "硬い (hard)"，"軟らかい (soft)" という特徴で分類することができる．サイズが小さく大きな価数をもつ陽イオンで，価電子に不対電子をもたない受容体は，他の原子や官能基からの電場によって波動関数がひずむ分極がそれほど大きくなく **"硬い酸 (hard acid)"** と呼ばれる．一方，サイズが大きく，それほど価数が大きくない陽イオンで，価電子に不対電子をもつ受容体は，分極が非常に大きく **"軟らかい酸 (soft acid)"** と呼ばれる．

　硬い酸には，H^+，Li^+，Na^+，K^+，Mg^{2+}，Ca^{2+} などがあり，軟らかい酸には，Cu^+，Ag^+，Cs^+，Hg^{2+} などがある．同様に，**"硬い塩基 (hard base)"** は分極しにくい供与体で，電子は強く束縛されており失うことがむずかしい．**"軟らかい塩基 (soft base)"** は分極しやすく，容易に電子を失って自ら酸化しやすい．"硬い塩基" としては，H_2O，OH^-，Cl^-，CH_3COO^-，SO_4^{2-}，NO_3^-，ClO_4^- などがあり，"軟らかい塩基" としては I^-，CN^-，SCN^-，CO などがある．硬い酸は硬い塩基に配位することを好み，軟らかい酸は軟らかい塩基に配位することを好む．これを，**HSAB 原理** (principle of hard and soft acids and bases) と呼ぶ．硬い酸と塩基は分極しにくいので，おもにイオン性相互作用，双極子-双極子相互作用によると考えることができる．また，軟らかい酸と塩基は分極しやすいので，共有結合性の効果が大きい．ここで述べた "硬い" "軟らかい" の定義はきわめて定性的であるが，ピアソン (R. G. Pearson) らによって，量子化学計算で定量的に評価できることが示されている．

4-2-5　酸・塩基の強弱

　酸のなかには，強酸と弱酸がある．同様に，塩基の中でも塩基性の強弱がそれぞれある．一般に，酸性・塩基性には媒体や環境，温度など多くの要因が少なからず影響し，物質固有の性質から一義的に解釈するのはむずかしい．しかし，よく似た物質の酸性・塩基性を比較することを通して，何らかの傾向を見出すことは可能である．

　プロトンを放出した後の陰イオンを **共役塩基** (conjugate base) と呼ぶが，共役塩基の負電荷が陰イオン内に広く分散できるほどその酸は強い傾向にある．分散できるかどうかは，共鳴構造の書きやすさで判断されることも多い．例えば，カルボン酸は式(4-58)のような二つの共鳴構造しか書けないが，硫酸は式(4-59)のようにより多く書くことができる．

$$\text{R}-\overset{\displaystyle\text{O}}{\underset{\displaystyle}{\text{C}}}-\text{OH} \rightleftharpoons \text{H}^+ + \left[\text{R}-\overset{\displaystyle\text{O}}{\underset{\displaystyle}{\text{C}}}-\text{O}^- \leftrightarrow \text{R}-\overset{\displaystyle\text{O}^-}{\underset{\displaystyle}{\text{C}}}=\text{O} \right] \tag{4-58}$$

$$\text{HO}-\overset{\displaystyle\text{O}}{\underset{\displaystyle\text{O}}{\text{S}}}-\text{OH} \rightleftharpoons \text{H}^+ + \left[\begin{array}{c} \text{HO}-\overset{\text{O}}{\underset{\text{O}}{\text{S}}}-\text{O}^- \leftrightarrow \text{HO}-\overset{\text{O}^-}{\underset{\text{O}}{\text{S}}}=\text{O} \leftrightarrow \text{HO}-\overset{\text{O}}{\underset{\text{O}^-}{\text{S}}}=\text{O} \\[2em] \leftrightarrow \text{HO}-\overset{\text{O}}{\underset{\text{O}^-}{\overset{\pm}{\text{S}}}}-\text{O}^- \leftrightarrow \text{HO}-\overset{\text{O}^-}{\underset{\text{O}^-}{\overset{+}{\text{S}}}}=\text{O} \leftrightarrow \text{HO}-\overset{\text{O}^-}{\underset{\text{O}^-}{\overset{+}{\text{S}}}}-\text{O}^- \end{array} \right] \tag{4-59}$$

　同様に，塩基の場合も，プロトンが付加した後の陽イオンである共役酸の電荷が広く分散できるほど強い塩基となる．共役酸の解離定数は式(4-60)のアンモニアでは 9〜10 程度であるが，式(4-61)，(4-62)のアミジン，グアニジンではそれぞれ 12, 14 程度であり，2桁ずつ大きくなる．

$$\text{NH}_3 \;+\; \text{H}^+ \rightleftharpoons \overset{+}{\text{N}}\text{H}_4 \tag{4-60}$$

$$\text{R}-\overset{\displaystyle\text{NH}_2}{\underset{\displaystyle}{\text{C}}}=\text{NH} + \text{H}^+ \rightleftharpoons \left[\text{R}-\overset{\displaystyle\text{NH}_2}{\underset{\displaystyle}{\text{C}}}\overset{+}{=}\text{NH}_2 \leftrightarrow \text{R}-\overset{\displaystyle\text{NH}_2}{\underset{\displaystyle}{\text{C}}}=\overset{+}{\text{NH}_2} \right] \tag{4-61}$$

$$\text{H}_2\text{N}-\overset{\displaystyle\text{NH}_2}{\underset{\displaystyle}{\text{C}}}=\text{NH} + \text{H}^+ \rightleftharpoons \left[\text{H}_2\text{N}-\overset{\text{NH}_2}{\underset{}{\text{C}}}\overset{+}{=}\text{NH}_2 \leftrightarrow \text{H}_2\text{N}-\overset{\overset{+}{\text{NH}_2}}{\underset{}{\text{C}}}=\text{NH}_2 \leftrightarrow \text{H}_2\text{N}-\overset{\text{NH}_2}{\underset{}{\text{C}}}=\text{NH}_2 \leftrightarrow \text{H}_2\text{N}-\overset{\text{NH}_2}{\underset{}{\overset{+}{\text{C}}}}-\text{NH}_2 \right] \tag{4-62}$$

　強酸の代表である硫酸より強い酸性を示す物質を**超強酸（超酸）**（superacid）と呼ぶ．硫酸の OH 基を電気陰性度が高いフッ素に置換した HFSO_3 などが知られている．

4-3　酸化還元反応

4-3-1　身の回りの酸化還元反応

　酸化還元反応は身の回りに至るところでみることができる．最も単純な例は物質の燃焼である．燃焼とは，酸化反応のうち光と熱を伴うもののことをいう．ゆっくりとした酸化反応を利用するものとして，化学カイロがある．これは鉄の酸化反応に伴う熱を利用している．なお，これらのように反応が起きる物質のみに着目して酸化ということがあるが，酸化と還元は一対となって同時に起きることに注意が必要である．ペットボトルに入ったお茶にはアスコルビン酸（ビタミン C）が加えられていることがある．これは，アスコルビン酸がお茶の代わりに酸化されることによって，お茶の酸化を防いでいる例である．また，別の例として食物から人間がエネルギーを得ることについて考える．植物は太陽光によって光合成を行い，その過程で CO_2 が還元され，植物の組織をつくる．人間は，植物そのもの，あるいは植物を食べた動物を摂取し，活動のためのエネル

ギーを得ている. 例えば, 食物から得たブドウ糖 ($C_6H_{12}O_6$) は, 体内で最終的に H_2O と CO_2 に酸化され, その際に発生したエネルギーを利用している. なお, 燃焼という用語は広義には, "体内の脂肪を燃焼させる" というように, 光を発しないものに対して用いることもある.

4-3-2 酸化還元反応とエネルギー

化学種 (分子, 原子, イオン) の価数が増えることを**酸化** (oxidation) といい, 価数が減少することを**還元** (reduction) という. 価数が変化するので, 基本的に電子 e^- の移動を伴う. 例えば,

$$Fe^{2+} \longrightarrow Fe^{3+} + e^- \tag{4-63}$$

では, 鉄イオンの価数が2から3になったので酸化であり,

$$Cu^{2+} + 2\,e^- \longrightarrow Cu \tag{4-64}$$

では, 銅イオンの価数が+2から0に減少したので還元である. 溶液中の酸化還元反応では, 電子が溶液中に単独でとどまることはエネルギー的に不利であるので, 酸化と還元は対で同時に起こる. その意味において酸化還元反応を**レドックス反応** (redox reaction) ということも多い.

このように酸化還元反応では, 価数の変化および電子の移動を伴うので, 非常にエネルギーが大きい静電的な相互作用 (静電相互作用) を考慮する必要がある. これは, まわりの媒体が真空および溶媒, 固体であるかどうかを問わない. 電荷をもつイオン間の相互作用は長距離まで影響し, かつ他の相互作用よりも大きい. したがって, その理論的な扱いには特殊な方法が必要である. 静電相互作用を表す最も簡便な方法は, 電荷をもつイオンが電位を通して相互作用するという考え方である. 価数 z (無次元量) をもつイオン (1価の陽イオンの価数は+1, 1価の陰イオンは−1, 電子は−1) が, 電位 ϕ にあるときのエネルギーの増減は $zF\phi$ となる. ここで F は**ファラデー定数** (Faraday constant) といい, 電子 1 mol の電荷量 (C) をしめす. $F = eN_A = 1.6022 \times 10^{-19} \times 6.0221 \times 10^{23} = 96\,485$ C mol^{-1} である (e：電気素量, N_A：アボガドロ定数). $zF\phi$ の単位は, C mol^{-1} V なので, J mol^{-1} となり, 物質量あたりのエネルギーになる.

電位 (potential) は, まわりの電荷分布の環境を反映しており, 正電荷が集まったところは電位が正になり, 負電荷が集まったところは電位が負になると考えてよい (8-2 節参照). したがって, 図 4-4(a)のように正の電荷 q' (C) を正の電位 ϕ (V) をもつ場所に動かすと, 受けた仕事 $\Delta W = q'\phi$ (J) だけ位置エネルギーは増加する. 電荷が 1 C で電位差が 1 V なら, エネルギーは 1 J になる. 同様に図 4-4(b)のように負の電荷を動かすとエネルギーは減少する. 逆に, 図 4-4(c)のように正の電荷を負の電位の場所に移動するとエネルギーは減少し, 図 4-4(d)のように負の電荷を移動するとエネルギーは増加する (8-1, 8-2 節参照).

酸化還元反応の平衡関係を決めるのは, 化学ポテンシャル μ_i (3-2-14 項参照) に $zF\phi$ の電位による静電相互作用を入れた**電気化学ポテンシャル** (electrochemical potential) $\tilde{\mu}_i$

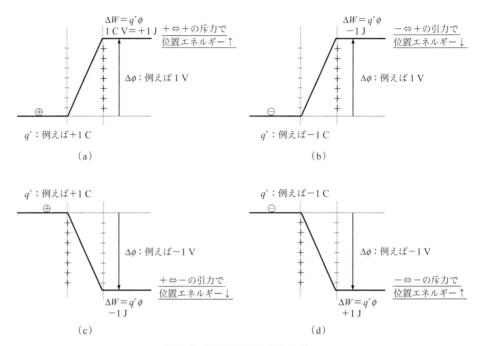

図 4-4　電荷の移動とエネルギー

である．その拡張は容易で，中性の化学種の場合は，電気化学ポテンシャルと化学ポテンシャルは一致する．

$$\tilde{\mu}_i = \mu_i + z_i F\phi = \mu_i^\ominus + RT\ln a_i + z_i F\phi \tag{4-65}$$

　次に，化学種 i の価数が z_i で，化学種 i の存在する場所の電位が ϕ であるとき，電気化学ポテンシャルを用いて，半電池反応の平衡を考える．z 価の酸化体が，n 個の電子を受け取って $z-n$ 価の還元体になる酸化還元反応（半電池反応），

$$Ox^z + n\,e^- \rightleftharpoons Rd^{z-n} \tag{4-66}$$

では，この反応が平衡であるときの条件は，化学反応が平衡にあるときと同じで

$$\tilde{\mu}_{Ox} + n\tilde{\mu}_{e^-} = \tilde{\mu}_{Rd} \tag{4-67}$$

$$\mu_{Ox}^\ominus + RT\ln a_{Ox} + zF\phi(Ox) + n[\mu_{e^-}^\ominus + RT\ln a_{e^-} - F\phi(e^-)]$$
$$= \mu_{Rd}^\ominus + RT\ln a_{Rd} + (z-n)F\phi(Rd) \tag{4-68}$$

となる．式(4-68)の左辺で $a_e = 1$ であり，同一物質である酸化体と還元体が存在する位置の電位は同じであるので，

$$\phi(e^-) - \phi(Ox/Rd) = \frac{\mu_{Rd}^\ominus - \mu_{Ox}^\ominus - n\mu_{e^-}^\ominus}{nF} + \frac{RT}{nF}\ln\frac{a_{Ox}}{a_{Rd}} \tag{4-69}$$

ここで，電気化学的には，電子は電極にあり，電位 E の定義として電極と電極沖合（電極から無限遠離れた溶液中）の電位差 $\phi(e^-) - \phi(Ox/Rd)$ とすることが多いので，

$$E = E^{\ominus}(\mathrm{Ox/Rd}) + \frac{RT}{nF} \ln \frac{a_{\mathrm{Ox}}}{a_{\mathrm{Rd}}} \tag{4-70}$$

となる．ここで，式(4-66)の酸化還元反応に伴う物質量あたりの標準ギブズエネルギー変化 $\Delta_r G^{\ominus}(\mathrm{Ox/Rd})$ は，$\Delta_r G^{\ominus}(\mathrm{Ox/Rd}) = \mu^{\ominus}_{\mathrm{Rd}} - (\mu^{\ominus}_{\mathrm{Ox}} + n\mu^{\ominus}_{\mathrm{e}^-})$ と書け，ファラデー定数 F と移動電子数 n で割ったものは，電位の単位となり，**標準電極電位**（standard electrode potential）$E^{\ominus}(\mathrm{Ox/Rd})$ と定義される．よって，標準電極電位が高いものほど，式(4-66)の正反応である還元反応

$$\mathrm{Ox}^z + n\,\mathrm{e}^- \longrightarrow \mathrm{Rd}^{z-n} \tag{4-71}$$

のギブズエネルギーはより大きな負の値となり，反応が起こりやすくなる．

4-3-3　金属のイオン化傾向と標準電極電位（4-1-4, 4-1-5 項参照）

前述の図4-2で示した金属のイオン化列は，水溶液中で0価の金属 M から z 価のイオン M^{z+} への酸化反応

$$\mathrm{M} \longrightarrow \mathrm{M}^{z+} + z\,\mathrm{e}^- \tag{4-72}$$

の起こりやすさに序列をつけたものであり，定量的に数値化したものではない．このイオン化傾向を標準電極電位 $E^{\ominus}$ で数値化し，まとめたものが表4-6である．電位は後述する**標準水素電極**（SHE：standard hydrogen electrode）電位を基準にしており，したがって，水素の標準電極電位 $E^{\ominus}$ は 0.0000 V vs. SHE となっている．イオン化傾向が大きいものほど標準電極電位は負の電位で，イオン化傾向が小さいものは正の電位となっている．標準電極電位の大小はイオン化列に一致しており，酸化還元のしやすさを議論するときは，イオン化列よりも情報量が多い標準電極電位を用いるほうがよい．

表4-6 の一番上にある $\mathrm{Li}^+ + \mathrm{e}^- \rightarrow \mathrm{Li}$ の標準電極電位は，-3.045 V vs. SHE である．

表4-6　標準電極電位

電極反応（半電池反応）	$E^{\ominus}$ / V vs. SHE	電極反応（半電池反応）	$E^{\ominus}$ / V vs. SHE
$\mathrm{Li}^+ + \mathrm{e}^- \longrightarrow \mathrm{Li}$	-3.045	$2\,\mathrm{H}^+ + 2\,\mathrm{e}^- \longrightarrow \mathrm{H}_2$	0.0000
$\mathrm{K}^+ + \mathrm{e}^- \longrightarrow \mathrm{K}$	-2.925	$\mathrm{Cu}^{2+} + 2\,\mathrm{e}^- \longrightarrow \mathrm{Cu}$	0.340
$\mathrm{Ca}^{2+} + 2\,\mathrm{e}^- \longrightarrow \mathrm{Ca}$	-2.84	$\mathrm{I}_2 + 2\,\mathrm{e}^- \longrightarrow 2\,\mathrm{I}^-$	0.5355
$\mathrm{Na}^+ + \mathrm{e}^- \longrightarrow \mathrm{Na}$	-2.714	$\mathrm{O}_2 + 2\,\mathrm{H}^+ + 2\,\mathrm{e}^- \longrightarrow \mathrm{H}_2\mathrm{O}_2$	0.695
$\mathrm{Mg}^{2+} + 2\,\mathrm{e}^- \longrightarrow \mathrm{Mg}$	-2.356	$\mathrm{Hg}_2^{2+} + 2\,\mathrm{e}^- \longrightarrow 2\,\mathrm{Hg}$	0.7960
$\mathrm{Al}^{3+} + 3\,\mathrm{e}^- \longrightarrow \mathrm{Al}$	-1.676	$\mathrm{Ag}^+ + \mathrm{e}^- \longrightarrow \mathrm{Ag}$	0.7991
$\mathrm{Zn}^{2+} + 2\,\mathrm{e}^- \longrightarrow \mathrm{Zn}$	-0.7626	$\mathrm{Pt}^{2+} + 2\,\mathrm{e}^- \longrightarrow \mathrm{Pt}$	1.188
$\mathrm{Fe}^{2+} + 2\,\mathrm{e}^- \longrightarrow \mathrm{Fe}$	-0.44	$\mathrm{Au}^+ + \mathrm{e}^- \longrightarrow \mathrm{Au}$	1.83
$\mathrm{Ni}^{2+} + 2\,\mathrm{e}^- \longrightarrow \mathrm{Ni}$	-0.257	$\mathrm{H}_2\mathrm{O}_2 + 2\,\mathrm{H}^+ + 2\,\mathrm{e}^- \longrightarrow 2\,\mathrm{H}_2\mathrm{O}$	1.763
$\mathrm{Sn}^{2+} + 2\,\mathrm{e}^- \longrightarrow \mathrm{Sn}$	-0.1375	$\mathrm{MnO}_4^- + 8\,\mathrm{H}^+ + 5\,\mathrm{e}^-$ $\longrightarrow \mathrm{Mn}^{2+} + 4\,\mathrm{H}_2\mathrm{O}$	1.51
$\mathrm{Pb}^{2+} + 2\,\mathrm{e}^- \longrightarrow \mathrm{Pb}$	-0.1263		

Li$^+$＋e$^-$→Li のギブズエネルギー変化は$-F$×(-3.045)＝＋293.8 kJ mol^{-1} となる．一方，逆反応 Li→Li$^+$＋e$^-$では，-293.8 kJ mol^{-1} となり，ギブズエネルギー変化が負になるのでイオンになる反応が自発的に進行する．標準電極電位が負になることは，金属から水溶液中のイオンになる傾向が大きいことを意味する．表 4-6 の一番下にある Au$^+$＋e$^-$→Au の標準電極電位は＋1.691 V vs. SHE である．Au$^+$＋e$^-$→Au のギブズエネルギー変化は$-F$×($+1.691$)＝-163 kJ mol^{-1} となり，負になるのでイオンが金属になる還元反応が自発的に進行する．Au が Au$^+$に酸化されて溶解することは起こりにくい．標準電極電位が正であることは，金属から水溶液中のイオンになる傾向が小さいということである．

　金属と金属イオンの間の標準電極電位だけでなく，溶液内での酸化還元反応についても標準電極電位が知られている．例えば，過酸化水素 H$_2$O$_2$ は，反応相手によって酸化剤（自身は還元される）や還元剤（自身は酸化される）になり，酸化剤なのか還元剤なのかがわかりにくい．そこで，標準電極電位から標準ギブズエネルギー変化を求め，その値の正負から判断する．H$_2$O$_2$ が還元剤としてはたらく反応，

$$O_2＋2\,H^+＋2\,e^- \longrightarrow H_2O_2 \tag{4-73}$$

では，表 4-6 より標準電極電位 $E^{\ominus}$(O$_2$/H$_2$O$_2$)は 0.695 V vs. SHE である．一方，H$_2$O$_2$ が酸化剤としてはたらく反応，

$$H_2O_2＋2\,H^+＋2\,e^- \longrightarrow 2\,H_2O \tag{4-74}$$

では，標準電極電位 $E^{\ominus}$(H$_2$O$_2$/H$_2$O)は 1.763 V vs. SHE である．

　式(4-73)の反応が起こる（酸素が酸化剤としてはたらく）には，0.695 V よりも標準電極電位が低い酸化反応であればよく（H$_2$O$_2$ は還元剤としてはたらく），トータルで標準ギブズエネルギーは負となり自発的に反応が進行する．そこで，次のヨウ素の酸化還元反応を考えよう．

$$I_2＋2\,e^- \longrightarrow 2\,I^- \tag{4-75}$$

この反応の標準電極電位 $E^{\ominus}$(I$_2$/2 I$^-$)は 0.5355 V vs. SHE である．ヨウ化物イオン I$^-$を酸化する反応

$$2\,I^- \longrightarrow I_2＋2\,e^- \tag{4-76}$$

と，式(4-73)との酸化還元反応の標準ギブズエネルギー変化を計算すると，次のようになる．

酸化還元反応		標準ギブズエネルギー
O$_2$＋2 H$^+$＋2 e$^-$	$\longrightarrow$ H$_2$O$_2$	$-2F$(0.695)
2 I$^-$	$\longrightarrow$ I$_2$＋2 e$^-$	$-2F$(-0.5355)
合計　O$_2$＋2 H$^+$＋2 I$^-$	$\longrightarrow$ H$_2$O$_2$＋I$_2$	$-2F$(0.695$-$0.5355)＝-30.78 kJ mol^{-1}

　同様に，式(4-74)との反応が起こる（H_2O_2 が酸化剤としてはたらく）場合の，標準ギブズエネルギー変化を計算すると，次のようになる．

酸化還元反応		標準ギブズエネルギー
$H_2O_2 + 2\,H^+ + 2\,e^-$	$\longrightarrow\ 2\,H_2O$	$-2F(1.763)$
$2\,I^-$	$\longrightarrow\ I_2 + 2\,e^-$	$-2F(-0.5355)$
合計　$H_2O_2 + 2\,H^+ + 2\,I^-$	$\longrightarrow\ 2\,H_2O + I_2$	$-2F(1.763 - 0.5355) = -236.9\ \mathrm{kJ\ mol^{-1}}$

　いずれも標準ギブズエネルギー変化が負になり，自発的に反応が進むことがわかる．しかし，両者を比べると，H_2O_2 が酸化剤としてはたらく式(4-74)の反応の標準ギブズエネルギー変化が圧倒的に大きいので，こちらの反応が優先的に起こる．

　次に，硫酸酸性の条件下での過マンガン酸イオン MnO_4^- の酸化還元反応

$$MnO_4^- + 8\,H^+ + 5\,e^- \longrightarrow Mn^{2+} + 4\,H_2O \tag{4-77}$$

について考える．この反応の標準電極電位 $E^{\ominus}(MnO_4^-/Mn^{2+})$ は 1.51 V vs. SHE である．式(4-73)，(4-74)の H_2O_2 が還元剤と酸化剤としてはたらく場合について，標準ギブズエネルギー変化を同様に求めると次のようになる．

酸化還元反応		標準ギブズエネルギー
$2\,MnO_4^- + 16\,H^+ + 10\,e^-$	$\longrightarrow\ 2\,Mn^{2+} + 8\,H_2O$	$-10F(1.51)$
$5\,H_2O_2$	$\longrightarrow\ 5\,O_2 + 10\,H^+ + 10\,e^-$	$-10F(-0.695)$
合計　$2\,MnO_4^- + 6\,H^+ + 5\,H_2O_2$	$\longrightarrow\ 2\,Mn^{2+} + 8\,H_2O + 5\,O_2$	$-10F(1.51 - 0.695)$ $= -786.4\ \mathrm{kJ\ mol^{-1}}$

酸化還元反応		標準ギブズエネルギー
$2\,MnO_4^- + 16\,H^+ + 10\,e^-$	$\longrightarrow\ 2\,Mn^{2+} + 8\,H_2O$	$-10F(1.51)$
$10\,H_2O$	$\longrightarrow\ 5\,H_2O_2 + 10\,H^+ + 10\,e^-$	$-10F(-1.763)$
合計　$2\,MnO_4^- + 6\,H^+ + 5\,H_2O_2$	$\longrightarrow\ 2\,Mn^{2+} + 5\,H_2O_2$	$-10F(1.51 - 1.763)$ $= 244.1\ \mathrm{kJ\ mol^{-1}}$

　前者は標準ギブズエネルギー変化が $-786.4\ \mathrm{kJ\ mol^{-1}}$ と大きな負の値となり自発的に反応が進むが，後者は大きな正の値となり反応は進まない．この計算結果からわかるように，硫酸酸性の条件下での過マンガン酸イオンとの酸化還元反応では，H_2O_2 は還元剤としてははたらくが，酸化剤としてははたらかないことがわかる．このように，H_2O_2 は I^- との反応では酸化剤として，MnO_4^- との反応では還元剤として振る舞う．これが，H_2O_2 は還元剤にもなり酸化剤にもなるという記述の本質である．

4-4 電気化学

4-4-1 ダニエル電池 (4-1-6 項参照)

　電気化学での反応が通常の化学反応と違う点は，電極という二次元系を使うことと反応にいつも酸化 (oxidation) と還元 (reduction) が伴うことである．ここでは，基本的な**電池** (battery) の一つであるダニエル電池をもとに電気化学について考える．電池は，**正極** (positive electrode)，**負極** (negative electrode) とそれらを電気的に結合する塩橋 (もしくは半透膜) から構成される．**電気分解** (electrolysis) のときは**陽極** (anode)，**陰極** (cathode) と定義したが，電池では正極，負極という点に注意が必要である．

　ダニエル電池 (Zn|ZnSO$_4$ aq| CuSO$_4$ aq |Cu) の模式図を図 4-5 に示す．亜鉛板を濃度 c_{Zn} mol dm^{-3} の硫酸亜鉛 ZnSO$_4$ 水溶液に，銅板を濃度 c_{Cu} mol dm^{-3} の硫酸銅 CuSO$_4$ 水溶液に浸漬し，両溶液間に**塩橋** (salt bridge) で電気的な導通をとる．塩橋は，両液が混じらず電気的な導通をとるためのもので，塩化カリウム KCl の飽和水溶液を寒天で固めたものを用いる．KCl を用いる理由は，カリウムイオンと塩化物イオンの移動度 (ある電場をかけたときに移動する速度) がほぼ等しく，イオンの移動によって電位差がつかないことを保証するためである．両金属板を電線で負荷 (電球あるいは LED) に接続して電池として機能させる．1800 年にイタリア人ボルタ (A. Volta) によって発明されたボルタ電池 (Zn|電解液|Cu) では，電極に亜鉛と銅，電解液に NaCl 水溶液あるいはそれに硫酸を加えたものを用いた．塩橋がないことおよび銅電極では水素発生反応を用いるので，水素が抜けずに電池としての寿命が短いことに欠点があった．これを 1836 年にイギリス人のダニエル (J. F. Daniell) が図 4-5 のように改良し，電圧 (起電力) が安定な電池を作成することに成功した．

4-4-2 起 電 力

　ダニエル電池の**起電力** (electromotive force) を求める．どちらの電極が正極・負極になるのかは不明として，IUPAC の規則に従って，半電池反応を電子が左辺にくるようにそれぞれ示す．また，それぞれの酸化還元反応の標準電極電位 E° も示す．

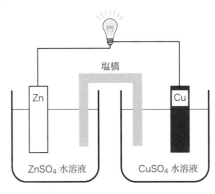

図 4-5　ダニエル電池の模式図

$$\text{Zn}^{2+}(\text{aq})+2\,\text{e}^- \;\rightleftarrows\; \text{Zn} \qquad E^{\ominus}(\text{Zn}^{2+}/\text{Zn})：-0.7626\,\text{V vs. SHE} \qquad (4\text{-}78)$$

$$\text{Cu}^{2+}(\text{aq})+2\,\text{e}^- \;\rightleftarrows\; \text{Cu} \qquad E^{\ominus}(\text{Cu}^{2+}/\text{Cu})：+0.340\,\text{V vs. SHE} \qquad (4\text{-}79)$$

それぞれの反応が平衡であれば，その電気化学ポテンシャルは以下のように書くことができる．

$$\tilde{\mu}_{\text{Zn}^{2+}(\text{aq})}+2\tilde{\mu}_{\text{e(Zn)}}=\tilde{\mu}_{\text{Zn}} \qquad (4\text{-}80)$$

$$\tilde{\mu}_{\text{Cu}^{2+}(\text{aq})}+2\tilde{\mu}_{\text{e(Cu)}}=\tilde{\mu}_{\text{Cu}} \qquad (4\text{-}81)$$

式(4-65)を使って書き換えると，

$$\mu^{\ominus}_{\text{Zn}^{2+}(\text{aq})}+RT\ln a_{\text{Zn}^{2+}(\text{aq})}+2F\phi_{\text{aq(Zn}^{2+})}+2\mu^{\ominus}_{\text{e(Zn)}}+2RT\ln a_{\text{e(Zn)}}-2F\phi_{\text{Zn}}$$
$$=\mu^{\ominus}_{\text{Zn}}+RT\ln a_{\text{Zn}}+0F\phi_{\text{Zn}} \qquad (4\text{-}82)$$

$$\mu^{\ominus}_{\text{Cu}^{2+}(\text{aq})}+RT\ln a_{\text{Cu}^{2+}(\text{aq})}+2F\phi_{\text{aq(Cu}^{2+})}+2\mu^{\ominus}_{\text{e(Cu)}}+2RT\ln a_{\text{e(Cu)}}-2F\phi_{\text{Cu}}$$
$$=\mu^{\ominus}_{\text{Cu}}+RT\ln a_{\text{Cu}}+0F\phi_{\text{Cu}} \qquad (4\text{-}83)$$

ここで，式(4-82)，(4-83)の $a_{\text{e(Zn)}}$，a_{Zn}，$a_{\text{e(Cu)}}$ および a_{Cu} は 1 である．よって，

$$\phi_{\text{Zn}}-\phi_{\text{aq(Zn}^{2+})}=\frac{\mu^{\ominus}_{\text{Zn}}-\mu^{\ominus}_{\text{Zn}^{2+}(\text{aq})}-2\mu^{\ominus}_{\text{e(Zn)}}}{2F}+\frac{RT}{2F}\ln a_{\text{Zn}^{2+}(\text{aq})} \qquad (4\text{-}84)$$

$$\phi_{\text{Cu}}-\phi_{\text{aq(Cu}^{2+})}=\frac{\mu^{\ominus}_{\text{Cu}}-\mu^{\ominus}_{\text{Cu}^{2+}(\text{aq})}-2\mu^{\ominus}_{\text{e(Cu)}}}{2F}+\frac{RT}{2F}\ln a_{\text{Cu}^{2+}(\text{aq})} \qquad (4\text{-}85)$$

式(4-84)，(4-85)の右辺の 1 項目は，標準電極電位 $E^{\ominus}$ である．電池の起電力は，右側の電極電位と左側の電極電位の差である．塩橋でつないでいるので，次のように近似できるとすると，

$$\phi_{\text{aq(Zn}^{2+})} \simeq \phi_{\text{aq(Cu}^{2+})} \qquad (4\text{-}86)$$

ダニエル電池の起電力 E_{cell} は，

$$E_{\text{cell}}=\phi_{\text{Cu}}-\phi_{\text{Zn}}=E^{\ominus}(\text{Cu}^{2+}/\text{Cu})-E^{\ominus}(\text{Zn}^{2+}/\text{Zn})+\frac{RT}{2F}\ln\frac{a_{\text{Cu}^{2+}(\text{aq})}}{a_{\text{Zn}^{2+}(\text{aq})}} \qquad (4\text{-}87)$$

となる．式(4-78)，(4-79)よりそれぞれの標準電極電位は，0.340 V，-0.7626 V vs. SHE なので，溶液中の Cu^{2+} と Zn^{2+} の活量（濃度×活量係数）が等しいとき（$\ln(a_{\text{Cu}^{2+}(\text{aq})}/a_{\text{Zn}^{2+}(\text{aq})})=0$），ダニエル電池の標準起電力は $+1.1$ V になる．4-1-6 項でも示したように，亜鉛のほうが銅よりもイオン化傾向が高いので，硫酸銅水溶液の Cu^{2+} は還元され，正極の銅板上に Cu として電析する．一方，負極の亜鉛板からは，Zn が硫酸亜鉛水溶液中へ Zn^{2+} として溶解する．この反応は自発的に進行する反応で，起電力はこのイオン化傾向の差より生じる．硫酸銅水溶液中の Cu^{2+} の活量が，硫酸亜鉛水溶液中の Zn^{2+} の活量よりより大きいと，式(4-87)の自然対数の項（$\ln(a_{\text{Cu}^{2+}(\text{aq})}/a_{\text{Zn}^{2+}(\text{aq})})$）が 0 より大きくなり，$+1.1$ V の標準起電力より起電力は高くなる．

5章　化学反応の速さと平衡

5-1　基礎知識

5-1-1　反応の速さ （5-2-2 項参照）

　化学反応には，例えば，二つの試薬を混ぜると瞬時に反応するものや，混ぜてもすぐには反応が完結せずにゆっくり進むものがある．反応の速さは，単位時間あたりの反応物の減少量，もしくは生成物の増加量で表し，**反応速度**という．例えば，一定体積中で 1 mol の反応物 A が分解して，生成物 B が 2 mol できる反応

$$A \longrightarrow 2\,B$$

で，時刻 t_1 から t_2 の間の A の分解速度 v_A は濃度 [A] を用いて，

$$v_A = -\frac{[A]_2-[A]_1}{t_2-t_1} = -\frac{\Delta[A]}{\Delta t} \tag{5-1}$$

となる．ここで，$[A]_1$，$[A]_2$ は，それぞれ時刻 t_1，t_2 における A の濃度で，Δ は変化量を表す．また，反応速度は正の値で表すので，減少するときはマイナスの符号をつける．一方，B の生成速度 v_B は，

$$v_B = \frac{[B]_2-[B]_1}{t_2-t_1} = \frac{\Delta[B]}{\Delta t} \tag{5-2}$$

となる．この反応では，1 mol の A から，2 mol の B ができるので，$v_A : v_B$ は 1:2 になる．

　次に，酸化マンガン(IV) MnO_2 や鉄(III)イオン Fe^{3+} などを加えた過酸化水素水での，過酸化水素 H_2O_2 の分解反応の反応速度を考える．

$$2\,H_2O_2 \longrightarrow 2\,H_2O + O_2 \tag{5-3}$$

　一定温度での，この反応の H_2O_2 の濃度変化を図 5-1 に示す．また，30 秒ごとの H_2O_2 の濃度 $[H_2O_2]$ とそれぞれ 30 秒間の分解速度 v を式(5-1)によって求め，表 5-1 にまとめて示す．v は時間によって異なり，その時間領域における平均分解速度を表す．また，$[H_2O_2]$ が小さくなるにつれて，v も小さくなる．そこで，その時間における H_2O_2 の平均濃度 c に対して v をプロットすると図 5-2 になり，よい直線関係が得られる．

　このことより，$[H_2O_2]$ と v の間には，次の関係があることがわかる．

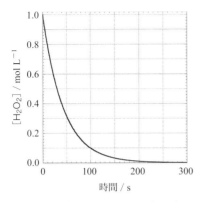

図 5-1 過酸化水素 H_2O_2 の分解反応の
濃度変化

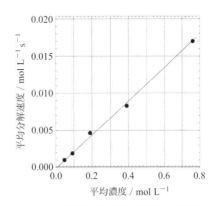

図 5-2 平均濃度と平均分解速度の関係

表 5-1 過酸化水素 H_2O_2 の分解反応における H_2O_2 の濃度変化

時間 / s	0	30	60	90	120	150
$[H_2O_2]$ / mol L^{-1}	1.00	0.51	0.26	0.12	0.063	0.032
平均分解速度 v / mol L^{-1} s^{-1}	0.017	0.0083	0.0047	0.0019	0.0010	
平均濃度 c / mol L^{-1}	0.76	0.39	0.19	0.092	0.048	

$$v = k[H_2O_2] \tag{5-4}$$

　反応速度を反応物や生成物の濃度を用いて表したこのような式を**反応速度式**といい，比例定数 k を**反応速度定数（速度定数）**という．この反応では図 5-2 から，$k = 2.3 \times 10^{-2}$ s^{-1} と求まる．また，式(5-4)から H_2O_2 の分解反応の反応速度は，H_2O_2 の濃度に比例することがわかる．例えば，ヨウ化水素 HI の分解反応（5-2-5 項参照）

$$2\,HI \longrightarrow H_2 + I_2 \tag{5-5}$$

では，分解速度 v は，

$$v = k'[HI]^2 \tag{5-6}$$

となり，HI の濃度の 2 乗に比例する．また，逆反応

$$H_2 + I_2 \longrightarrow 2\,HI \tag{5-7}$$

では，HI の生成速度 v は，

$$v = k''[H_2][I_2] \tag{5-8}$$

であり，H_2 と I_2 の濃度の積に比例する．

5-1-2　反応条件と反応速度

　前項で述べたように，反応速度は，反応物の濃度によって変化する．濃度以外にも過酸化水素の分解反応（式(5-3)）のように，MnO_2 のような**触媒**を添加することによっても変化（加速）することがある．触媒とは自分自身は反応前後で変化しないが，反応速度を変えるはたらきをする物質である．Fe^{3+} のような反応物と均一に混じり合う**均一触媒**

と，MnO_2 のような固体表面上で触媒作用を起こす**不均一触媒**がある．また，一般に反応温度を上げると反応速度も上がり，10 K 上昇すると反応速度は 2〜4 倍になることが多い．

分子に注目すると，化学反応が起こるためには分子どうしが衝突する必要がある．さらに，衝突した分子は図 5-3 のような**活性化状態**（エネルギーが高い中間状態）を越えなければならない．

式(5-7)の H_2 と I_2 から HI ができる反応を例にとると，H_2 と I_2 のそれぞれの結合を切って，H 原子と I 原子にしてから HI を生成するには，それぞれの結合エネルギー 432，149 kJ mol^{-1} に対応する大きなエネルギーが必要である．しかし，実際には H−H，I−I 結合が切れかかると同時に，新たな H−I 結合ができるような過程，すなわち活性化状態経由で反応が進行すると考えられている．反応物をこのような活性化状態にするのに必要な最小のエネルギーを**活性化エネルギー**といい，式(5-7)の反応では 174 kJ mol^{-1} である．反応がスムーズに進行するためには，反応分子が活性化エネルギーよりも大きな運動エネルギーをもつ必要があり，反応温度を上げることで，より大きな運動エネルギーをもつ分子の数の割合が増加する．

触媒を加えても反応速度は大きくなるが，これは触媒によって活性化エネルギーが低くなったためと理解できる．活性化状態に達しやすくなり，結果として反応速度が大きくなる．式(5-7)の反応では，白金 Pt を触媒にすると活性化エネルギーが 174 kJ mol^{-1} から 49 kJ mol^{-1} に低下することが知られている．また，触媒を加えても，反応の前後の状態は変わらないので，反応熱に変化はない．

5-1-3 可逆反応の化学平衡と平衡定数

水素とヨウ素からヨウ化水素ができる反応（式(5-7)）では，逆にヨウ化水素から水素とヨウ素ができる反応（式(5-5)）も起こる．このように，どちら向きにも反応が進む反応を**可逆反応**といい，反応式の中では両矢印（⇄）で表す．

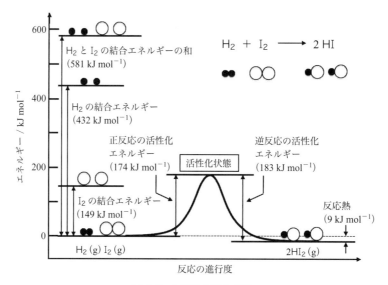

図 5-3 反応の活性化状態

$$H_2 + I_2 \rightleftarrows 2\,HI \tag{5-9}$$

式(5-9)のような可逆反応で，右向きの反応を**正反応**，左向きの反応を**逆反応**という．また，可逆反応とは異なり，一方向にしか反応が進まない反応を**不可逆反応**といい，多くの化学反応は不可逆反応である．可逆反応では，どの程度反応が進むかが重要であり，正反応と逆反応の反応速度が同じになり，見かけ上，反応が止まってみえる状態を**化学平衡**な状態，もしくは**平衡状態**にあるという．式(5-9)の反応では，正反応，逆反応の反応速度はそれぞれ，式(5-6)と式(5-8)で書けるので，

$$k'[HI]^2 = k''[H_2][I_2] \tag{5-10}$$

となり，整理すると

$$K = \frac{k''}{k'} = \frac{[HI]^2}{[H_2][I_2]} \tag{5-11}$$

となり，K を**平衡定数**という．可逆反応が平衡状態にあるとき，平衡時の各物質の濃度がどのような値であっても，温度が変わらなければ K は一定である．一般に，反応物が A，B で，生成物が C，D である可逆反応

$$a\,A + b\,B \rightleftarrows c\,C + d\,D \tag{5-12}$$

では，平衡定数 K は，それぞれの平衡時のモル濃度 [A]〜[D] を用いて，

$$K = \frac{[C]^c[D]^d}{[A]^a[B]^b} \tag{5-13}$$

と表される．ここで，a〜d は反応式の係数である．K は一定温度では，その反応に固有の値となる．式(5-13)で表される関係を**化学平衡の法則（質量作用の法則）**という．気体が反応する可逆反応では，モル濃度で表した平衡定数（**濃度平衡定数**）以外に，それぞれの気体の分圧 P_A〜P_D を用いた平衡定数（**圧平衡定数**）K_p も使われる．

$$K_p = \frac{P_C{}^c P_D{}^d}{P_A{}^a P_B{}^b} \tag{5-14}$$

5-1-4　ルシャトリエの原理と平衡の移動

ある可逆反応が平衡状態にあるとき，物質の濃度，圧力，温度などの条件を変化させると，正反応もしくは逆反応が進んで（**平衡の移動**），新しい平衡状態になる．平衡の移動は，条件の変化による影響を打ち消す方向に進み，これを**ルシャトリエの原理（平衡移動の原理）**という．濃度，圧力，温度の変化による，平衡の移動方向を表 5-2 にまとめる．例えば，式(5-9)の反応で，温度一定で，外部から H_2 を加えると，H_2 の濃度増加の影響を打ち消す方向，すなわち右向きの反応（正反応）が進行して新しい平衡状態になる．また，窒素 N_2 と水素 H_2 からアンモニア NH_3 が生成する反応は，可逆反応であり，かつ発熱反応である．熱化学方程式は次のように書ける．

$$N_2(g) + 3\,H_2(g) = 2\,NH_3(g) + 92\,kJ \tag{5-15}$$

表 5-2　ルシャトリエの原理

条件の変化方向	条　件		
	濃　度	圧　力	温　度
増　加	増やした物質の濃度が減少する方向に平衡が移動	気体分子の数が減少する方向に平衡が移動	吸熱反応の方向に平衡が移動
減　少	減らした物質の濃度が増加する方向に平衡が移動	気体分子の数が増加する方向に平衡が移動	発熱反応の方向に平衡が移動

　この反応では，ルシャトリエの原理に従い，圧力を上げると平衡は右に移動し，また発熱反応なので低温にしたほうが NH_3 の生成が増える．そこで，低温で反応速度を上げる触媒の開発と，高圧に耐える装置の開発によって，工業的なアンモニア合成（**ハーバー-ボッシュ法**）が実現した．さらに，ルシャトリエの原理は，このような化学平衡の移動のみならず，気-液平衡や溶解平衡などの物理平衡においても成り立つ原理である．

5-1-5　電離平衡（4-1-1，4-1-2 項および 4-2 節参照）

　強酸や強塩基は水に溶かすと完全に電離する．一方，弱酸の CH_3COOH や弱塩基の NH_3 は，水溶液中で一部だけが電離しており，電離したイオンと電離していない分子は平衡状態になっている．

$$CH_3COOH \rightleftharpoons CH_3COO^- + H^+ \tag{5-16}$$

$$NH_3 + H_2O \rightleftharpoons NH_4^+ + OH^- \tag{5-17}$$

　このような，電離に関する平衡を**電離平衡**といい，その平衡定数を**電離定数**（**解離定数**）という．

$$K = \frac{[CH_3COO^-][H_3O^+]}{[CH_3COOH][H_2O]} \tag{5-18}$$

$$K = \frac{[NH_4^+][OH^-]}{[NH_3][H_2O]} \tag{5-19}$$

　H_2O のモル濃度 $[H_2O]$ は，他の物質のモル濃度より十分に大きく，一定とみなすことができる．そこで，$K[H_2O]$ を酸もしくは塩基の電離定数とし，K_a（**酸の電離定数**）および K_b（**塩基の電離定数**）で表す．これらの値は，温度が変わらなければ，それぞれの酸および塩基で固有である．

$$K_a = \frac{[CH_3COO^-][H^+]}{[CH_3COOH]} \tag{5-20}$$

$$K_b = \frac{[NH_4^+][OH^-]}{[NH_3]} \tag{5-21}$$

　次に，CH_3COOH について，電離定数 K_a と電離度の関係を考える（式(4-35)〜(4-37)参照）．電離前の CH_3COOH の濃度を c として，電離平衡になったときの電離度を α とすると，

$$K_a = \frac{[CH_3COO^-][H^+]}{[CH_3COOH]} = \frac{c\alpha \times c\alpha}{c(1-\alpha)} = \frac{c\alpha^2}{(1-\alpha)} \tag{5-22}$$

ここで，α は十分小さいので，$1-\alpha$ は 1 とみなすと，

$$K_a = c\alpha^2 \tag{5-23}$$

よって，

$$\alpha = \sqrt{\frac{K_a}{c}} \tag{5-24}$$

となる．このように，酸の電離定数と濃度から電離度がわかり，濃度が小さいほど，電離度が大きくなることがわかる（表 4-1 参照）．また，弱酸が電離平衡にあるときの $[H^+]$ は，

$$[H^+] = c\alpha = c\sqrt{\frac{K_a}{c}} = \sqrt{cK_a} \tag{5-25}$$

となる．同様に，NH_3 のような弱塩基の $[OH^-]$ は，

$$[OH^-] = c\alpha = c\sqrt{\frac{K_b}{c}} = \sqrt{cK_b} \tag{5-26}$$

すでに 4-1-2 項で述べたように，H_2O も一部が H^+ と OH^- に電離しており，その電離平衡の電離定数は，

$$K = \frac{[H^+][OH^-]}{[H_2O]} \tag{5-27}$$

となる．ここでも，$[H_2O]$ は $[H^+]$ や $[OH^-]$ に比べて十分に大きく，一定とみなすことができるので，$K[H_2O]$ としてまとめて，

$$K_w = K[H_2O] = [H^+][OH^-] \tag{5-28}$$

となる．K_w を**水のイオン積**といい，25 ℃ の H_2O では $1.0 \times 10^{-14}\ mol^2\ L^{-2}$ である（4-2-2 項参照）．

5-1-6 塩の加水分解

弱酸と強塩基，弱塩基と強酸から生じた塩を水に溶解すると，水溶液が弱塩基性もしくは弱酸性を示す（4-1-3 項参照）．このような現象を**塩の加水分解**という．これは，弱酸や弱塩基から生じた陰イオンや陽イオンが水と反応して，分子に戻り，結果的に OH^- や H^+ が生じるためである．例えば，弱酸と強塩基の塩である CH_3COONa を水に溶かすと，次のように電離する．

$$CH_3COONa \longrightarrow CH_3COO^- + Na^+ \tag{5-29}$$

ここで，弱酸である CH_3COOH は電離度が小さいので，CH_3COO^- は水と反応して，

$$CH_3COO^- + H_2O \rightleftharpoons CH_3COOH + OH^- \tag{5-30}$$

となり，OH^- が増えるので，水溶液は弱塩基性を示す．同様に，弱塩基と強酸の塩である NH_4Cl を水に溶かすと，電離して NH_4^+ が生成する．ここで，NH_4^+ は水と反応して，

$$NH_4^+ + H_2O \rightleftharpoons NH_3 + H_3O^+ \tag{5-31}$$

となり，H_3O^+ が増えるので，水溶液は弱酸性を示す．

式(5-30)のような加水分解の平衡定数（**加水分解定数**）K_h は,

$$K_h = K[H_2O] = \frac{[CH_3COOH][OH^-]}{[CH_3COO^-]} \tag{5-32}$$

となり, 分母分子に $[H^+]$ をかけて整理すると, 水のイオン積 K_w を用いて次のようになる.

$$\begin{aligned}K_h &= \frac{[CH_3COOH][OH^-][H^+]}{[CH_3COO^-][H^+]} \\ &= \frac{[CH_3COOH]K_w}{[CH_3COO^-][H^+]} = \frac{K_w}{\dfrac{[CH_3COO^-][H^+]}{[CH_3COOH]}} = \frac{K_w}{K_a}\end{aligned} \tag{5-33}$$

よって, $K_w = K_a K_h$ となる. この式から, K_w は一定なので, 酸の電離定数 K_a が小さい弱酸ほど, K_h は大きくなり, 加水分解を受けやすくなる.

5-1-7　ヘンダーソン-ハッセルバルヒの式

5-1-6 項でみたような弱酸 HA と強塩基 B から生じた塩が共存するときの pH は次のように求めることができる.

$$HA + H_2O \rightleftharpoons H_3O^+ + A^- \tag{5-34}$$

の反応では, 式(4-40)の対数をとると,

$$pH = pK_a + \log \frac{[A^-]}{[HA]} \tag{5-35}$$

が得られる. pH と pK_a の値から, A^- と HA の濃度の比を求めることができる. これが**ヘンダーソン-ハッセルバルヒの式**（Henderson-Hasselbalch equation）である. 塩基についても同様の式が成り立ち,

$$B + H_2O \rightleftharpoons BH^+ + OH^- \tag{5-36}$$

の反応では,

$$pH = 14 - pK_b - \log \frac{[BH^+]}{[B]} \tag{5-37}$$

のようになる.

5-1-8　緩　衝　液

酢酸 CH_3COOH とその塩である酢酸ナトリウム CH_3COONa の混合水溶液に少量の酸や塩基を加えても, pH はあまり変化しない. このような作用を**緩衝作用**といい, 弱酸とその塩あるいは弱塩基とその塩の混合水溶液で起こる. また, この混合水溶液を**緩衝液**という. 緩衝作用は次のように理解できる. 例えば, CH_3COOH は式(5-16)のように平衡状態にあり, 平衡は左に偏っている. 一方, CH_3COONa は式(5-29)のように, ほぼ完全に電離し CH_3COO^- が多量にある. この混合水溶液に少量の酸を加えると, H^+ は CH_3COO^- と反応し,

$$CH_3COO^- + H^+ \longrightarrow CH_3COOH \tag{5-38}$$

となり，H^+ はほとんど増加しない．逆に，少量の塩基を加えると，OH^- は多量にある CH_3COOH と中和反応を起こし，

$$CH_3COOH + OH^- \longrightarrow CH_3COO^- + H_2O \tag{5-39}$$

となる．よって，OH^- はほとんど増加しない．このように，緩衝液は外から加えられた酸や塩基の影響を打ち消し，pH を一定に保つはたらきをする．

同じモル濃度（$0.100\ mol\ L^{-1}$）の CH_3COONa 1000 mL と CH_3COOH 1000 mL の混合溶液を考える．CH_3COONa は完全解離すると考えると，式(5-35)よりこの緩衝溶液の pH は，酢酸の pK_a（表 4-5）より，

$$pH = pK_a = 4.76 \tag{5-40}$$

となる．この緩衝溶液に $1.00\ mol\ L^{-1}$ の塩酸 HCl を 10 mL 加えたとする．このとき，添加直後の濃度（平衡反応が起きていないと仮定したときの濃度）と，平衡に達したときの濃度をまとめたものが表 5-3 である．

表 5-3　緩衝溶液の緩衝効果

	$[CH_3COO^-]$	$[H^+]$	$[CH_3COOH]$
添加直後	$0.1 \times 1000/2010$ $= 0.049\ 75$	$1 \times 10/2010$ $= 0.004\ 975$	$0.1 \times 1000/2010$ $= 0.049\ 75$
平衡状態	$0.049\ 75 - 0.004\ 975$ $= 0.044\ 78$	0	$0.049\ 75 + 0.004\ 975$ $= 0.054\ 73$

この $1.00\ mol\ L^{-1}$ の HCl 10 mL を加えた緩衝溶液の pH は式(5-35)より，

$$pH = pK_a + \log(0.044\ 78/0.054\ 73) = 4.67 \tag{5-41}$$

となり，pH の変化量は 0.09 と小さい．一方，2000 mL の純水（pH 7.0）に同じ HCl 10 mL を加えたとすると，$pH = -\log(0.004\ 975) = 2.3$ となるため，変化量は 4.7 となる．

5-1-9　難溶性塩の溶解平衡と溶解度積

塩化銀 AgCl，炭酸カルシウム $CaCO_3$，硫酸バリウム $BaSO_4$ などは水に難溶性で，飽和水溶液中のこれらのイオンは濃度が非常に低い．しかし，このような**難溶性塩**も，飽和水溶液中の濃度が示すようにごくわずかに溶解しており，水溶液中では固体と電離したイオンの間に**溶解平衡**が成り立っている．例えば，AgCl の飽和水溶液では，

$$AgCl(s) \rightleftharpoons Ag^+\,aq + Cl^-\,aq \tag{5-42}$$

となっている．このとき，飽和水溶液中の $[Ag^+]$ と $[Cl^-]$ の積

$$K_{sp} = [Ag^+][Cl^-] \tag{5-43}$$

を**溶解度積** K_{sp} といい，温度が変わらなければ常に一定である．すなわち，水溶液中の陽イオンと陰イオンの濃度の積が，K_{sp} より小さければ沈殿は生じないが，K_{sp} より大きくなると平衡が固体のほうに偏り，沈殿が生じる．結果として溶液中のイオンの濃度の

表 5-4　難溶性塩の溶解度積 K_{sp}

塩	K_{sp} / mol^2 L^{-2}	塩	K_{sp} / mol^2 L^{-2}	塩	K_{sp} / mol^2 L^{-2}
AgCl	1.8×10^{-10}	FeS	1.6×10^{-19}	CaCO$_3$	6.7×10^{-5}
AgBr	5.2×10^{-13}	CdS	2.1×10^{-20}	BaCO$_3$	8.3×10^{-9}
AgI	2.1×10^{-14}	PbS	9.0×10^{-25}	BaSO$_4$	9.2×10^{-11}
ZnS	2.2×10^{-18}	CuS	6.5×10^{-30}		

積は K_{sp} に保たれる．表 5-4 に難溶性塩の室温における K_{sp} を示す．

　金属イオンの分離にも溶解平衡と溶解度積の考えが用いられている．Cu^{2+}, Pb^{2+}, Fe^{2+} および Zn^{2+} は，硫化水素 H_2S の硫化物イオン S^{2-} によって硫化物として沈殿分離できる．H_2S は，水溶液中で次のように 2 段階で電離する．

$$H_2S \; \rightleftharpoons \; H^+ + HS^- \tag{5-44}$$

$$HS^- \; \rightleftharpoons \; H^+ + S^{2-} \tag{5-45}$$

すなわち，$[S^{2-}]$ は pH で変化し，塩基性にすると大きくなる．一方，これらの金属イオンの K_{sp} は表 5-4 に示したように，Cu^{2+}, Pb^{2+} では非常に小さい．よって，pH によらず酸性でも沈殿する．Zn^{2+}, Fe^{2+} の K_{sp} は Cu^{2+} や Pb^{2+} よりかなり大きいので，塩基性にすることで沈殿させることができる．

5-2　反応速度論

5-2-1　概　論

　反応速度論では，物質量の時間変化である反応速度を議論する．**素反応**（elementary reaction）として，次のような反応を考える．

$$\nu_A A + \nu_B B \; \longrightarrow \; \nu_C C + \nu_D D \tag{5-46}$$

ここで，A, B, C, D は化学種を表し，$\nu_A, \nu_B, \nu_C, \nu_D$ はそれぞれの化学種の**化学量論数**（stoichiometric number，反応式の係数）である．A, B, C, D の物質量（mol）をそれぞれ n_A, n_B, n_C, n_D とする．反応開始の時間を $t = 0$ とし，そのときの反応物 A, B の物質量を $n_{A,0}, n_{B,0}$ とする．ある時間 t における A, B の物質量は，

$$n_A = n_{A,0} - \nu_A \xi \tag{5-47}$$

$$n_B = n_{B,0} - \nu_B \xi \tag{5-48}$$

となる．ここで，ξ は**反応進行度**（extent of reaction）といわれる量で物質量の次元をもつ．反応が進行すると反応物の物質量は化学量論数と反応進行度 ξ に比例して減少することを示している．生成物 C, D では，同様に $t = 0$ の物質量を $n_{C,0}, n_{D,0}$ とすると，ある時間 t における物質量は，

$$n_C = n_{C,0} + \nu_C \xi \tag{5-49}$$

$$n_D = n_{D,0} + \nu_D \xi \tag{5-50}$$

である．よって，反応が進行すると生成物の物質量は化学量論数と反応進行度 ξ に比例して増加する．そこで，物質量の時間変化は，時間微分をとって，

$$dn_A / dt = -\nu_A \, d\xi / dt \tag{5-51}$$

$$dn_B / dt = -\nu_B \, d\xi / dt \tag{5-52}$$

$$dn_C / dt = \nu_C \, d\xi / dt \tag{5-53}$$

$$dn_D / dt = \nu_D \, d\xi / dt \tag{5-54}$$

となる．ある時間 t での A の濃度を [A]，体積を V で表すと，そのときの A の物質量 n_A は，

$$n_A = V[A] \tag{5-55}$$

となる．反応速度論では，反応が進んでも，体積は時間によらず一定である定容過程 $(dV/dt = 0)$ を考える．そこで，式(5-51)を体積 V で割ると，

$$V^{-1} \, dn_A / dt = d[A] / dt = -\nu_A V^{-1} \, d\xi / dt \tag{5-56}$$

となる．同様に，

$$d[B] / dt = -\nu_B V^{-1} \, d\xi / dt \tag{5-57}$$

$$d[C] / dt = \nu_C V^{-1} \, d\xi / dt \tag{5-58}$$

$$d[D] / dt = \nu_D V^{-1} \, d\xi / dt \tag{5-59}$$

である．$V^{-1} d\xi/dt$ は共通の項なので，これを反応速度 v と定義する．

$$v \equiv V^{-1} \, d\xi / dt = -\nu_A^{-1} \, d[A] / dt = -\nu_B^{-1} \, d[B] / dt = \nu_C^{-1} \, d[C] / dt = \nu_D^{-1} \, d[D] / dt \tag{5-60}$$

このように，濃度の時間変化を化学量論数で割ったものが反応速度である．以上の定義だけからは，反応速度 v や濃度の時間変化についての情報を得ることができない．反応速度 v は，一般に反応物のある時間の濃度のべき乗に比例することが知られている．すなわち，式(5-46)の反応式の場合は，

$$v = k[A]^a[B]^b \tag{5-61}$$

と書け，この関係式は**反応速度式**（rate equation）という．また，k は**速度定数**（rate constant），a, b は**反応次数**（order of reaction）といわれる．ここで，重要なことは，a, b は必ずしも整数ではなく，さらに化学量論数 ν_A と ν_B に等しいわけでもないことである．例えば，

$$CH_3CHO(g) \longrightarrow CH_4(g) + CO(g) \tag{5-62}$$

では，反応の反応速度は，$v = k[CH_3CHO]^{3/2}$ となり，反応次数は 3/2 である．また，

$$NO_2(g) + CO(g) \longrightarrow CO_2(g) + NO(g) \tag{5-63}$$

では，$v = k[NO_2]^2$ となり，反応次数は 2 である．これらは，示された反応式が素反応を示していないからである．これらのことから，反応速度式を求めるためには，例えば，

化学種 A, B どちらかの濃度を大過剰にしたり，反応開始時の初期速度を測定したりして，実験的に反応次数や速度定数を決定する必要がある．

5-2-2　一次反応の反応速度（5-1-1 項参照）

反応物 A から生成物 B ができる単純な反応，

$$A \longrightarrow B \tag{5-64}$$

において，反応速度 v が A の濃度 $[A]$ に比例することが実験で明らかになったとすると，この反応速度は一次の反応速度式に従う．すなわち，

$$v = k_1[A] \tag{5-65}$$

となる．反応速度 v の単位は $mol\ dm^{-3}\ s^{-1}$（$= mol\ L^{-1}\ s^{-1}$）であるので，次元解析により速度定数 k_1 の単位は s^{-1} となる．

また，式(5-60)より，

$$v = -d[A]/dt \tag{5-66}$$

式(5-65)と式(5-66)より，

$$-d[A]/dt = k_1[A] \tag{5-67}$$

となる．これは 1 階の常微分方程式といわれ，時間 $t = 0$ での A の濃度 $[A]_0$ を決めれば，変数分離法を用いて解ける（12-3-1 項参照）．その解は，

$$[A] = [A]_0 \exp(-k_1 t) \tag{5-68}$$

となる．式(5-68)に従う濃度変化を図 5-4(a)に示す．ここでは，$k_1 = 1\ s^{-1}$ としている．いわゆる指数関数的に減衰している．ネイピア数 e（$2.718\ 281\ 828\cdots$，自然対数の底）を用いて，$[A]$ が $[A]_0$ の $1/e = \exp(-1)$ になる時間を τ で表し，**寿命**（life time）もしくは時定数と呼ぶ．$\tau = 1/k_1$ である．また，$[A]/[A]_0 = 1/2$ となる時間を**半減期**（half life）$t_{1/2}$ という．$\exp(-k_1 t_{1/2}) = 1/2$ より，$t_{1/2} = \ln(2)/k_1 = 0.6931/k_1$ となる．図 5-4(a)から，$[A]/[A]_0$ が 0.3679 および 0.5 になる時間が，それぞれ寿命および半減期である．この例では，寿命および半減期は，それぞれ 1 s と 0.6931 s になる．さらに，図 5-4(b)のように，$[A]/[A]_0$ の自然対数を時間 t に対してプロットすると直線になる．この直線の傾きが k_1 になる．

式(5-64)のような単純な反応以外に，次のような反応で，生成物の濃度が反応速度に影響しない（すなわち逆反応がない）反応も一次反応である．

$$A \longrightarrow B+C \tag{5-69}$$

例えば，過酸化水素 H_2O_2 の H_2O と O_2 への分解反応（式(5-3)），塩化スルフリル SO_2Cl_2 の二酸化硫黄 SO_2 と Cl_2 への分解反応，五酸化二窒素 N_2O_5 の二酸化窒素 NO_2 と O_2 への分解反応などがよく知られている．さらに，

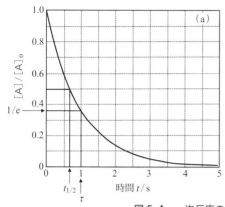 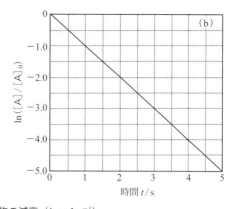

図 5-4 一次反応の反応物の減衰 ($k_1 = 1\ \mathrm{s}^{-1}$)
(a) $[A]/[A]_0$ の時間依存性，(b) $\ln([A]/[A]_0)$ の時間依存性．

$$A + B \longrightarrow C + D \tag{5-70}$$

の場合も一次反応となることがある．例えば，ショ糖が水溶液中で加水分解して，グルコースとフルクトースになる反応などが知られている．こうした少し複雑な反応では，素反応が何かを詳しく検討する必要がある．

次に，一次反応の反応速度に関連する身近な具体例を示す．

（1）放射性原子核の放射性崩壊と半減期：セシウム 137 ($^{137}_{55}\mathrm{Cs}$) は 512.0 keV の β線を出してバリウム 137 の準安定同位体 $^{137\mathrm{m}}_{56}\mathrm{Ba}$ となる（ベータ崩壊）．この半減期 $t_{1/2}$ は 30.1 年である．また，$^{137\mathrm{m}}_{56}\mathrm{Ba}$ は 661.7 keV のγ線を出してバリウムの安定同位体 $^{137}_{56}\mathrm{Ba}$ となる（ガンマ崩壊）．この半減期は 2.55 分で，前の反応に比べて非常に速く，実質的には $^{137}_{55}\mathrm{Cs}$ の減衰は前者のベータ崩壊によって決定される．すなわち，

$$^{137}_{55}\mathrm{Cs} \longrightarrow {}^{137}_{56}\mathrm{Ba}, \qquad t_{1/2} = 30.1\ \mathrm{a},\ k_1 = \ln(2)/t_{1/2} = 0.023\ \mathrm{a}^{-1} \tag{5-71}$$

である．ここで，単位の a は年を表し，1 a = 1 年である．半減期 $t_{1/2}$ が 30.1 a であるので，速度定数 k_1 は 0.023 a^{-1} となる．そこで，k_1 と式(5-68)から，2011 年に福島第一原発から放出された $^{137}_{55}\mathrm{Cs}$ が，1/10，1/100，1/1000 に減少する時間を計算すると，それぞれ 100 年，200 年，300 年と膨大な時間がかかることがわかる．一方，同様に福島第一原発から放出されたヨウ素 131 ($^{131}_{53}\mathrm{I}$) の場合は，606.3 keV の β線を出してベータ崩壊し，キセノンの準安定同位体 $^{131\mathrm{m}}_{54}\mathrm{Xe}$ になる．$^{131\mathrm{m}}_{54}\mathrm{Xe}$ はただちに 364.5 keV のγ線を出してガンマ崩壊し，キセノンの安定同位体 $^{131}_{54}\mathrm{Xe}$ になる．この一連の反応の $t_{1/2}$ は 8.02 d（単位 d は日を表し，1 d = 1 日）である．よって，

$$k_1 = \ln(2)/t_{1/2} = 0.086\ \mathrm{d}^{-1} \tag{5-72}$$

となり，$^{131}_{53}\mathrm{I}$ が 1/10，1/100，1/1000 になるのは，それぞれ 26.6 日，53.3 日，79.9 日と比較的短時間であることがわかる．ただし，半減期が短いことは短時間に放射線が集中して放射されることを意味し，人体に取り込まれた場合には影響が大きい．ヨウ素は人体の甲状腺に濃縮される．そこで，事故直後に放射性でないヨウ化カリウムの錠剤を，

子どもには1錠（50 mgのKI），大人には2錠（100 mgのKI）ずつ配布し，放射性のヨウ素 $^{131}_{53}I$ が甲状腺に濃縮されないようにした．

（2）　放射性炭素年代測定：炭素14（放射性炭素 $^{14}_{6}C$）の半減期は5370年である．この長い半減期を使って，動植物の遺骸の年代測定（放射性炭素年代測定）が行われている．大気中の二酸化炭素 CO_2 の ^{14}C と ^{12}C の比（$^{14}C/^{12}C$）は，古今東西ほぼ一定で1.2×10^{-12} である．よって，動植物中でも，代謝によって取り込まれる炭素の $^{14}C/^{12}C$ の値は，動植物が生きている間は変わらない．しかし，死後は CO_2 が取り込まれず，^{14}C は半減期5370年でベータ崩壊し，$^{14}C/^{12}C$ の値は時間とともに小さくなる．よって，この値がどの程度減少したかを調べれば，動植物がどれくらい前に生きていたのかが逆算でき，その動植物の年代測定ができる．

5-2-3　n 次反応の反応速度

n 分子のAが会合してBとなるような比較的単純な n 次の素反応を考える．会合反応なので，$n \neq 1$ である．

$$n A \longrightarrow B+C \tag{5-73}$$

この反応の反応速度式は，実験結果から，

$$v = k_n[A]^n = -d[A]/dt \tag{5-74}$$

と表されるとする．この微分方程式を変数分離法で解くと（12-3-1項参照），

$$[A]^{-n+1}/(-n+1) - [A]_0^{-n+1}/(-n+1) = -k_nt \tag{5-75}$$

となる．

ここで，上記の式は $n \neq 1$ としたが，ロピタルの定理を用いると一次反応（$n=1$）の反応速度式も導出できる．$n-1=x$ とおくと，式(5-75)は，

$$([A]^{-x}-[A]_0^{-x})/(-x) = -k_nt \tag{5-76}$$

$$\{([A]_0/[A])^x-1\}/x = [A]_0^x k_nt \tag{5-77}$$

と書ける．$n=1$ すなわち $x=0$ で $\{([A]_0/[A])^x-1\}/x$ は $0/0$ となる．ロピタルの定理を用いると，式(5-76)の左辺の値は分子および分母を x でそれぞれ微分したものの商と等しくなる．$da^x/dx = a^x \ln a$ なので，$\{([A]_0/[A])^x-1\}/x$ の分子の微分は（$[A]_0/[A])^x \ln([A]_0/[A])$，分母は1となる．$x \to 0$ の極限で $\ln([A]_0/[A]) = k_nt$ となり，式(5-68)の一次反応速度式となる．

次に，式(5-75)において $n=2$，すなわち二次反応の場合は，

$$1/[A] = 1/[A]_0 + k_2t \tag{5-78}$$

となる．次元解析により k_2 の単位は $mol^{-1}\,dm^3\,s^{-1}$ となる．また，半減期 $t_{1/2} = 1/(k_2[A]_0)$ となり，初期濃度 $[A]_0$ に依存する．一例として，臭化ニトロシル NOBr の反応を示す．

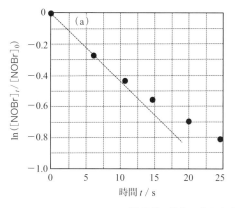 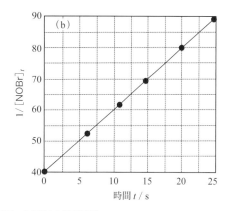

図 5-5 臭化ニトロシル NOBr の反応の時間変化
(a) $\ln([\text{NOBr}]_t / [\text{NOBr}]_0)$ の時間依存性，(b) $1 / [\text{NOBr}]_t$ の時間依存性

$$\text{NOBr(g)} \longrightarrow \text{NO(g)} + 1/2\,\text{Br}_2\text{(g)} \tag{5-79}$$

この反応の反応物 NOBr の時間変化を，$\ln([\text{NOBr}]_t / [\text{NOBr}]_0)$ と $1 / [\text{NOBr}]_t$ として時間 t に対してプロットしたものを図 5-5 に示す．図 5-5(a)では，$\ln([\text{NOBr}]_t / [\text{NOBr}]_0)$ は t に対して直線関係になっていない．よって，この反応は一次反応とはいえない．一方，図 5-5(b)では，$1 / [\text{NOBr}]$ と t は直線関係になっており，この反応は二次反応といえる．また，この直線の傾きから，$k_2 = 2.0\ \text{mol}^{-1}\,\text{dm}^3\,\text{s}^{-1}$ となる．他に二次反応の例として，酸化二窒素 N_2O の N_2 と O_2 への分解反応

$$2\text{N}_2\text{O(g)} \longrightarrow 2\text{N}_2\text{(g)} + \text{O}_2\text{(g)} \tag{5-80}$$

などが知られている．

5-2-4 平衡反応の反応速度

次に，逆反応の反応速度も反応速度に寄与する場合を考える．後で示すようにここで重要なのは，反応は全反応ではなく素反応であるということである．

$$\text{A} \rightleftharpoons \text{B} \tag{5-81}$$

正反応 A→B の速度定数を k_f，逆反応 A←B の速度定数を k_b とし，正反応，逆反応ともに一次反応であるとすると，

$$\text{d}[\text{A}] / \text{d}t = -k_f[\text{A}] + k_b[\text{B}] \tag{5-82}$$

$$\text{d}[\text{B}] / \text{d}t = k_f[\text{A}] - k_b[\text{B}] \tag{5-83}$$

この反応は単純な平衡反応なので，正反応と逆反応の反応速度は等しく，

$$-\text{d}[\text{A}] / \text{d}t = \text{d}[\text{B}] / \text{d}t \tag{5-84}$$

である．そこで，両辺を積分すると，

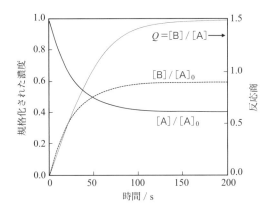

図 5-6　平衡反応の反応物と生成物の
　　　　時間変化と反応商

$$[A]_0 - [A] = [B] - [B]_0 \tag{5-85}$$

となる．すなわち反応物と生成物の物質量は常に一定であることを意味する．簡単のために，$[B]_0 = 0$ として，$[B] = [A]_0 - [A]$ を式(5-82)に入れて変数分離法で微分方程式を解くと，

$$[A] = [A]_0 \{ k_f \exp[-(k_f + k_b)t] + k_b \} / (k_f + k_b) \tag{5-86}$$

$$[B] = [A]_0 \{ k_f - k_f \exp[-(k_f + k_b)t] + k_b \} / (k_f + k_b) \tag{5-87}$$

となる．$k_f = 2.25 \times 10^{-2}\,\mathrm{s}^{-1}$，$k_b = 1.50 \times 10^{-2}\,\mathrm{s}^{-1}$ として，式(5-86)，(5-87)を計算したものを図 5-6 に示す．$[A]$，$[B]$ ともに，t が大きくなると一定の値をとるようになる．$Q = [B]/[A]$ を反応商（reaction quotient）と呼ぶがそれも図示した．Q もある時間以降はほぼ一定の値をとっていることがわかる．

　高校の教科書では，反応物，生成物の濃度もしくは Q が一定になったところを平衡として，反応速度定数と平衡定数の議論を進めている．すなわち，正反応の反応速度を v_f，逆反応の反応速度を v_b とすると，平衡では，$v_f = v_b = 0$ となるのではなく，$v_f = v_b \neq 0$ となる．すなわち，平衡のときの濃度を $[A]_{eq}$，$[B]_{eq}$ とすると，

$$k_f[A]_{eq} = k_b[B]_{eq} \tag{5-88}$$

$$Q_{eq} \equiv K = [B]_{eq}/[A]_{eq} = k_f/k_b \tag{5-89}$$

となり，平衡定数 K（平衡のときの反応商 Q_{eq}）は二つの速度定数の比で決まる．ただし，ここには大きな前提がある．それは，全反応と素反応が一致する場合に限るということである．全反応と素反応が一致しない場合は，平衡定数は反応速度を決定する素反応（律速段階）以外の反応についても考慮しなくてはならない．

5-2-5　反応速度の温度依存性

　温度を変えると反応速度はどのように変化するか．ヨウ素 I_2 と水素 H_2 のからヨウ化水素 HI ができる反応を考える．高校の教科書では（5-1-1 項参照），

$$H_2 + I_2 \longrightarrow 2HI \tag{5-90}$$

のように反応し，式(5-90)のこの反応が素反応だとして，活性錯合体を図 5-7(a)のような 2 分子 4 原子中心としている．しかし，実際には詳しい研究により，次の二つの過程の両方が起こっていると考えられている．

（1）解離したヨウ素 2 原子と H$_2$ 分子の反応：

$$H_2 + I + I \longrightarrow 2HI \tag{5-91}$$

この反応では，図 5-7(b)のような活性錯合体を経由する．

（2）解離したヨウ素 2 原子と振動励起状態の I$_2$ 分子（I$_2$(high ν)）が平衡になり生じた I$_2$(high ν) と H$_2$ との 2 分子反応：

$$H_2 + I_2(\text{high } \nu) \longrightarrow 2HI \tag{5-92}$$

ここで，I$_2$ の振動励起状態は，$E = nh\nu$ で $n = 43$ 程度（$n = 57$ が解離エネルギーに相当する）である．ここで h はプランク定数，n は振動量子数，ν は振動数である（10-2-1 項参照）．いずれの場合も，反応速度式は，

$$v = k[H_2][I]^2 \tag{5-93}$$

と書くことができる．測定で求めた速度定数 k の自然対数と温度の逆数のプロットをとると，図 5-8 のように直線となる．このようなプロットを**アレニウスプロット**（Arrhenius plot）と呼ぶ．速度定数 k は，以下のように書かれる．

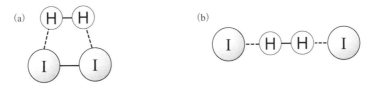

図 5-7 ヨウ素 I$_2$ と水素 H$_2$ の反応の活性錯合体

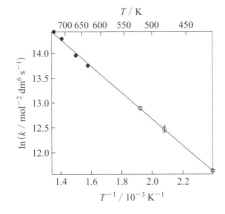

図 5-8 反応速度定数 k と温度 T の関係
●は熱反応，○は光反応

$$\ln k = \ln k^0 - E_a / RT \tag{5-94}$$

$$k = k^0 \exp(-E_a / RT) \tag{5-95}$$

ここで，E_a は**活性化エネルギー**（activation energy），R は気体定数（$8.314 \times 10^3\,\mathrm{J\,K^{-1}}$ $\mathrm{mol^{-1}}$）である．図 5-8 のプロットからは，

$$k = 6.66 \times 10^7 \exp(-2670.5 / T)\,\mathrm{mol^{-2}\,dm^6\,s^{-1}} \tag{5-96}$$

$$E_a = 22\,200\,\mathrm{J\,mol^{-1}} \tag{5-97}$$

が得られる．ここでは詳しく述べないが，この式の意味は活性錯合体理論で説明されており，k^0 を前指数因子といい活性錯合体から反応物に移行する頻度を表す．また，E_a は反応物と活性錯合体とのギブズエネルギーの差に相当する．$1\,\mathrm{kJ\,mol^{-1}}$ は温度に換算して $120\,\mathrm{K}$ に相当するので，$22.2\,\mathrm{kJ\,mol^{-1}}$ は $2660\,\mathrm{K}$ に相当する活性化エネルギーとなり，例えば，熱活性過程で反応が進行するといわれている $700\,\mathrm{K}$ では，$\exp(-2660/700) =$ $2.2\,\%$ の反応物が反応に関与できる．高校の教科書で記述されている $H_2 + I_2 \rightarrow 2\,HI$ の反応の活性化エネルギーは $171.3\,\mathrm{kJ\,mol^{-1}}$ で，これは I_2 の解離エネルギー $149\,\mathrm{kJ\,mol^{-1}}$ に $22.2\,\mathrm{kJ\,mol^{-1}}$ を加えたものに等しい．$171.3\,\mathrm{kJ\,mol^{-1}}$ は $20\,600\,\mathrm{K}$ に相当し，$\exp$ $(-20\,600/700) = 1.8 \times 10^{-13}$ の反応物しか反応に寄与できず，実質，反応速度は 0 となる．高校の化学では，式(5-94)，(5-95)を導かないので，反応速度を定量的に求めることはできないが，この非常に大きい活性化エネルギー（$171.3\,\mathrm{kJ\,mol^{-1}}$）で反応速度を説明するにはより詳細な議論が必要である．

5-3　化　学　平　衡

5-3-1　化学平衡と熱力学

　化学反応のいきつく到達点は化学平衡で，どれだけ速く平衡状態に向かうかを記述するのが反応速度論である．また，平衡を議論するうえでは，化学反応を最初と最後のみの全反応で考えてまったく問題ない．一方，反応速度論では反応をそれ以上細かく分子論的に分けることのできない素反応に分ける必要が出てくるが，その素反応を決めることがむずかしい．反応の経路には無限の可能性があるため，理論的に素反応を求めるには多くの計算が必要であり，また，実験的に寿命が短い中間体を検出するには先端的な装置を必要とする．理論的には，化学平衡は熱力学という完成した理論体系があるが，反応速度論では熱力学のような完全な理論は完成していない．

　高校では，全反応式から平衡定数を考えて，そこから各化学種の平衡での濃度を定量的に求めることが頻繁に行われてきた．このとき，平衡定数の分母と分子は，分母が反応物側の濃度の化学量論数のべき乗の積，分子が生成物の化学量論数のべき乗の積で与えられることが，速度論から与えられていた．しかし，これは反応が素反応のときに限定されている．

　ここでは，平衡定数はなぜ濃度のべき乗の積となるのかを熱力学から導入する．化学反応の駆動力は，反応熱（エンタルピー）と乱雑さの指標であるエントロピーの和であ

るギブズエネルギー G で決まる（3-2-13 項参照）．反応によって分子数が増加・減少するときにギブズエネルギーがどのように変化するのかを示すのが，化学ポテンシャル μ_i である（3-2-14 項参照）．ここで i は化学種を示す．化学ポテンシャル μ_i は，ギブズエネルギーを化学種 i の物質量 n_i で微分したもので定義され，以下のように活量 a_i で書くことができる．活量で書く意味は，現実の化学反応は理想性からのずれが必ず存在し，そのずれを簡単に記述できるからである．

$$\mu_i \equiv \left(\frac{\partial G}{\partial n_i}\right)_{T,P,n_j(\neq i)} \tag{5-98}$$

$$\mu_i = \mu_i^\ominus + RT \ln a_i$$
$$= \mu_i^\ominus + RT \ln(\gamma_i c_i / c^\ominus) \tag{5-99}$$

ここで，$\mu_i^\ominus$ は基準となる標準状態の化学ポテンシャル，R は気体定数，P は圧力，T は絶対温度，c_i は化学種 i の濃度で，$c^\ominus$ は 1 mol dm^{-3}，γ_i は理想性からずれを表す活量係数で，とりあえずは $\gamma_i = 1$ としてよい．式(5-99)の右辺の第 2 項は，乱雑さの度合いのエントロピー項から導かれる性質のものである．今，反応を，

$$a\,\mathrm{A} + b\,\mathrm{B} \rightleftharpoons f\,\mathrm{F} + g\,\mathrm{G} \tag{5-100}$$

とする．A，B，F，G は化学種で a，b，f，g は化学量論数である．反応が平衡であれば，反応に伴うギブズエネルギー変化はゼロで，すなわち

$$a\mu_\mathrm{A} + b\mu_\mathrm{B} = f\mu_\mathrm{F} + g\mu_\mathrm{G} \tag{5-101}$$

となる．式(5-99)を使って整理すると，

$$-(f\mu_\mathrm{F}^\ominus + g\mu_\mathrm{G}^\ominus - a\mu_\mathrm{A}^\ominus - b\mu_\mathrm{B}^\ominus) = RT \ln \frac{\left(\frac{[\mathrm{F}]}{c^\ominus}\right)^f \left(\frac{[\mathrm{G}]}{c^\ominus}\right)^g}{\left(\frac{[\mathrm{A}]}{c^\ominus}\right)^a \left(\frac{[\mathrm{B}]}{c^\ominus}\right)^b} = RT \ln K \tag{5-102}$$

$$\Delta_\mathrm{r} G^\ominus = -RT \ln K \tag{5-103}$$

$\Delta_\mathrm{r} G^\ominus$ は標準反応ギブズエネルギー変化である．対数関数の性質（$a \ln x = \ln x^a$）から平衡定数 K は濃度のべき乗の積となる．この式を導くときに反応速度論は必要ない．

　この式を変形し $\ln K$ と $1/T$ の関係を求めると，$\partial \ln K / \partial (1/T)$ である直線の傾きは $-$（反応熱／気体定数 R）となることも示せる．すなわち，平衡定数の温度依存性が求められればその反応熱が得られる．図 5-9 に，水素 $\mathrm{H_2(g)}$ と酸素 $\mathrm{O_2(g)}$ の反応，

$$\mathrm{H_2(g)} + 1/2\,\mathrm{O_2(g)} \longrightarrow \mathrm{H_2O(g)} \tag{5-104}$$

の平衡定数 K の自然対数を $1/T$ に対してプロットした．

　図 5-9 のように，$\ln K$ と $1/T$ は右肩上がりの直線関係となり，その傾きに $-R$ を乗じることにより，反応熱は -244 kJ mol^{-1} となり，熱測定の実験値 -241.82 kJ mol^{-1} とよく一致した．従来の高校教科書では，熱化学方程式において発熱反応の場合の熱量を正にとるが，水素と酸素よりエネルギーが安定である水へのエネルギー変化は負であるの

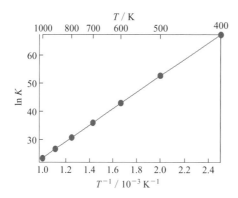

図 5-9　水素と酸素から水が生成する
反応の平衡定数の温度依存性

で，国際基準では負の値が発熱反応になる（3-2-8 項参照）．平衡定数の対数の温度依存
性から反応熱を求める上記のプロットは，**ファントホッフプロット**（van't Hoff plot）と
呼ばれる．

　高校の教科書では，式(5-90)の反応 $H_2+I_2 \rightarrow 2\,HI$ を例として，速度定数と平衡定数
の関係を議論している．しかし，この反応は素反応ではないので，速度定数と全反応の
平衡定数を議論することは容易ではない．式(5-81)で全反応と素反応が同じ反応式で書
ける場合，反応速度定数と平衡定数には簡単な関係があることを式(5-88)，(5-89)で示
した．この式に反応速度の温度依存を考慮すると，

$$K = [B]_{eq}/[A]_{eq} = k_f/k_b = (k_{f,0}/k_{b,0})\exp[-(E_f^{\ddagger}-E_b^{\ddagger})/(RT)] \qquad (5\text{-}105)$$

となる．これを図示すると，図 5-10 のようになる．ファントホッフプロットで得られ
る平衡定数の温度依存性は，正反応と逆反応の活性化エネルギーの差となる．図の場合，
正反応の活性化エネルギー $E_f^{\ddagger}$ が，逆反応の活性化エネルギー $E_b^{\ddagger}$ より小さいので，反応
は発熱反応（$H_A-H_B<0$）となる．平衡定数 K は，

$$\ln K = \ln k_f/k_b = \ln(k_{f,0}/k_{b,0}) - (E_f^{\ddagger}-E_b^{\ddagger})/(RT)$$
$$= \ln(k_{f,0}/k_{b,0}) - (H_A-H_B)/(RT) \qquad (5\text{-}106)$$

となり，$\ln K$ と $1/T$ のファントホッフプロットをとると，（定圧下での）反応熱が得られ
る．発熱反応の時は $H_A-H_B<0$ となるので図 5-9 のようにファントホッフプロットの勾
配は正となるが，吸熱反応のときは $H_A-H_B>0$ となるのでファントホッフプロットの勾
配は負となる．一方で，反応速度に対する活性化エネルギーは常に正（またはゼロ）と

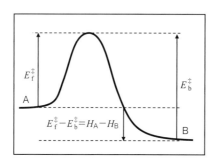

図 5-10　反応 A ⇄ B の反応経路に
そったエネルギー変化

なるので，図5-8のようにアレニウスプロットの勾配は常に負（または0）となる．

5-3-2　素反応と全反応

多くの素反応からなる反応として，窒素固定化の**ハーバー-ボッシュ反応**（Haber-Bosch process）について考える．全反応は，単純に

$$N_2 + 3\,H_2 \rightleftharpoons 2\,NH_3 \tag{5-107}$$

となる．後に示すようにファントホッフプロットからこの反応は発熱反応であることがわかっている．そこで，平衡を右（アンモニアの生成）に傾けるには，温度を下げるのがよい．また，物質量は反応が進行すると減少するので，高圧をかけるのがよいとルシャトリエの原理は教える（5-1-4項参照）．ハーバー（F. Haber）とボッシュ（C. Bosch）は試行錯誤の実験ののち，鉄の触媒を用いて，高温（670 K），高圧（150〜300気圧）でアンモニアが生成することを示し，化学工業の大きな前進を得た．しかし，高温を用いることは平衡条件から考えたルシャトリエの原理に反する．そこで，反応速度が重要な意味をもつのではないかと推測することになる．反応速度をいろいろな条件で測定すると，N_2 の分圧に比例することが実験的に明らかとなった．式(5-107)の反応が素反応であるとするなら，反応速度は H_2 の分圧にも依存するはずである．しかし，実際はそうならない．これは，式(5-107)の反応がもっと細かく分かれていて，反応速度が一番遅い過程が全体の反応速度を決めているためである．

ハーバー-ボッシュ反応の反応速度の問題に，実験および理論で解答を与えたのがエルトル（G. Ertl）であり，それ以上分割できない素反応に分けて解析されたのは約80年後であった．得られた素反応は式(5-108)〜(5-113)で，いずれも金属触媒の鉄表面（Fe で表す）での反応である．

$$H_2 + 2\,Fe \longrightarrow 2\,H\text{-}Fe \quad （水素の解離吸着反応②） \tag{5-108}$$

$$N_2 + 2\,Fe \longrightarrow 2\,N\text{-}Fe \quad （窒素の解離吸着反応④） \tag{5-109}$$

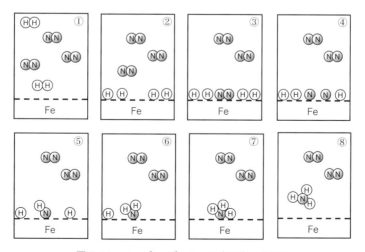

図5-11　ハーバー-ボッシュ反応の素反応過程

$$\text{N-Fe+H-Fe} \longrightarrow \text{HN-Fe+Fe} \quad (\text{N と H の反応⑤}) \tag{5-110}$$

$$\text{HN-Fe+H-Fe} \longrightarrow \text{H}_2\text{N-Fe+Fe} \quad (\text{NH と H の反応⑥}) \tag{5-111}$$

$$\text{H}_2\text{N-Fe+H-Fe} \longrightarrow \text{H}_3\text{N-Fe+Fe} \quad (\text{NH}_2 \text{ と H の反応⑦}) \tag{5-112}$$

$$\text{H}_3\text{N-Fe} \longrightarrow \text{NH}_3+\text{Fe} \quad (\text{アンモニアの脱離反応⑧}) \tag{5-113}$$

　合計して化学量論数を合わせると，全反応は，式(5-107)になる．Fe は金属触媒なので両辺で打ち消しあい，全反応式には現れない．

　素反応の式(5-108)〜(5-113)のなかで最も反応速度の遅い素反応が，全体の反応速度を決定する．これは，複数の水槽をパイプでつないで水を流すとき，水槽間パイプの最も細いところが全体の水の流れる量を決めているのに等しい．全体の反応速度を決める遅い素反応の過程を**律速段階**（rate determining step）という．

　ハーバー-ボッシュ反応では，式(5-109)の N_2 の三重結合を切って，触媒である鉄表面上に原子状の窒素として解離吸着する過程が律速段階であり，反応速度は N_2 の分圧 P_{N_2} に比例する．全反応の化学式（式(5-107)）からみると H_2 の分圧 P_{H_2} にも依存するようにみえるが，H_2 の解離吸着速度やその他の素反応は，N_2 の解離吸着反応（式(5-109)）よりも速く全体の反応速度には効いてこない．このように，反応速度を議論する場合は素反応に分解して考える必要がある．また，律速段階の反応において，反応物から生成物に移行する途中で最もギブズエネルギーの高い活性錯合体があるとし，その状態を**遷移状態**（transition state）という．

　すべての素反応過程の反応経路によるエネルギー状態はエルトルらによって明らかにされており，図 5-11 の③から④が律速段階で，全体の反応速度を決めている．その他の素反応について，図 5-12 で活性化エネルギーが記載されてないのは，すべて素反応が部分的に平衡に達しているからである．実際の曲線で，見かけ上活性化エネルギーが大きくなっている素反応が，律速段階になっているように思えるが正しくない．反応の

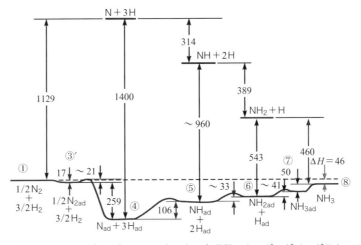

図 5-12　ハーバー-ボッシュ反応の素反応過程エネルギーダイアグラム
3′ は窒素の物理吸着と水素（気相）を示しており，図 5-11 の③は水素の解離吸着と窒素の物理吸着を示している．図中の数字の単位は kJ mol^{-1}

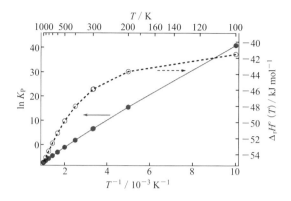

図 5-13　標準状態（0.1 MPa）での圧平衡
　　　　定数 K_P の自然対数と温度の逆数
　　　　T^{-1} のファントホッフプロット
破線は実線の傾きから求めたエンタルピー
変化 $\Delta_r H^\circ(T)$ / kJ mol^{-1}

平衡では，反応物の N_2 と H_2 と生成物の NH_3 のエネルギー（エンタルピー）の差のみ
が問題となる．図 5-13 に**圧平衡定数**（pressure equilibrium constant）K_P の自然対数と温
度の逆数を用いたファントホッフプロットを示した．エンタルピー変化 $\Delta_r H^\circ$ は負の値を
もち発熱反応であるが，勾配には少々の温度依存性があり，温度により -42 kJ mol^{-1} か
ら -55 kJ mol^{-1} に変化することが明らかとなっている．

5-3-3　平衡定数の圧力依存性とルシャトリエの原理

　　図 5-14 には，圧平衡定数の圧力依存性を示す．圧平衡定数の実験結果は●でプロッ
トされている．高校でよく議論されているルシャトリエの原理を定量的に議論するため
には，分圧で書かれている圧平衡定数を全圧と分率に書き換える．その際，圧平衡定数
は一定値であることが前提となっている．圧力が高くない場合には，気体は理想気体と
みなすことができ圧平衡定数も一定である．図 5-14 では，60 MPa（600 気圧）もの高
圧をかけており，分子間に相互作用が発生するために圧平衡定数が全圧とともに増加し
ている．これを式(5-99)で示した理想性からのずれを表す活量係数を入れて補正したも
のを図 5-14 の破線で示す．全圧によらず熱力学的な平衡定数は一定の値をとることに
注意しよう．これにより高校でのルシャトリエの原理（5-1-4 項参照）が定量的に評価
できる．

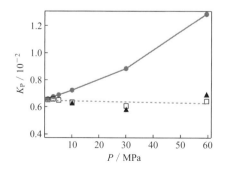

図 5-14　732 K, 全圧 P での圧平衡定数の
　　　　実測値 K_P（●），活量係数を入れ
　　　　て補正した圧平衡定数 K_f（□），お
　　　　よび純ガスの活量から求めた圧
　　　　平衡定数 K_f（▲）

6章 実　験

6-1　基本的な実験操作

6-1-1　安　全

　実験を行うにあたっては，保護具を必ず使用する．保護具としては，目の保護がまず不可欠である．保護メガネや顔面シールドを必ず使う．腐食性，有毒，刺激性の化学物質の身体，衣服への付着を避けるため，白衣または作業着を着用する．実験内容に合わせて，保護手袋，安全帽，安全靴などを適宜使用する．さらに，扱う化学物質の危険性を考慮して，ドラフトやグローブボックスなどを使用して安全な実験環境を維持する．実験台は整理整頓して使用する．常に危険を予想しながら実験を行うことが必要である．次に，いくつかの基本的な実験操作の注意点を示す．

6-1-2　分離操作（混合物から純物質を分ける方法）（1-1-1 項参照）

　ろ過（濾過）：液体と固体の混合物を，ろ紙などを用いて，液体と固体に分離する操作である．一般にろ紙は四つ折りにして，円錐形に広げ，蒸留水などで湿らせた後，**漏斗（ロート）**に密着させて使用する．ろ紙の表面には凹凸があり，裏面はなめらかである．なめらかな面が漏斗に接するように密着させる．これにより，ろ紙の目づまりを減らすことができる．また，変質しやすい溶液などの場合，ろ過速度を上げるために，ろ紙を山折りと谷折りを繰り返したひだ折りにして，ろ紙全面を使用することもある．混合物の液体はガラス棒を伝わらせて漏斗の中央に入れ，漏斗の先はビーカーの内壁につける．漏斗に入れる混合物の量はろ紙のふちから 1 cm くらい下までにとどめる．液体の粘度が高い場合や沈殿が細かくろ紙が目詰まりする場合は，**ブフナー漏斗**，**吸引瓶**，アスピレーター（水流ポンプ）を使って，減圧を利用したろ過（吸引ろ過）を行うことがある．ろ過は液体と固体を分ける操作なので，必ずしも純物質が得られるとは限らない．

　蒸　留：溶液を加熱し，発生した気体を冷却し，再び液体にすることで，目的の物質を分離する操作である．試料溶液の液量はフラスコの 1/2 以下にし，突沸を防ぐために沸騰石を必ず入れる．蒸気の温度を正確にはかるために，温度計の下端部を**枝付フラスコ**の枝の位置に合わせる．フラスコの枝に**リービッヒ冷却管**を斜めに取り付け，冷却管を冷やす冷却水は，下側（温度の低い側）から上側（温度の高い側）に流す．**アダプター**

と受け器の**三角フラスコ**は密栓してはいけない．引火性，可燃性の物質の蒸留では，近くに火気がないように十分注意し，炎を出さない電気ヒーターを用いた水浴や油浴を用いる．有毒物質や刺激性の物質を蒸留する際は，ドラフト中で行うなど，換気にも十分注意する．**試験管**を用いた蒸留では，沸騰石を入れても突沸することがあるので，試験管を振りながら穏やかに加熱するなど注意が必要である．また，沸点の差を利用して，混合物を蒸留によって複数の成分に分離す操作を特に**分留**という．

抽　出：溶媒に対する溶解度の差を利用し，溶媒に目的の物質を溶かして物質を分離する操作である．固体の混合物から，目的の物質をよく溶かす溶媒を用いて分離する**固-液抽出**と，混じり合わない2種類の溶媒を用いて，それぞれの溶媒に対する溶解度の差を利用して分離する**液-液抽出**がある．**分液漏斗**を用いる液-液抽出では，分液漏斗に入れる液体（試料溶液と目的の物質をよく溶かす溶媒）の量は2/3以下にし，上部の空気穴を閉じてから振り混ぜる．振り混ぜたのちは十分静置し，下のコックを開けて下層を少し流してから空気穴を開ける．分液漏斗の中の2層の液体は，下層は下から，上層は下層を流した後に上部から出す．目的の物質をよく溶かす溶媒を用いて，試料を複数回抽出する．抽出によって得られた溶液から，溶媒を留去，蒸留（分留），再結晶などを行うと純物質が得られる．

再結晶：溶媒への溶解度の差を利用し，溶媒に溶けきれない目的の物質を結晶として分離する操作である．混合物を溶媒に溶かしたのち，溶液の温度を下げて目的物質の溶解度を下げたり，逆に温度を上げて溶媒だけを蒸発させたりして，目的の物質を結晶として分離させる．溶媒を選ぶにあたっては，再結晶する物質と反応せず，適度な溶解度をもち，温度による溶解度の差が大きい溶媒を用いる．

昇華法：固体から直接気体になる昇華と，その逆過程である気体から直接固体になる凝華を利用して，目的の物質を分離する方法である．昇華性（凝華性）のある物質にだけ利用できる．

6-1-3　体積の測定

化学実験においては，液体や溶液を頻繁に使用する．このとき，液体や溶液の体積をいかに正確に測定するかは，実験全体の正確さに大きな影響を及ぼす．ここでは，体積をはかる代表的なガラス器具について，正しく使用する方法を説明する．ガラス器具は大きく分けて，"**容量器**"と"**反応器**"に分類される．容量器は，溶液の容積をはかったり，一定量の容積の溶液をはかり取る目的に用いられる．容量器には目盛りがついていて，この目盛りから容量を知ることができる．容量器の中で，発熱や吸熱を伴う試薬の溶解，混合（酸とアルカリの中和など），希釈（濃度の高い硫酸の希釈など）などをしてはいけない．容量器の目盛りは，通常，20℃で用いられる場合の値であり，容器内で発熱や吸熱反応が生じると液温および容器の温度が変わり，容器の目盛りが正しい値を示さなくなるので注意が必要である．薬品の溶解，混合，希釈などには反応器と呼ばれるビーカーやフラスコなどを用いる．正しい体積の測定のためには，容量器と反応器の使い分けが重要である．

メスフラスコ：試料溶液を決まった容積まで希釈するために用いられる容器で，容器

内部での容積が重要であり，"受用"（TC：to contain）と呼ばれる．一定容積の標準溶液や試料溶液をつくるときなどに用いられる容量器である．水溶液をつくる場合には，使用前に純水で濡れたまま使用してもよい．試料が固体の場合，その試料はメスフラスコ中で溶かさないで，まず，ビーカーなどで溶かし，その溶液をメスフラスコに入れる．試料を溶かしたビーカーに付着した溶液は少量の溶媒で数回洗い，その洗液をすべてメスフラスコに入れる．最後に，メスフラスコ内の液面の平らなところ（メニスカス）が標線にそろうように，標線を目の高さで水平に見ながら，駒込ピペットなどで溶媒を加える．栓をして，メスフラスコを上下にしてかくはんする．

　ホールピペット：決まった容積の溶液を別の容器に移すのに用いる器具で，ホールピペットから出てきた溶液の容積の値が重要であり，"出用"（TD：to deliver）の容量器である．濃厚溶液を薄めるときなどに用いられる．使用前に濡れているホールピペットは，純水で洗浄後，使用する溶液で少なくとも 2 回は共洗いする．以前は，ホールピペットの上部を直接口で吸っていたが，誤ってピペット内の溶液を口に吸い込む危険性，また，実験者の唾液がピペット内に混入する可能性があるので，必ず**安全ピペッター**（図 6-1(a)）やプッシュボタン式のピペッター（図 6-1(b)）を使う．

　【安全ピペッターの使い方】　① 安全ピペッターの下口にホールピペットをつける．このとき，安全ピペッターに近い部分を握って差し込む（安全ピペッターから離れたホールピペットの部分を握って差し込むと，ホールピペットが折れる可能性がある）．② 上部の弁 A の部分をつまみながら，球部をつぶして空気を追い出す．③ ホールピペットの先端を液体につけ，球部下の弁 S をつまみ，液体を標線の上まで吸い込む．④ 横の弁 E をつまんで空気を入れ，ホールピペット中の液体を標線に合わせて弁 E をはなす．⑤ 液体を吸い込んだホールピペットの先端を液体を移す別の容器に入れ，弁 E をつまんでホールピペットの中の液体を流し出す．このとき，ホールピペットの先端を容器の内壁につけて自然に流下させる．先端内部に残った溶液を最後まで出すために，弁 E を

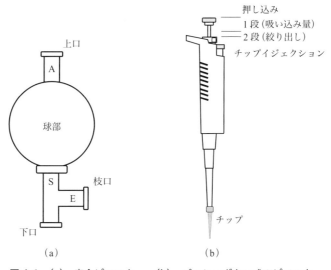

図 6-1　(a)　安全ピペッター，(b)　プッシュボタン式のピペッター

はなし，ホールピペットのホール部分（膨らんだ部分）を手のひらで握って温め残りの液体を追い出す．

　ビュレット：任意の容積の溶液を正確に取り出すために用いる出用（TD）の器具で，滴定に用いられる容量器である．使用にあたってはまず内側を純水ですすいだ後，用いる溶液で少なくとも2回は共洗いする．目盛りの読取り値の差が重要なので，液体を入れるときにビュレットの特定の目盛りの位置に合わせる必要はない．上部から液体を入れるときは漏斗を使い，溶液を滴下するときには漏斗を取り除くのを忘れてはならない．また，漏斗からの液のたれが完全におさまってから，滴定前の目盛りを読む．このとき，コックより先のビュレット先端部のガラス管が細くなっている空間まで，完全に溶液が入っていることを確認する．もし，溶液が入っていないときはコックを開け閉めして，溶液を満たす．溶液を滴下するときは，両手でコックを操作する．片手で操作すると，コックが緩んだり，抜けたりする可能性がある．メニスカスを目の高さで水平に見ながら最小目盛りの1/10の桁まで値を読む．滴下前と滴下後の目盛りの差が滴下量になる．

　メスシリンダー：溶液の容積を正確に測定するのに用いられる受用（TC）の容量器である．メニスカスを目の高さで水平に見ながら最小目盛りの1/10の桁まで値を読む．メスシリンダー内に溶媒を加えて，一定容積にするなど，希釈の操作を行うが，あくまでメスシリンダーは容量器なので，メスシリンダーの中で，溶解，混合，希釈などを行ってはならない．また，メスシリンダーを使った後，洗浄ブラシで内側を洗ってはいけない．内側のガラス表面が削られて目盛りが正しい値を示さなくなる．メスシリンダーは使用後，速やかに十分な水道水ですすぎ，その後，純水ですすいでおく．

　ビーカー，コニカルビーカー，駒込ピペット：これらにも容量がわかる目盛りが書かれているが，上記の容量器のように正確なものではない．しかし，有効数字が1桁程度でよい場合には，これらの目盛りでも十分である．ビーカー，コニカルビーカーは，薬品の溶解，混合，希釈等に使われ，反応器である．実験で体積をはかるときには，目的に合わせて器具を選ぶ必要がある．図6-2に基本的な実験器具を示す．

6-1-4　気体の捕集と高圧ガスボンベ

　化学的に発生させた気体を捕集する場合，発生する気体の水に対する溶解度と空気に対する比重によって，次のいずれかを用いる．

　水上置換：水に溶けにくい気体（有毒，可燃性の気体を含む）の捕集に用いられる．H_2，O_2，NO，CO などに用いる．捕集した気体は水蒸気を含むので，乾燥が必要である．また，気体を発生させる容器と水上置換の装置の間には，水の逆流を妨ぐトラップをつける必要がある．

　下方置換：水に溶けやすく，空気より重い気体の捕集に用いられる．HCl，Cl_2，CO_2，H_2S，NO_2 などに用いる．空気の混入があるので，必要に応じて精製する．

　上方置換：水に溶けやすく，空気より軽い気体の捕集に用いられる．NH_3 などに用いる．空気の混入があるので，必要に応じて精製する．

　また，よく使用する気体（表6-1）は高圧ガスボンベに圧縮（約15 MPa（150気圧）など）もしくは液化された状態で入手可能である．高圧ガスボンベには専用の圧力調整

器（減圧弁，レギュレーターと呼ばれる）を使用し，必要な圧力に減圧してから使用する．圧力調整器をつなぐボンベのネジ口は，可燃性ガスおよびヘリウムでは左ネジ，その他のガスでは右ネジになっている．また，間違ったボンベの使用を避けるように，ボンベの色も表 6-1 に示すように気体ごとに違っている．

表 6-1　よく使用する気体のボンベの色

気　体	ボンベの色	気　体	ボンベの色
酸素	黒色	塩素	黄色
窒素	灰色	アセチレン	茶色
水素	赤色	アンモニア	白色
二酸化炭素	緑色	その他	灰色

6-1-5　極低温の物質

窒素 N_2 が液化した液体窒素や二酸化炭素 CO_2 が固化したドライアイスなどの極低温の物質は，手などが接触すると凍傷を起こし危険である．例えば，N_2 の沸点は $-196\,℃$（77 K），CO_2 の昇華点は $-78.5\,℃$（194.5 K）である．また気化すると，液体窒素とドライアイスは，体積がそれぞれ 640 倍と 800 倍（$0\,℃$，1 気圧）になるので，ペットボトルなどに密閉して気化させると爆発する危険性がある．さらに，エレベーターなどの閉じた空間で気化すると窒息の危険があるので，持ち込む際には同乗しないなどの注意が必要である．液体酸素（$-183\,℃$（90 K））は酸化剤としてもはたらくので，有機物などが混入すると爆発する恐れがある．真空ラインを使用するとき，液体窒素で冷却するトラップに，リークなどで液体酸素を溜めないよう注意が必要である．

表 6-2　化学物質

	爆発性	発火性	引火性	酸化性	有毒性	腐食性	その他
塩素酸塩（$KClO_3$ など）	○1			○			
過塩素酸塩（$KClO_4$ など）	○1			○			
$Ca(ClO)_2$，高度さらし粉	○2			○			
過マンガン酸塩（$KMnO_4$ など）	○2			○			
二クロム酸塩（$K_2Cr_2O_7$ など）	○2			○			
硝酸塩（KNO_3，$AgNO_3$ など）	○2						
有機過酸化物（過酸化ベンゾイルなど）	○3			○			
硝酸エステル（ニトログリセリン，ニトロセルロースなど）	○3						
ニトロ化合物（ピクリン酸，トリニトロトルエンなど）	○3						
アルカリ金属（K など）		○1			○劇物		

6-1-6 化学物質の危険性

　化学実験で使用する化学物質は，いろいろな危険性をもっており，法規や各種機関によって様々な分類が行われている．ここでは，高校から大学の基礎化学で扱う化学物質が，どのような危険性（爆発性，発火性，引火性，酸化性，有毒性，腐食性，刺激性など）をもつかを示す．さらに，いくつかの物質について，その危険性を表6-2にまとめた．実際の実験においては，扱う物質の危険性を事前に調べておくことが重要である．

　爆発性1：酸化剤であり，それ自身が不安定で加熱，衝撃，摩擦で爆発する（消防法危険物第1類）．

　爆発性2：酸化されやすい物質と混合すると，加熱，衝撃，摩擦で爆発する（消防法危険物第1類）．

　爆発性3：自己反応性で加熱，衝撃，摩擦，光で爆発する（消防法危険物第5類）．

　発火性1：空気に触れると自然発火する（消防法危険物第3類）．

　発火性2（禁水性）：水と反応して発火する（消防法危険物第3類）．

　引火性1：固体で，低温で引火・爆発しやすい（消防法危険物第2類）．

　引火性2：引火性があり，ときに爆発的に燃焼する（消防法危険物第4類）．

　酸化性：強い液体酸化剤で，可燃物などと激しく反応する（消防法危険物第6類）．

　有毒性：急性毒性がきわめて強い（毒物），急性毒性が強い（劇物），毒性ガス，発がん性をもつ．

　腐食性・刺激性：接触や吸入によって人体に多大な影響を及ぼす．強酸性，強塩基性，酸化剤，還元剤，アミン類，フェノール類，第四級アンモニウム塩など．

　その他：可燃性ガス．刺激臭，悪臭を有する．

の危険性

	爆発性	発火性	引火性	酸化性	有毒性	腐食性	その他
黄リン P_4		○1			○毒物		
アルカリ金属（Ca など）		○2					
炭化カルシウム CaC_2		○2					
金属紛（Fe，Al，Zn など），リボン状 Mg			○1				
ジエチルエーテル			○2				
二硫化炭素 CS_2			○2		○劇物		刺激臭
ベンゼン C_6H_6			○2		○発がん性		
メタノール CH_3OH			○2		○劇物		
アルコール（C_2H_5OH など）			○2				
ヘキサン，アセトン			○2				
トルエン			○2		○劇物		特定悪臭物質
メタンチオール CH_3SH			○2		○		特定悪臭物質

（表つづく）

（表つづき）

	爆発性	発火性	引火性	酸化性	有毒性	腐食性	その他
アセトアルデヒド CH_3CHO			○ 2		○		特定悪臭物質
酢酸エチル $CH_3COOC_2H_5$			○ 2		○劇物		特定悪臭物質
アニリン $C_6H_5NH_2$			○ 2		○劇物	弱塩基	アミン臭
過塩素酸 $HClO_4$				○		強酸	
過酸化水素 H_2O_2				○	○劇物	酸化剤，還元剤	
硝酸 HNO_3，発煙硝酸				○	○劇物	強酸，酸化剤	
塩酸 HCl					○劇物	強酸	刺激臭
硫酸 H_2SO_4					○劇物	強酸，（酸化剤（熱濃硫酸））	
水酸化ナトリウム $NaOH$					○劇物	強塩基	
アンモニア NH_3					○劇物	弱塩基	特定悪臭物質
オゾン O_3				○	○	酸化剤	刺激臭
塩素 Cl_2，臭素 Br_2，ヨウ素 I_2				○	○劇物	酸化剤	刺激臭

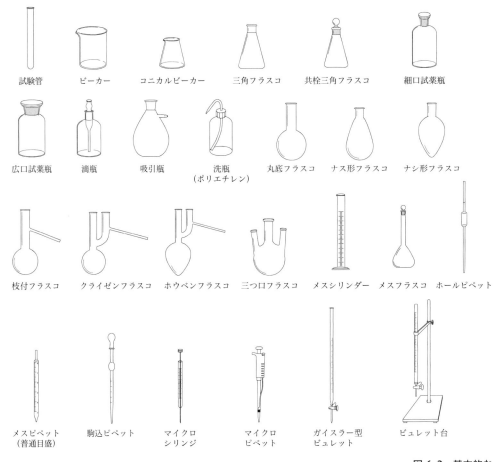

試験管　　ビーカー　　コニカルビーカー　　三角フラスコ　　共栓三角フラスコ　　細口試薬瓶

広口試薬瓶　　滴瓶　　吸引瓶　　洗瓶（ポリエチレン）　　丸底フラスコ　　ナス形フラスコ　　ナシ形フラスコ

枝付フラスコ　　クライゼンフラスコ　　ホウベンフラスコ　　三つ口フラスコ　　メスシリンダー　　メスフラスコ　　ホールピペット

メスピペット（普通目盛）　　駒込ピペット　　マイクロシリンジ　　マイクロピペット　　ガイスラー型ビュレット　　ビュレット台

図 6-2　基本的な
［日本化学会 編，"第 5 版 実験化学講座 1 ―基礎編I

	爆発性	発火性	引火性	酸化性	有毒性	腐食性	その他
硫化水素 H_2S					○	還元剤	特定悪臭物質
二酸化硫黄 SO_2				○	○	還元剤, 酸化剤	刺激臭
一酸化炭素 CO					○毒性ガス		可燃性ガス
一酸化窒素 NO					○毒性ガス		
二酸化窒素 NO_2					○		刺激臭
重金属塩					○毒劇物		
水素 H_2							可燃性ガス
メタン CH_4, プロパン C_3H_8							可燃性ガス
アセチレン C_2H_2							可燃性ガス
トリメチルアミン $(CH_3)_3N$					○	○	特定悪臭物質, 可燃性ガス
フェノール C_6H_5OH					○劇物	○	特異臭
酢酸 CH_3COOH						弱酸	刺激臭

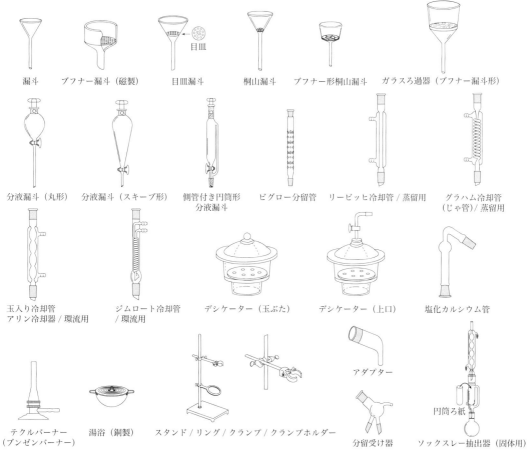

漏斗　　ブフナー漏斗（磁製）　　目皿漏斗　　桐山漏斗　　ブフナー形桐山漏斗　　ガラスろ過器（ブフナー漏斗形）

目皿

分液漏斗（丸形）　　分液漏斗（スキーブ形）　　側管付き円筒形分液漏斗　　ビグロー分留管　　リービッヒ冷却管 / 蒸留用　　グラハム冷却管（じゃ管）/ 蒸留用

玉入り冷却管 アリン冷却器 / 環流用　　ジムロート冷却管 / 環流用　　デシケーター（玉ぶた）　　デシケーター（上口）　　塩化カルシウム管

テクルバーナー（ブンゼンバーナー）　　湯浴（銅製）　　スタンド / リング / クランプ / クランプホルダー　　アダプター　　分留受け器　　円筒ろ紙　　ソックスレー抽出器（固体用）

実験器具

実験・情報の基礎—", 丸善 (2003), pp. xx–xxiii]

6-2　データの取扱い

　　化学の実験では，物質と物質を反応させたり，光を当てたり，熱を加えたりして，元々
の物質がどのように変化するかを観察する．色が変わった，融けたなど，その変化を客
観的に記述するためには，色の変化にせよ，体積の変化にせよ，その変化を数値化しな
ければならない．この数値をデータと呼んでいる．ここで，その測定が正しく行われた
かどうかは，そのデータから知ることができる．この節ではデータの取扱いについて述
べることにする．

6-2-1　母集団と抽出標本の平均値と標準偏差 [1,2]

　　まず，一般的な分析における分析値の取扱いの概要について説明する．ある薬品メー
カーが100個の錠剤をつくったとする．そこで，製造装置が正常にはたらいているかど
うか調べるために，錠剤中の特定成分の含有量を分析することにした．本来ならば，100
個すべての錠剤に対して分析を行えばよいが，そうすると，商品として売る錠剤がなく
なってしまう．そこで，100個のうちのいくつかを選んで分析することにした．ここで，
目の前にあるすべての試料を**母集団**（population）と呼び，全部の中から選ばれたいくつ
かの試料を**抽出標本**（sample）と呼ぶ．当然，分析値には**誤差**（error）があるので，個々
の分析値の値は違ってくる．そこで，**平均値**（mean, average）を計算する．本来なら
ば，**母集団の平均値** μ を知りたいが，現実には，すべての試料を分析していないから，
抽出標本の平均値 $\bar{x}$ しか得られない．そこで，得られた抽出標本の平均値から，ある**信
頼水準**（confidential level）で母集団の平均値の存在する**信頼区間**（confidential interval）
を推定することになる．このとき，個々の分析値が平均値からどれくらいの誤差で散ら
ばっているかを示す指標として，**標準偏差**（standard deviation）を用いる．平均値と同
様に，標準偏差にも，**母集団の標準偏差** σ と**抽出標本の標準偏差** s がある．ここで，個々
の試料の分析値 x_i と，母集団，抽出標本それぞれの平均値，標準偏差との関係を表6-3
に示す．n は分析値の数である．

表6-3　分析値と平均値，標準偏差の関係

	母集団（population）	抽出標本（sample）
平均値	$\mu = \dfrac{\sum_{i=1}^{n} x_i}{n}$	$\bar{x} = \dfrac{\sum_{i=1}^{n} x_i}{n}$
標準偏差	$\sigma = \sqrt{\dfrac{\sum_{i=1}^{n}(x_i - \mu)^2}{(n-1)}}$	$s = \sqrt{\dfrac{\sum_{i=1}^{n}(x_i - \bar{x})^2}{(n-1)}}$

6-2-2　確度と精度，ランダム誤差と系統誤差

　　表6-4のような二つのデータセットA，Bがある．これらは本当の値（真値 τ）が100
である試料を，二つの方法A，Bでそれぞれ10回測定した結果である．

　　ここで，データセットAでは平均値が100で真値と同じになっているが，データセッ
トBでは平均値は95で真値とは違っている．一方，データセットAの測定値は94か
ら109の間に大きく広がっているが，データセットBでは93から98の範囲にあり，ば

表 6-4　真値が 100 である試料の 10 回の測定値

データセット	1	2	3	4	5	6	7	8	9	10	平均値	標準偏差
A	94	103	97	100	103	97	106	97	109	94	100	5.1
B	93	96	94	95	96	94	97	94	98	93	95	1.7

らつきは小さい．この結果から，データには 2 種類の誤差が存在することがわかる．

ランダム誤差：プラスとマイナスの誤差を与えるが，多数回測定して平均値をとると相殺してなくなるもの．偶発誤差，偶然誤差とも呼ばれる．

系統誤差：プラスか，マイナスのいずれかの誤差を与え，測定回数を増やしても誤差が相殺されないもの．システム誤差とも呼ばれる．

試料の採取から分析までの手順には，① 採取，② 保存，③ 前処理，④ 分析装置の校正，⑤ 測定などがある．試料の保存条件が悪いとか，分析装置のダイヤルの設定条件のずれなどによって，真値より一定の値だけ偏った系統誤差が生じる．系統誤差は測定を何回繰り返しても気づかないことが多い．そこで，国際的に認められた機関によって分析値が添付されている標準試料を用いて，分析手順，分析装置の校正を行うことで，この系統誤差の有無を確認し，補正することができる．標準試料は，次に示した ASTM，IAEA，NIST，JIS などから入手できる．

ASTM：ASTM インターナショナル（ASTM International）．世界最大・民間・非営利の国際標準化・規格設定機関で，旧称は米国材料試験協会（American Society for Testing and Materials）．2001 年に改名した．

IAEA：国際原子力機関（International Atomic Energy Agency）．オーストリアのウィーンに本部のある国連保護下の自治機関．

NIST：アメリカ国立標準技術研究所（National Institute of Standards and Technology）．アメリカ合衆国の国立の計量標準研究所．1901 年から 1988 年までは国立標準局（National Bureau of Standards：NBS）と呼ばれた．

JIS：日本産業規格（Japanese Industrial Standards）．日本の産業標準化法に基づく規格．1949 年以来，日本工業規格と呼ばれてきたが，2019 年に改称された．

しかし，標準試料を用いた分析方法の改善や分析装置の校正によって系統誤差をなくすことができても，まだ，ランダム誤差が残る．ビュレットを使った滴定のような分析の場合，目視の上下へのずれによってランダム誤差が生じる．また，機器分析では，分析室内の電波や電気ノイズに起因するランダム誤差が現れる．このようなランダム誤差は，多数回の測定を行い，測定値の平均値をとることで補正（誤差を減らすことが）できる．

6-2-3　正規分布と標準偏差の関係

同一の試料を多数回測定したときに，ある値の得られる確率は，測定回数が十分に大きい場合，図 6-3 に表した**正規分布（ガウス分布）**に従う場合が多い．この正規分布の関数形は式(6-1)で表され，ピーク最大値の位置に相当する平均値 μ と標準偏差 σ で表される．

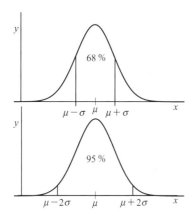

図6-3 平均値 μ, 標準偏差 σ の場合の
測定値の分布（正規分布）

$$y = \frac{\exp\{-(x-\mu)^2/2\sigma^2\}}{\sigma\sqrt{2\pi}} \tag{6-1}$$

そこで，新たに1回の測定を行ったときに，得られた値 x_i が $\mu\pm\sigma$ の範囲に入る確率は68%であり，$\mu\pm2\sigma$ の範囲に入る確率は95%である．ちなみに，$\mu\pm3\sigma$ の範囲に入る確率は99.7%になるが，両裾をいくら広げても完全に100%にはならない．そこで，化学では，信頼水準を95%として，x_i が $\mu\pm2\sigma$ の範囲内を信頼区間と考えることが多い．

6-2-4 中心極限定理とスチューデントの t 分布

前項で示したように，同一の試料を多数回測定したときに得られる値の分布は正規分布に従う場合が多い．しかし，他の形の分布，例えば，**対数正規分布**（log-normal distribution）に従う場合もある．これは，横軸に測定値（例えば，濃度など）の対数を用いてその度数をプロットしたとき，正規分布曲線が得られる場合である．例えば，人の血清中の抗体濃度や，環境水（河川水，雨水など）中の溶質の濃度の分布は，ほぼ対数正規分布する．

ところが，個々の分析値の分布が正規分布に従わなくても（例えば，対数正規分布に従っても），同一の試料について，何回か行った分析値の平均値（抽出標本の平均値，$\bar{x}$）は，その測定回数（抽出標本の数 n）が大きくなるほど正規分布に近づくことが知られている．これは**中心極限定理**（central limit theorem）と呼ばれている．試料の数は大きいほどよいが，あとで述べるように，n が5程度の大きさのサンプルでも，その平均値は正規分布すると考えられる．このサンプル数 n の試料の平均値に対する正規分布の平均値は元々の母集団の平均値 μ に等しく，標準偏差は $\sigma/\sqrt{n}$ になる．そこで，新たに n 個の試料を抽出標本として実験して平均値を求めると，それは，95%の信頼水準で，

$$\mu-1.96(\sigma/\sqrt{n}) < \bar{x} < \mu+1.96(\sigma/\sqrt{n}) \tag{6-2}$$

の範囲に入ることになる．前項（6-2-3項）で，$\mu\pm2\sigma$ に入る確率は95%であると述べたが，σ の係数である2のより正確な値は1.96である．通常，n 個の試料についての抽出標本の平均値 $\bar{x}$ から，母集団の平均値 μ を推定したいので，式(6-2)を変形すると，

表6-5　スチューデントの t 分布の値

f(自由度)＝$n-1$	t(95％信頼区間)
1	12.71
2	4.30
3	3.18
4	2.78
5	2.57
10	2.23
20	2.09
30	2.04
50	2.01
100	1.98
∞	1.96

$$\bar{x}-1.96(\sigma/\sqrt{n}) < \mu < \bar{x}+1.96(\sigma/\sqrt{n}) \qquad (6\text{-}3)$$

となる．ただ，ここでは，母集団の平均値の存在する区間を推定するのに，母集団の標準偏差 σ を用いている．n が非常に大きい場合はこれでよいが，n が小さいときには，1.96 という値も変わってくる．抽出標本の試料数 n を変えた場合の 1.96 に相当する値は，**スチューデントの t 分布**の値として知られていて，表6-5 のとおりである．

このとき，抽出標本の平均値 $\bar{x}$ と標準偏差 s を用いて，母集団の平均値 μ の存在する信頼区間を表すと次のようになる．

$$\bar{x}-t(s/\sqrt{n}) < \mu < \bar{x}+t(s/\sqrt{n}) \qquad (6\text{-}4)$$

$f＝n-1$ を自由度（degree of freedom）と呼んでいるが，表6-5 を見てわかるように，f が大きくなり（$f \to \infty$），母集団の場合には 1.96 であるが，f が小さくなると t の値は大きくなる．しかし，$f＝100, 50, 10$ のいずれの場合でも，t の値はほとんど変わらない．$f＝3, 4$ 程度になると t の値の違いは大きいが，実験回数を増やすことによるコストと実験時間の延長が現実的な問題となる．そこで，一般に，$f＝n-1$ であるから，同じ試料で繰返し実験を 4 回か 5 回行ったときの平均値，標準偏差，およびスチューデントの t 値を用いて母集団の平均値の信頼区間を推定する．分析化学の滴定実験で"滴定操作を 5 回行い，最も異常な値を省いて，4 回の平均をとれ"といわれるのは，このような考えに基づいている．

6-2-5　Excel を用いた計算例

抽出標本に関する平均値や標準偏差を実際に計算するのは，結構，手間がかかる．しかし，表計算ソフトの Excel には，平均値や標準偏差を簡単に計算する機能がある．平均値のことを英語では mean とか average という．Excel では average( ) という関数が用意されている．また，標準偏差は英語では standard deviation というので，それを略して，stdev( ) という関数が用意されている．

まず，平均値や標準偏差を求めたいデータを Excel の列か行に打ち込む．そのデータセットの平均値を求めるには，

① 平均値を入れたい別のセルにマウスをもっていき，左クリックをした後，「＝average( )」とタイプする．

② 次に，( ) の間にマウスを移動，左クリックをした後，

③ 平均値を計算するデータの先頭のセルにマウスを移動，左クリックを押した後，マウスボタンをそのままの状態で，データの最後まで移動してクリックを離す．そして，Enter キーを押す．すると，平均値を入れたいセルに，平均値の数字が現れる．

標準偏差の計算も同様である．

①′ 標準偏差を入れたい別のセルにマウスをもっていき，左クリックをした後，「＝stdev( )」とタイプする．あとは，上記の②，③と同じ操作を行う．

6-2-6　検定（F 検定，t 検定，Q 検定）

誤差にはランダム誤差と系統誤差があり，ランダム誤差は多数回の測定により，その平均値をとることで小さくできるが，系統誤差はこの方法では無理である．そこで，標準試料を用いて分析方法の改良，分析機器の校正などの手順が必要であることはすでに述べた．このランダム誤差と系統誤差に関して，いくつかの検定法がある．詳細は章末の参考図書[1,2]に譲るが，それぞれの検定の特色を簡単にまとめておく．

F 検定：二つの測定方法の標準偏差（データのばらつき）が同程度とみなせるか否かを検定する．一方の測定方法の標準偏差が有意に大きい（ばらつきが大きい）場合には，その測定方法を用いることは勧められない．

t 検定：F 検定で標準偏差が同程度であったときに，その二つの測定方法を用いて得られた平均値の間に有意な差があるかどうかを検定する．測定方法自体の系統誤差の有無が評価されたり，同一の方法で二つのグループを検定した場合には，その二つのグループにグループとしての系統誤差があるかどうかを議論することができる．

Q 検定：異常値検定と呼ばれ，複数回の測定結果のなかで，特別に離れた測定値を異常値とみなして捨てて（無視して）よいかどうかを検定する．Q 検定に基づいて異常値とみなされた測定値を無視することは行われるが，そうでない場合は，勝手に特定の測定値を無視し，残りの測定値だけを使用すると，データの改竄になりかねないので注意が必要である．安易に Q 検定を用いて，特定のデータを無視するのではなく，データ数を増やすことが重要である．

6-2-7　検　量　線 [2,3]

多くの分析機器において，定量したい物質の濃度と，その物質に関連する物理量（例えば，吸光度）の間には直線関係が成立する．このような直線を**検量線**といい，検量線をつくっておくと，いろいろな試料の濃度を見積もることができる．例えば，濃度不明の鉄(II)イオン Fe^{2+} を含む水溶液中に，オルトフェナントロリン溶液を加えると，Fe^{2+} はオルトフェナントロリンと赤色の錯体を生成し，図 6-4 のような可視・紫外吸収スペ

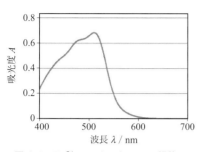

図 6-4 Fe^{2+} フェナントロリン錯体の
可視・紫外吸収スペクトル

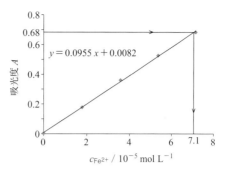

図 6-5 Fe^{2+} フェナントロリン錯体の
検量線

クトルが得られる．ここで，横軸は波長 λ（nm）で，縦軸は吸光度 A である．吸光度 A は光を吸収する物質の濃度 c に比例する．これを，**ランベルト-ベール**（Lambert-Beer）**の法則**と呼ぶ（10-2-2 項参照）．図 6-4 において錯体の 520 nm における吸光度は 0.68 である．そこで，Fe^{2+} の濃度 $c_{Fe^{2+}}$ が既知である数種類の標準水溶液を調製し，可視・紫外吸収スペクトルを測定する．これらの標準溶液中の Fe^{2+} の濃度と 520 nm における吸光度の関係をプロットすると，図 6-5 のような直線が得られる．この直線は検量線と呼ばれ，吸光度 0.68 は検量線から Fe^{2+} の濃度が 7.1×10^{-5} mol L^{-1} の場合に対応していることがわかる．検量線を得るための具体的な実験操作とデータ処理の例は，6-4-2 項で述べる．

6-2-8 最小二乗法

　図 6-5 には吸光度の実測値であるデータ点とともに検量線が引かれているが，この検量線はどのように引かれたのだろうか．一般に，検量線を決める方法として"最小二乗法"が用いられている．ここで，次のような場合を考えてみよう．Fe^{2+} の錯体の吸光度測定において，分光光度計の吸光度のゼロ点が正しく調節されていないとき，測定される吸光度 A が次のようになったとする．

$$A = A^* + \varepsilon c l \qquad (6\text{-}5)$$

　ここで，A^* は定数で，本来，吸光度 A と濃度 c の関係を表すランベルト-ベールの法則では，この項はないはずだが，装置の吸光度のゼロ点調節が正しく行われなかったために現れた系統誤差と考えられる．ちなみに ε は光を吸収する物質のモル吸光係数，l は測定に用いた光学セルの光路長である．式(6-5)の場合，吸光度 A と濃度 c の直線は，原点を通らないで y 切片（A^*）をもつ．そこで，i 番目の試料溶液中の目的成分の濃度 c を x_i，その溶液の吸光度 A を y_i で表すと，

$$y_i = a + b x_i \qquad (6\text{-}6)$$

となり，x_i の係数 b は εl に対応し，a は A^* に対応する．そこで，検量線を求めるために，式(6-6)の x_i と y_i の関係を最も適切に表すような，パラメーター a と b の値を決めたいと思う．ここで，ある a と b を用いると，x_i のある値に対して，式(6-6)の y_i に相

当する値が次のように計算できる.

$$\hat{y}_i = a + bx_i \tag{6-7}$$

この $\hat{y}_i$ は, 実験から得られる y_i ではなく, 式(6-7)から予想される期待値である. ここで, 両者の差,

$$\Delta y_i = y_i - \hat{y}_i \tag{6-8}$$

を残差と呼ぶ. この残差 Δy_i は, パラメーター a と b のとり方によって, 正の値にも負の値にもなり得る. そこで, a と b で最も適切な組合せを探すために, 二つの条件を課すことにする.

　　条件1: $\Sigma_{i=1}^{n} \Delta y_i = 0$

　　条件2: $S = \Sigma_{i=1}^{n} (\Delta y_i)^2 \to \min$

条件1は求めたい検量線が測定値 y_i のばらつきの内側にあって, 残差の和がゼロになること, 条件2は残差の二乗 (検量線上の点 $(x_i, \hat{y}_i)$ から測定値 y_i までの距離の二乗) の和が最小値を取ることを要請している.

　ここでは, まず, 条件2から考えてみよう. 残差の二乗和, $S = \Sigma_{i=1}^{n} (\Delta y_i)^2$ が最小になるときは, 図6-6のように, 残差の二乗和は a に対しても b に対しても最小にならなければならない.

　今, 数学的に独立変数 a と b をもつある関数 $S(a, b)$ が, 変数 a のある値 a_0 で最小値をとる条件は, $a = a_0$ で, 関数 S の傾きがゼロになることである. すなわち,

$$\left(\frac{\partial S}{\partial a} \right)_{a = a_0} = 0 \tag{6-9}$$

　同様に, 関数 $S(a, b)$ が, 変数 b のある値 b_0 で最小値をとる条件は, $b = b_0$ で, 関数 S の傾きがゼロになることであり,

$$\left(\frac{\partial S}{\partial b} \right)_{b = b_0} = 0 \tag{6-10}$$

それでは, 実際にこの条件を考えてみよう.

$$S = \Sigma_{i=1}^{n} (\Delta y_i)^2 = \Sigma_{i=1}^{n} (y_i - \hat{y}_i)^2 = \Sigma_{i=1}^{n} (y_i - (a + bx_i))^2 \tag{6-11}$$

そこで,

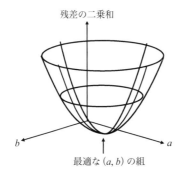

残差の二乗和

b　　　　a

最適な (a, b) の組

図6-6　a と b の組合せと残差の二乗和の関係

$$\left(\frac{\partial S}{\partial a}\right)_{a=a_0} = -2\Sigma_{i=1}^{n}(y_i-(a+bx_i)) = -2(\Sigma_{i=1}^{n}y_i - a\Sigma_{i=1}^{n}1 - b\Sigma_{i=1}^{n}x_i) = 0 \tag{6-12}$$

$$\left(\frac{\partial S}{\partial b}\right)_{b=b_0} = -2\Sigma_{i=1}^{n}(y_i-(a+bx_i))x_i = -2(\Sigma_{i=1}^{n}x_iy_i - a\Sigma_{i=1}^{n}x_i - b\Sigma_{i=1}^{n}x_i^2) = 0 \tag{6-13}$$

移項すると,

$$a\Sigma_{i=1}^{n}1 + b\Sigma_{i=1}^{n}x_i = \Sigma_{i=1}^{n}y_i \tag{6-14}$$

$$a\Sigma_{i=1}^{n}x_i + b\Sigma_{i=1}^{n}x_i^2 = \Sigma_{i=1}^{n}x_iy_i \tag{6-15}$$

この二元連立方程式を解けば, 式(6-9), (6-10)を満たす(a, b)の組合せが得られる. この二元連立方程式は最小二乗法を行うための**正規方程式**（normal equation）と呼ばれており, 解は行列式を用いたクラメルの公式を使って, 次のように表される.

$$a = \frac{\begin{bmatrix} \Sigma_{i=1}^{n}y_i & \Sigma_{i=1}^{n}x_i \\ \Sigma_{i=1}^{n}x_iy_i & \Sigma_{i=1}^{n}x_i^2 \end{bmatrix}}{\begin{bmatrix} \Sigma_{i=1}^{n}1 & \Sigma_{i=1}^{n}x_i \\ \Sigma_{i=1}^{n}x_i & \Sigma_{i=1}^{n}x_i^2 \end{bmatrix}} = \frac{(\Sigma_{i=1}^{n}y_i)(\Sigma_{i=1}^{n}x_i^2) - (\Sigma_{i=1}^{n}x_iy_i)(\Sigma_{i=1}^{n}x_i)}{(\Sigma_{i=1}^{n}1)(\Sigma_{i=1}^{n}x_i^2) - (\Sigma_{i=1}^{n}x_i)(\Sigma_{i=1}^{n}x_i)} \tag{6-16}$$

$$b = \frac{\begin{bmatrix} \Sigma_{i=1}^{n}1 & \Sigma_{i=1}^{n}y_i \\ \Sigma_{i=1}^{n}x_i & \Sigma_{i=1}^{n}x_iy_i \end{bmatrix}}{\begin{bmatrix} \Sigma_{i=1}^{n}1 & \Sigma_{i=1}^{n}x_i \\ \Sigma_{i=1}^{n}x_i & \Sigma_{i=1}^{n}x_i^2 \end{bmatrix}} = \frac{(\Sigma_{i=1}^{n}1)(\Sigma_{i=1}^{n}x_iy_i) - (\Sigma_{i=1}^{n}x_i)(\Sigma_{i=1}^{n}y_i)}{(\Sigma_{i=1}^{n}1)(\Sigma_{i=1}^{n}x_i^2) - (\Sigma_{i=1}^{n}x_i)(\Sigma_{i=1}^{n}x_i)} \tag{6-17}$$

ここでは, (a, b)の最適解が条件 2 の残差の二乗和が最小になるという条件だけで求められたように思うかもしれない. しかし実際には, $S = \Sigma_{i=1}^{n}(\Delta y_i)^2$をパラメーター$a$と$b$で微分する過程で, 条件 1, すなわち$\Sigma_{i=1}^{n}\Delta y_i = 0$ は, 自動的に満たされている. 式(6-12)が条件 1 に対応する. この方法は, **最小二乗法**（LSM：least square method）と呼ばれている. そこで, 表 6-6 の数値データ(x_i, y_i)を用いて, 最小二乗法により検量線のパラメーターaとbを求めてみると,

表 6-6　最小二乗法を用いた検量線作成のためのデータ (x_i, y_i)

n	x_i	y_i	x_i^2	x_iy_i
1	0.0	0.9	0.0	0.0
2	2.0	6.0	4.0	12.0
3	4.0	9.9	16.0	39.6
4	6.0	14.3	36.0	85.8
5	8.0	17.6	64.0	140.8
6	10.0	21.8	100.0	218.0
7	12.0	26.1	144.0	313.2
Σ	42.0	96.6	364.0	809.4
	Σx_i	Σy_i	Σx_i^2	Σx_iy_i

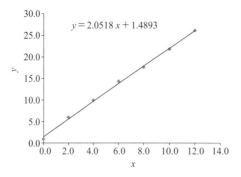

図 6-7　データ $(x_i,\ y_i)$ と計算により
得られた検量線

$$a = \frac{96.6 \times 364.0 - 809.4 \times 42.0}{7 \times 364.0 - 42.0 \times 42.0} = 1.4893 \tag{6-18}$$

$$b = \frac{7 \times 809.4 - 96.6 \times 42.0}{7 \times 364.0 - 42.0 \times 42.0} = 2.0518 \tag{6-19}$$

となる．ただし，$\Sigma_{i=1}^{n} 1$ はデータ個数 n に等しく，上の例では 7 になる．また，ここでは後述の説明との関係で有効桁数を 5 桁とした．図 6-7 に，計算から得られた検量線を示す．

6-2-9　行列を用いた最小二乗法の解法 [3, 5, 6]

前項では，最小二乗法の解法の途中で，正規方程式の二元連立方程式を，行列式を使うクラメルの公式を用いて解いたが，行列を使うともっとスマートに取り扱える（14 章参照）．データセット (x_i, y_i) を式(6-6)にあてはめる問題は行列を使うと次の式のようにモデル化される．

$$\begin{pmatrix} y_1 \\ y_2 \\ y_3 \\ \cdot \\ y_n \end{pmatrix} = \begin{pmatrix} 1 & x_1 \\ 1 & x_2 \\ 1 & x_3 \\ \cdot & \cdot \\ 1 & x_n \end{pmatrix} \begin{pmatrix} a \\ b \end{pmatrix} \tag{6-20}$$

これを簡単に書くと，

$$Y = A\,B \tag{6-21}$$

である．式(6-21)の三つの行列 Y, A, B は，式(6-20)の三つの行列にそれぞれ対応しているとする．もしも，$10 = 5x$ という式から x を求めるのであれば，$(1/5) \times 10 = (1/5) \times 5x = x$ のように，5 の逆数を両辺の左から掛ければ x が求まる．しかし，上記のような非対称行列 A ではその逆数，すなわち逆行列は定義されない．逆行列は，元の行列 A が正方行列（行数と列数が等しい行列）で，かつ，その行列の行列式の値がゼロにならないときにだけ求められる．そこで，**一般化逆行列**（generalized inverse）というものを考える．まず，式(6-21)の両辺の左側から，A の転置行列 ${}^tA$ を掛ける．

$$^tA\,Y = {}^tA\,A\,B \tag{6-22}$$

このとき，

$$\begin{pmatrix} 1 & 1 & 1 & \cdot & 1 \\ x_1 & x_2 & x_3 & \cdot & x_n \end{pmatrix} \begin{pmatrix} y_1 \\ y_2 \\ y_3 \\ \cdot \\ y_n \end{pmatrix} = \begin{pmatrix} 1 & 1 & 1 & \cdot & 1 \\ x_1 & x_2 & x_3 & \cdot & x_n \end{pmatrix} \begin{pmatrix} 1 & x_1 \\ 1 & x_2 \\ 1 & x_3 \\ \cdot & \cdot \\ 1 & x_n \end{pmatrix} \begin{pmatrix} a \\ b \end{pmatrix} \quad (6\text{-}23)$$

よって，

$$\begin{pmatrix} \Sigma_{i=1}^{n} y_i \\ \Sigma_{i=1}^{n} x_i y_i \end{pmatrix} = \begin{pmatrix} \Sigma_{i=1}^{n} 1 & \Sigma_{i=1}^{n} x_i \\ \Sigma_{i=1}^{n} x_i & \Sigma_{i=1}^{n} x_i^2 \end{pmatrix} \begin{pmatrix} a \\ b \end{pmatrix} \quad (6\text{-}24)$$

となる．ここで得られた ${}^t\!\boldsymbol{A}\,\boldsymbol{A}$ は，式(6-24)の右辺の最初の行列のように，2 行 2 列の正方行列になる．この行列が逆行列をもつかどうかは数学的には保証の限りではないが，通常，化学で最小二乗法を行うような場合には，x_i に異なる値を設定するので，行列 ${}^t\!\boldsymbol{A}\,\boldsymbol{A}$ のランク（14-3-3 項参照）は未知数の数と等しくなり，逆行列が計算できる．簡単にいえば，逆行列が存在すれば検量線を決めることができるが，検量線が引けるようなデータであれば逆行列は存在する．そこで，${}^t\!\boldsymbol{A}\,\boldsymbol{A}$ の逆行列 $({}^t\!\boldsymbol{A}\,\boldsymbol{A})^{-1}$ を求めて，式(6-21)の両辺に左から掛ける．

$$({}^t\!\boldsymbol{A}\,\boldsymbol{A})^{-1}({}^t\!\boldsymbol{A}\,\boldsymbol{Y}) = ({}^t\!\boldsymbol{A}\,\boldsymbol{A})^{-1}({}^t\!\boldsymbol{A}\,\boldsymbol{A})\boldsymbol{B} = \boldsymbol{B} \quad (6\text{-}25)$$

これは，

$$\begin{pmatrix} \dfrac{(\Sigma_{i=1}^{n} y_i)(\Sigma_{i=1}^{n} x_i^2) - (\Sigma_{i=1}^{n} x_i y_i)(\Sigma_{i=1}^{n} x_i)}{(\Sigma_{i=1}^{n} 1)(\Sigma_{i=1}^{n} x_i^2) - (\Sigma_{i=1}^{n} x_i)(\Sigma_{i=1}^{n} x_i)} \\[4mm] \dfrac{(\Sigma_{i=1}^{n} 1)(\Sigma_{i=1}^{n} x_i y_i) - (\Sigma_{i=1}^{n} y_i)(\Sigma_{i=1}^{n} x_i)}{(\Sigma_{i=1}^{n} 1)(\Sigma_{i=1}^{n} x_i^2) - (\Sigma_{i=1}^{n} x_i)(\Sigma_{i=1}^{n} x_i)} \end{pmatrix} = \begin{pmatrix} a \\ b \end{pmatrix} \quad (6\text{-}26)$$

となり，先ほど，正規方程式の二元連立方程式を解いたのと同じ解が得られる．

式(6-25)を書き換えると，

$$\boldsymbol{B} = \{({}^t\!\boldsymbol{A}\,\boldsymbol{A})^{-1}\,{}^t\!\boldsymbol{A}\}\,\boldsymbol{Y} \quad (6\text{-}27)$$

となる．$\boldsymbol{B}$ を求めるのに，$\boldsymbol{A}$ の逆行列 $\boldsymbol{A}^{-1}$ の代わりに，$\{({}^t\!\boldsymbol{A}\,\boldsymbol{A})^{-1}\,{}^t\!\boldsymbol{A}\}$ を用いたことになる．これを一般化逆行列と呼んでいる．この式は $\boldsymbol{A}$ と $\boldsymbol{Y}$ に関する $\boldsymbol{B}$ の最小二乗法の解を与える．行列に関する最小限の演算，すなわち転置行列，二つの行列の積，正方行列の逆行列の計算ができれば，非常に簡単なステップで最小二乗解が得られる．表計算ソフトである Excel を用いてこれらの行列計算をすることができる．まず，Excel のシートに図 6-8 のように計算したい行列をつくる枠を用意する（枠をつくるのは見やすくするためで，本当は不要である）．

　ここでは，行列 $\boldsymbol{A}$ と行列 $\boldsymbol{B}$ を掛けて，行列 $\boldsymbol{C}$ をつくることを考える．すなわち，$\boldsymbol{C} = \boldsymbol{A}\,\boldsymbol{B}$ という計算をしたい場合を考える．まず，行列 $\boldsymbol{A}$ と行列 $\boldsymbol{B}$ の要素（数値）を書いておく．この二つの行列の積を行列 $\boldsymbol{C}$ に書き込みたいとする．

　① 　行列 $\boldsymbol{C}$ の領域（$c(1, 1) - c(2, 2)$）をマウスで選ぶ．
　② 　Excel 上部の計算領域に，＝MMULT( ) とタイプする．

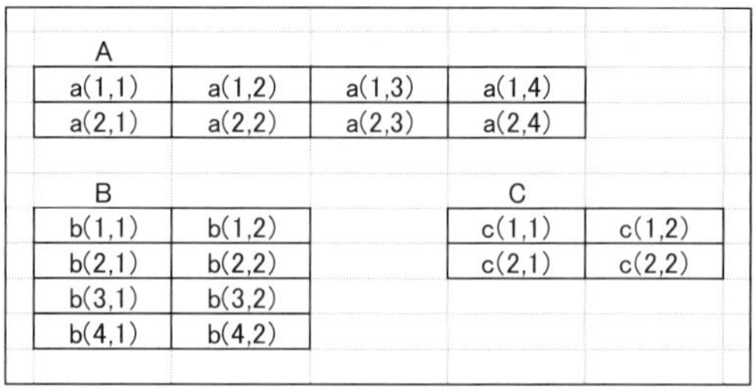

<table>
<tr><td>A</td><td></td><td></td><td></td></tr>
<tr><td>a(1,1)</td><td>a(1,2)</td><td>a(1,3)</td><td>a(1,4)</td></tr>
<tr><td>a(2,1)</td><td>a(2,2)</td><td>a(2,3)</td><td>a(2,4)</td></tr>
</table>

A			
a(1,1)	a(1,2)	a(1,3)	a(1,4)
a(2,1)	a(2,2)	a(2,3)	a(2,4)

B		C	
b(1,1)	b(1,2)	c(1,1)	c(1,2)
b(2,1)	b(2,2)	c(2,1)	c(2,2)
b(3,1)	b(3,2)		
b(4,1)	b(4,2)		

図 6-8　Excel を用いた行列の計算

③　（ ）の間にマウスのカーソルを移動して，左クリックを押す．

④　行列 A の領域（a(1, 1) − a(2, 4)）を指定する．

⑤　‘,’ を入力した後，行列 B の領域（b(1, 1) − b(4, 2)）を指定する．

⑥　ここで，Ctrl キーを押したままで，Shift キーを押し，さらに，Enter キーを押す．

すると，行列 C の領域に行列 A と行列 B の積が表示される．

　　他の行列計算も同様に行うことができる．ここで，行列演算の関数名を書いておこう．

行列の積：　　= MMULT(A, B)((Ctrl)+(Shift)+(Enter))

転置行列：　　= TRANSPOSE(A)((Ctrl)+(Shift)+(Enter))

逆行列：　　　= MINVERSE(A)((Ctrl)+(Shift)+(Enter))

ここで，A, B は計算に使いたい行列の領域である．詳細については，Excel 関連の書物を参考にされたい．

6-2-10　検量線の切片と傾きの推定値の信頼区間

　　6-2-4 項で，母集団の平均値の信頼区間について述べた．それでは，最小二乗法で得られた検量線の傾き b や切片 a の値にも信頼区間は存在するのだろうか．検量線のモデル式は次のような式である．ここで，$\hat{a}$ と $\hat{b}$ を最小二乗法で得られた a と b の推定値であるとする．このとき，

$$\hat{y}_i = \hat{a} + \hat{b}x_i \tag{6-28}$$

の計算で，切片 $\hat{a}$ と傾き $\hat{b}$ を用いた検量線による y_i の推定値 $\hat{y}_i$ が得られる．しかし，$\hat{y}_i$ は実測の y_i とは異なる．そこで，

$$\Delta y_i = y_i - \hat{y}_i = y_i - (\hat{a} + \hat{b}x_i) \tag{6-29}$$

を残差と呼ぶ．すでに述べたように，データの数を n としたとき，残差の和は $\Sigma_{i=1}^{n} \Delta y_i = 0$ になり，残差の二乗和 $\Sigma_{i=1}^{n} \Delta y_i^2$ は最小になる．これが最小二乗法の原理である．そこで，この残差の二乗和を用いて，

$$s_y = \sqrt{\frac{\Sigma_{i=1}^{n}(y_i - (\hat{a} + \hat{b}x_i))^2}{n-2}} \tag{6-30}$$

を残差標準偏差と呼んでいる．これは，(x_i, y_i) の各点の検量線からの距離のばらつきの程度を表している．このとき，傾き $\hat{b}$ の標準偏差 s_b は

$$s_b = \sqrt{\frac{n s_y^2}{n \sum_{i=1}^n x_i^2 - (\sum_{i=1}^n x_i)^2}} \tag{6-31}$$

となる．平方根の中の分子は y 軸方向のばらつき，分母は x 軸方向のばらつきを表していると考えるとよい．一方，切片 $\hat{a}$ の標準偏差 s_a は

$$s_a = s_b \sqrt{\frac{\sum_{i=1}^n x_i^2}{n}} \tag{6-32}$$

となる．そこで，切片と傾きの信頼区間はそれぞれ

$$(\hat{a} - t s_a) < a < (\hat{a} + t s_a) \tag{6-33}$$

$$(\hat{b} - t s_b) < b < (\hat{b} + t s_b) \tag{6-34}$$

となる．t はスチューデントの t 値である．ここで注意したいことは，今回，信頼区間の評価について，$\hat{a}$ と $\hat{b}$ という二つの推定値を使っていることから，自由度は $f = n - 2 = 5$ になる点である．

それでは，表 6-7 の場合について考えてみよう．

$$s_y = \sqrt{\frac{\sum_{i=1}^n (y_i - (\hat{a} + \hat{b} x_i))^2}{n-2}} = \sqrt{\frac{0.9396}{7-2}} = 0.4335 \tag{6-35}$$

を用いて，

$$s_b = \sqrt{\frac{n s_y^2}{n \sum_{i=1}^n x_i^2 - (\sum_{i=1}^n x_i)^2}} = \sqrt{\frac{7 \times (0.4335)^2}{7 \times 364.0 - (42.0)^2}} = \sqrt{\frac{1.3154}{784}} = 0.0410 \tag{6-36}$$

$$s_a = s_b \sqrt{\frac{\sum_{i=1}^n x_i^2}{n}} = 0.0410 \sqrt{\frac{364}{7}} = 0.2954 \tag{6-37}$$

となる．一方，自由度 $f = 5$ のときの t の値は 2.57 なので，

切片の信頼区間： $1.4893 - 2.57 \times 0.2954 < a < 1.4893 + 2.57 \times 0.2954$ (6-38)

傾きの信頼区間： $2.0518 - 2.57 \times 0.0410 < b < 2.0518 + 2.57 \times 0.0410$ (6-39)

すなわち

切片の信頼区間： $0.7301 < a < 2.2484$ (6-40)

傾きの信頼区間： $1.9465 < b < 2.1571$ (6-41)

となる．

表 6-7　検量線作成のためのデータの例

n	x_i	y_i	$\hat{y}_i$	Δy_i	Δy_i^2
1	0.0	0.9	1.49	-0.59	0.3473
2	2.0	6.0	5.59	0.41	0.1658
3	4.0	9.9	9.70	0.20	0.0414
4	6.0	14.3	13.80	0.50	0.2500
5	8.0	17.6	17.90	-0.30	0.0922
6	10.0	21.8	22.01	-0.21	0.0429
7	12.0	26.1	26.11	-0.01	0.0001
Σ	42.0	96.6			0.9396
	$\sum x_i$	$\sum y_i$			$\sum \Delta y_i^2$

6-3 最小二乗法の応用

6-3-1 平 均 値

中和滴定を多数回行った場合，滴定値はある値 a の付近で分散すると考えられる．i 回目の滴定値を x_i とすると，モデル式は $a = x_i$ となる．そこで，このモデル式の最小二乗解は，前述の条件 2 で考えると，

$$S = \Sigma_{i=1}^{n} (a - x_i)^2 \rightarrow \min$$

となり，その解は，

$$\left(\frac{\partial S}{\partial a} \right)_{a = a_0} = 2\Sigma_{i=1}^{n} (a_0 - x_i) = 2 (a_0 \Sigma_{i=1}^{n} 1 - \Sigma_{i=1}^{n} x_i) = 0 \tag{6-42}$$

これから，

$$a_0 = \frac{\Sigma_{i=1}^{n} x_i}{\Sigma_{i=1}^{n} 1} = \frac{\Sigma_{i=1}^{n} x_i}{n} \tag{6-43}$$

が得られる．これは，平均値を求める式そのものである．すなわち，平均値とは，$a = x_i$ というモデル式に対する最小二乗解なのである．

6-3-2 式の変形による線形化

サーミスターの抵抗値は温度によって変化し，表 6-8 のように，温度が低いと抵抗値は大きく，温度が高いと抵抗値は小さくなる．これは，サーミスターが半導体でできているためである．半導体中で電子が存在することのできるエネルギー領域には，**価電子帯**（valence band，充満帯とも呼ばれる）と**伝導帯**（conduction band）があり，両者のエネルギーギャップ ΔE とその半導体の電気抵抗 r の関係は，

$$r = A \exp(-\Delta E / RT) \tag{6-44}$$

表 6-8 温度と抵抗の関係

温度 t / ℃	T^{-1} / K^{-1}	抵抗値 r / kΩ	$\ln(r / \Omega)$
0	3.66×10^{-3}	110.0	11.61
10	3.53×10^{-3}	70.0	11.16
20	3.41×10^{-3}	46.0	10.74
30	3.30×10^{-3}	31.0	10.34
40	3.19×10^{-3}	21.5	9.98
50	3.09×10^{-3}	15.0	9.62
60	3.00×10^{-3}	11.0	9.31
70	2.91×10^{-3}	8.1	9.00
80	2.83×10^{-3}	6.0	8.70
90	2.75×10^{-3}	4.6	8.43
100	2.68×10^{-3}	3.5	8.16

というモデル式に従う．ここで，R は気体定数である．また，T は絶対温度であり，セルシウス温度 t との関係は，

$$T = 273.15 + t \tag{6-45}$$

である．ここで，$B = -\Delta E / R$ と置くと，

$$r = A \exp(B/T) \tag{6-46}$$

と変形できる．そこで，両辺の自然対数をとると，

$$\ln r = \ln A + B/T \tag{6-47}$$

となる．ここで，$\ln r = y_i$, $\ln A = a$, $B = b$, $(1/T) = x_i$ と置くと，

$$y_i = a + b x_i \tag{6-48}$$

の形になり，前述の検量線の場合と同じように最小二乗法を用いて a, b を決めることができる．このようにして，測定した抵抗値 r からそのときの絶対温度 T を推定できるので，サーミスターは温度センサーとして利用されている．図 6-9 に $1/T$ と $\ln r$ の関係，および，計算により得られた検量線を示す．ただし，図中の x と y は，それぞれ横軸，縦軸の値である．

　このように，単純な指数関数や対数関数は変数の置き換えによって $y_i = a + b x_i$ の形に変換でき，これを線形化という．線形化できた場合には，サーミスターの例のように，1 回の最小二乗法の計算でパラメーター (a, b) の最適解を得ることができる．実際，Excel の"近似曲線"という機能で，これらのモデル式は処理できる．しかし，

$$y_i = a \exp(b x_i) + c \tag{6-49}$$

という三つのパラメーター (a, b, c) をもつモデル式の場合には，変数を置き換えても線形化できない．これを非線形モデルというが，この場合には，次で述べるように，線形最小二乗法を繰り返すことにより最適解を得ることができる．これを**非線形最小二乗法**（non-linear least square method）と呼ぶ．

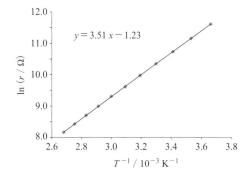

図 6-9　$1/T$ と $\ln r$ の関係より得られた検量線

6-3-3 テーラー展開を用いた非線形最小二乗法

x_i と y_i のデータセットが測定されて，あるモデル関数 $f(a, b, x_i)$ も想定でき，その関数のパラメーター a, b を最適化したいが，そのモデル関数を簡単な変形によって線形化できない場合がある．その場合には，$f(a, b, x_i)$ を，ある a_0, b_0 のまわりでテーラー展開（15-2 節参照）する．

$$
\begin{aligned}
y_i &= f(a, b, x_i) \\
&= f(a_0, b_0, x_i) + \left\{ \left(\frac{\partial f}{\partial a} \right)_{a_0, x_i} \Delta a + \left(\frac{\partial f}{\partial b} \right)_{b_0, x_i} \Delta b \right\} \\
&\quad + \left\{ \left(\frac{\partial f^2}{\partial^2 a} \right)_{a_0, x_i} \frac{\Delta a^2}{2!} + \left(\frac{\partial f^2}{\partial^2 b} \right)_{b_0, x_i} \frac{\Delta b^2}{2!} \right\} + \left\{ \left(\frac{\partial f^3}{\partial^3 a} \right)_{a_0, x_i} \frac{\Delta a^3}{3!} + \left(\frac{\partial f^3}{\partial^3 b} \right)_{b_0, x_i} \frac{\Delta b^3}{3!} \right\} + \cdots
\end{aligned} \tag{6-50}
$$

ここで，Δa と Δb の二乗以上の項を無視して移項すると，

$$
\Delta f = y_i - f(a_0, b_0, x_i) \fallingdotseq \left(\frac{\partial f}{\partial a} \right)_{a_0, x_i} \Delta a + \left(\frac{\partial f}{\partial b} \right)_{b_0, x_i} \Delta b \tag{6-51}
$$

となる．a_0, b_0 はパラメーターの初期値であり，適当な値を決めておく．すると，Δf，$(\partial f / \partial a)_{a_0, x_i}$，$(\partial f / \partial b)_{b_0, x_i}$ は計算できるので，

$$
y_i - f(a_0, b_0, x_i) = z_i \tag{6-52}
$$

$$
\left(\frac{\partial f}{\partial a} \right)_{a_0, x_i} = x_{a, i} \tag{6-53}
$$

$$
\left(\frac{\partial f}{\partial b} \right)_{b_0, x_i} = x_{b, i} \tag{6-54}
$$

と置き換えると，

$$
z_i \fallingdotseq \Delta a x_{a, i} + \Delta b x_{b, i} \tag{6-55}
$$

と近似できる．ここで，両辺が等号関係にあると考えて行列で表すと，

$$
\begin{pmatrix} z_1 \\ z_2 \\ z_3 \\ \cdot \\ z_n \end{pmatrix} = \begin{pmatrix} x_{a, 1} & x_{b, 1} \\ x_{a, 2} & x_{b, 2} \\ x_{a, 3} & x_{b, 3} \\ \cdot & \cdot \\ x_{a, n} & x_{b, n} \end{pmatrix} \begin{pmatrix} \Delta a \\ \Delta b \end{pmatrix} \tag{6-56}
$$

これを簡単に書くと，

$$
\boldsymbol{Z} = \boldsymbol{A}\,\boldsymbol{B} \tag{6-57}
$$

となり，これから

$$
\boldsymbol{B} = ({}^t\boldsymbol{A}\,\boldsymbol{A})^{-1}({}^t\boldsymbol{A}\,\boldsymbol{Z}) \tag{6-58}
$$

より，

$$\begin{pmatrix} \Delta a \\ \Delta b \end{pmatrix} = \left\{ \begin{pmatrix} x_{a,1} & x_{a,2} & x_{a,3} & \cdot & x_{a,n} \\ x_{b,1} & x_{b,2} & x_{b,3} & \cdot & x_{b,n} \end{pmatrix} \begin{pmatrix} x_{a,1} & x_{b,1} \\ x_{a,2} & x_{b,2} \\ x_{a,3} & x_{b,3} \\ \cdot & \cdot \\ x_{a,n} & x_{b,n} \end{pmatrix} \right\}^{-1} \left\{ \begin{pmatrix} x_{a,1} & x_{a,2} & x_{a,3} & \cdot & x_{a,n} \\ x_{b,1} & x_{b,2} & x_{b,3} & \cdot & x_{b,n} \end{pmatrix} \begin{pmatrix} z_1 \\ z_2 \\ z_3 \\ \cdot \\ z_n \end{pmatrix} \right\}$$

$$= \begin{pmatrix} \Sigma_{i=1}^n (x_{a,i})^2 & \Sigma_{i=1}^n x_{a,i} x_{b,i} \\ \Sigma_{i=1}^n x_{a,i} x_{b,i} & \Sigma_{i=1}^n (x_{b,i})^2 \end{pmatrix}^{-1} \begin{pmatrix} \Sigma_{i=1}^n x_{a,i} z_i \\ \Sigma_{i=1}^n x_{b,i} z_i \end{pmatrix} \tag{6-59}$$

の計算によって，Δa, Δb が求められる．そこで，初期値の a_0, b_0 に対して，$a_0 + \Delta a \rightarrow a_0$，$b_0 + \Delta b \rightarrow b_0$ のように，パラメーターを修正して同じ計算を繰り返す．何回か繰り返した後，Δa, Δb が十分に小さな値になったときに，そのときのパラメーターの組 (a_0, b_0) が最適値に収束したと考える．ただし，初期値 a_0, b_0 の選択が不適切だと，正しい値に収束しないので注意が必要である．

この方法を用いると，多くの任意の形の関数で表されるデータが最適化できる．これを"カーブフィッティング"，"関数回帰"といい，可視・紫外スペクトルやラマンスペクトル，クロマトグラムのピーク分離にも使われている．"回帰"とは，得られたデータをあるモデル式に"当てはめる"ことをいう．

図 6-10 は 0.03 mmol L^{-1} Na_2MoO_4 水溶液の pH を変えて，可視・紫外スペクトルを測定し，水溶液中に存在する三つのモリブデン酸の化学種 MoO_4^{2-}, $HMoO_4^-$, H_2MoO_4 のそれぞれの固有スペクトルを抽出し，ピーク分離した結果である．各ピークを左右対称なピークで近似するため，横軸を通常使われる波長から，エネルギーに比例する eV 単位に変換してある．また，各々のエネルギーにおけるピーク強度 $I(E)$ を表すモデル関数としては，次のような Gaussian と Lorentzian の積関数を用いている．

$$I(E) = H \frac{\exp(-B_G(E-E_0)^2)}{1 + B_L(E-E_0)^2} \tag{6-60}$$

ここで，B_G と B_L は，それぞれ，Gaussian（上記関数の分子の部分に相当）と Lorentzian（分母の部分に相当）の部分の半値幅のパラメーターであり，H はピーク高さ，E_0 はピーク位置のパラメーターである．そこで，1 個のスペクトル（例えば，図 6-10 の最下段，H_2MoO_4 の場合）を 4 個のピークからできていると仮定した場合，四つのパラメーター

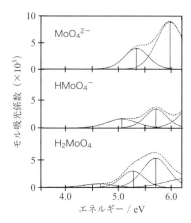

図 6-10 モリブデン酸化学種の可視・紫外スペクトル
（点線が実測値，実線が計算値）

[T. Ozaki, H. Adachi, S. Ikeda, *Bull. Chem. Soc. Jpn.*, **69**, 619–625 (1996)]

セット（B_G, B_L, H, E_0），すなわち，全体で 16 個のパラメーターを同時に最適化することになる．

6-3-4　重回帰分析

最小二乗法の応用として，**重回帰分析**（multiple regression analysis）によって，n-アルカン C_nH_{2n+2}（ここでは，エタン，プロパン，ブタン，ペンタン）の原子化エネルギー ΔH から C–C 結合エネルギー ΔH_{C-C} と C–H 結合エネルギー ΔH_{C-H} の最小二乗解を求めることができる[3,4]．C_nH_{2n+2} には $(n-1)$ 個の C–C 結合と $(2n+2)$ 個の C–H 結合があり，原子化エネルギー ΔH と結合エネルギー ΔH_{C-C}，ΔH_{C-H} には，次の関係が成立すると仮定する．

$$\Delta H = n_{C-H}\,\Delta H_{C-H} + n_{C-C}\,\Delta H_{C-C} \tag{6-61}$$

ここで，n_{C-C} は C–C 結合の数，n_{C-H} は C–H 結合の数である．表 6-9 の値を用いて，これを行列で表すと次のようになる．

$$\begin{pmatrix} 2823 \\ 3994 \\ 5166 \\ 6338 \end{pmatrix} = \begin{pmatrix} 6 & 1 \\ 8 & 2 \\ 10 & 3 \\ 12 & 4 \end{pmatrix}\begin{pmatrix} \Delta H_{C-H} \\ \Delta H_{C-C} \end{pmatrix} \tag{6-62}$$

これを簡単に

$$\boldsymbol{Y} = \boldsymbol{A\,B} \tag{6-63}$$

と表すと，一般化逆行列を用いて，

$$\boldsymbol{B} = ({}^t\boldsymbol{A\,A})^{-1}({}^t\boldsymbol{A\,Y}) \tag{6-64}$$

より，

$$\begin{pmatrix} \Delta H_{C-H} \\ \Delta H_{C-C} \end{pmatrix} = \left\{ \begin{pmatrix} 6 & 8 & 10 & 12 \\ 1 & 2 & 3 & 4 \end{pmatrix}\begin{pmatrix} 6 & 1 \\ 8 & 2 \\ 10 & 3 \\ 12 & 4 \end{pmatrix} \right\}^{-1}\left\{ \begin{pmatrix} 6 & 8 & 10 & 12 \\ 1 & 2 & 3 & 4 \end{pmatrix}\begin{pmatrix} 2823 \\ 3994 \\ 5166 \\ 6338 \end{pmatrix} \right\}$$

$$= \begin{pmatrix} 412.75 \\ 346.20 \end{pmatrix} \tag{6-65}$$

となり，$\Delta H_{C-H} = 412.75\ \mathrm{kJ\ mol^{-1}}$，$\Delta H_{C-C} = 346.20\ \mathrm{kJ\ mol^{-1}}$ が得られる．これらの値を用いて式(6-61)から各アルカンの原子化エネルギー ΔH を再計算した値を，再現値とし

表 6-9　アルカンの関係

	C–H 結合の数	C–C 結合の数	$\Delta H\ /\ \mathrm{kJ\ mol^{-1}}$（測定値）	$\Delta H\ /\ \mathrm{kJ\ mol^{-1}}$（再現値）
C_2H_6	6	1	2823	2822.7
C_3H_8	8	2	3994	3994.4
C_4H_{10}	10	3	5166	5166.1
C_5H_{12}	12	4	6338	6337.8

て表6-9に載せてある．表からわかるように再現値は実測値と非常によく一致している．このような方法を重回帰分析と呼んでいる．ここでは，測定値と再現値の差が見やすいように結合エネルギー ΔH_{C-C}，ΔH_{C-H} および再現値に有効桁数5桁を用いた．

6-4　具体的な化学実験例

　ここでは，中和滴定と可視・紫外吸光度測定の二つの実験例を用いて，データ処理も含めた一連の基本的な実験操作を紹介する．＊をつけた個々の操作に関して，注意すべき点を補足する．ここで補足した注意点は，他の化学実験を行う場合にも参考になると考える．

6-4-1　中和滴定（食酢中の酸分の定量）

　実験操作は，"化学の基礎実験"[8] に依った．

a. 目　的

　中和滴定により食酢中の酸分を定量する．このとき，食酢中の酸はほとんど酢酸と考えられる．そこで，酸性の食酢の希釈液を塩基で中和滴定することになる．ここで重要なことは，中和滴定の終点を適当な pH 指示薬の色の変化から判断するが，（強酸＋強塩基），（強酸＋弱塩基），（弱酸＋強塩基）の組合せの場合には，pH 指示薬を適切に選ぶことにより，1滴の滴下によって正しい終点を知ることができるが，（弱酸＋弱塩基）の場合はむずかしい．すなわち，弱酸を弱塩基で標定できないということである（4-1-3 項参照）．そこで，今回の食酢の希釈液の中和滴定では強塩基である NaOH 水溶液を用いる．しかし，試薬の水酸化ナトリウム NaOH から正確な濃度の NaOH 水溶液を調製することはむずかしい．それは試薬の NaOH は固体の粒として提供されるが，空気中で潮解しやすいこと，その表面が空気中の二酸化炭素 CO_2 と反応して炭酸ナトリウム Na_2CO_3 の皮膜をつくっていると考えられるためである．そこで調製した NaOH 水溶液の濃度を正確に推定するために塩酸 HCl 水溶液を用いる．しかし，試薬の濃塩酸 HCl は揮発性であり，濃塩酸から調製した HCl 水溶液の濃度も正確ではない．そこで，まず特級試薬の炭酸ナトリウムを精秤して調製した第一次標準溶液を用いて HCl 水溶液を標定することから実験が始まる．以上の理由により，今回の中和滴定は次の手順で行われる．

① 試薬の Na_2CO_3 を精秤して，濃度既知の Na_2CO_3 標準溶液を調製する．
② ①の Na_2CO_3 標準溶液を用いて，HCl 標準溶液の濃度を決定する．
③ ②の HCl 標準溶液を用いて，NaOH 標準溶液の濃度を決定する．
④ ③の NaOH 標準溶液を用いて食酢の希釈液の滴定を行い，酢酸として食酢の濃度および酸分を決定する．

b. 準備する器具（図6-2参照）

　磁性るつぼ，上皿てんびん，電子上皿てんびん，デシケーター，秤量瓶，ガスバーナー，ビーカー（100, 200 mL），メスフラスコ（100, 200 mL），ガラス棒，駒込ピペット（2 mL），試薬瓶（250 mL），ガラス細口瓶，（250 mL），ポリ瓶，ホールピペット（5, 10 mL），ビュレット（25 mL），コニカルビーカー（100 mL），洗瓶

c. 準備する試薬

特級炭酸ナトリウム，特級濃塩酸，特級水酸化ナトリウム，市販の食酢，pH 指示薬（メチルオレンジ，フェノールフタレイン）

d. 炭酸ナトリウム Na_2CO_3 標準溶液の調製（0.05 mol L^{-1}, 0.1 N）

市販の特級炭酸ナトリウム Na_2CO_3 を上皿てんびんで磁性るつぼに約 2 g はかり取り，ガスバーナーを用いて，その磁性るつぼを直火（$500 \sim 600$ ℃ 相当）で約 30 分間加熱乾燥し[*1]，その後デシケーター中で十分放冷する[*2]．この Na_2CO_3 を $0.5 \sim 0.55$ g 秤量瓶に入れ，0.1 mg の桁まで電子上皿てんびんを用いて精秤する[*3]．はかり取った Na_2CO_3 を 100 mL のビーカーに移し $70 \sim 80$ mL の純水で溶解し[*4]，100 mL のメスフラスコに移し[*5]，さらに純水を加えて正確に液面を標線に合わせる．栓をしてよく振り，完全に均一な溶液とする[*6]．必要があれば 250 mL の試薬瓶に保存する[*7]．一連の操作で，はかり取った Na_2CO_3 が正確に 0.5300 g のとき，濃度は 0.05 mol L^{-1} で 0.1 N（0.1 規定(きてい)）になる[*8]．

e. 塩酸 HCl 標準溶液の調製（約 0.1 mol L^{-1}, 0.1 N）

特級濃塩酸[*9]（約 12 mol L^{-1}, 12 N）2 mL を，駒込ピペットを用いて[*10] ビーカーにとり[*11]，水を加えて 200 mL とする．ビーカー中でよく混ぜて均一な溶液とした後，必要があれば 250 mL 試薬瓶に保存する[*7]．

[*1] 加熱により炭酸ナトリウム試薬中の水分を取る．この操作で炭酸ナトリウムが恒量（こうりょう）になる．恒量とは，これ以上加熱しても質量が変化しない状態をいう．

[*2] すぐにデシケーターに移動させてはいけない．室内で少し放冷した後，デシケーター中に移動する．温度の高い試料を電子上皿てんびんに入れると，てんびん室内の上昇気流により負の測定誤差を与えるので十分に放冷したのち，質量をはかる．

[*3] 質量の測定においては，0.5234 g のように有効数字 4 桁を記録する（0.1 mg の桁まではかる）．

[*4] 洗瓶の純水で秤量瓶の中のすべての Na_2CO_3 をビーカーに洗い落とす．清浄なガラス棒でかくはんし完全に溶かす．

[*5] 洗瓶の純水でかくはんに用いたガラス棒の表面を洗い，ビーカーの液に合わせる．次に，ビーカー内の溶液をメスフラスコに注ぎ，純水でビーカー内に残った溶液をメスフラスコに洗い落とす．このとき，ビーカー内壁も洗い，その洗液もメスフラスコに入れる．

[*6] メスフラスコ内で溶液を混合するには，メスフラスコ内の空気を利用する．そのため，栓をしたメスフラスコを数回，上下逆さまにする操作も行う．

[*7] 一日の内に実験を終える場合には，250 mL の試薬瓶に保存する必要はない．試薬瓶に保存する場合には，清浄でよく乾いた試薬瓶を用いる．

[*8] 0.05 mol L^{-1} の Na_2CO_3 は 0.1 N に相当する．中和反応で，水素イオン H^+，または，水酸化物イオン OH^- と反応する物質量を当量（とうりょう）といい，1 N $= 1$ 当量 L^{-1} である．炭酸イオン CO_3^{2-} は 2 個の H^+ と反応するので，1 mol の CO_3^{2-} は 2 当量に相当する．N は規定度（normal）の頭文字である．1 N は "1 規定" と呼ばれる．

[*9] 濃塩酸は刺激臭のある揮発性の薬品なので，鼻を近づけないように注意する．HCl の場合，1 mol の HCl から 1 mol の H^+ が生じるので，1 mol $= 1$ 当量，1 mol L^{-1} $= 1$ N である．濃塩酸は約 12 mol L^{-1} $= 12$ N であるが，揮発性なので濃度が正確ではない．

[*10] 駒込ピペットではかり取る容積は不正確であるが，元の濃塩酸の濃度も厳密でないので駒込ピペットを用いてよい．

[*11] 実験書によっては，ビーカーの代わりにメスシリンダーを用いているが，メスシリンダーは容量器（容量を合わせるために用いる容器）であり，ビーカーのような反応器（反応をさせるための容器）ではないこと，メスシリンダー内でガラス棒を使って溶液をかき混ぜるのはむずかしいこと，また，最近のビーカーの目盛りの正確さは今回の塩酸の希釈には十分であることを考え合わせて，ビーカーを用いることとした．

[*12] NaOH は腐食性の薬品で，潮解性（ちょうかいせい）である．また，空気中の二酸化炭素と反応して，固体の表面は Na_2CO_3 になっている．NaOH は，1 mol の NaOH から 1 mol の OH^- が生じるので，1 mol $= 1$ 当量，1 mol L^{-1} $= 1$ N である．

f. 水酸化ナトリウム NaOH 標準溶液の調製（約 0.1 mol L^{-1}，0.1 N）

特級水酸化ナトリウム NaOH[*12] を約 0.8 g 手早く電子上皿てんびん[*13] もしくは上皿てんびん[*13, *14] ではかり取り，200 mL のビーカーに入れ[*15]，水を加えて 200 mL とする．ビーカー中でよく混ぜて均一な溶液とする．必要があればポリ瓶に保存する[*16].

g. Na$_2$CO$_3$ 標準溶液を用いた HCl 標準溶液の標定

前述 d. で調製した Na$_2$CO$_3$ 標準溶液 10 mL をホールピペットを用いて[*17], 100 mL コニカルビーカーにはかり取り[*18]，純水を約 20 mL 加え，指示薬としてメチルオレンジ溶液[*19] を 1，2 滴加える．たえず振り混ぜながら，標定しようとする前述 e. で調製した HCl 標準溶液をビュレットから滴下し[*20]，滴下ごとによく振り混ぜる．呈色が黄色から赤橙色に変化したところ[*21] を終点とし，要した HCl 量を読み取る．滴定操作を 5 回繰り返し，特に異常な測定値を除いて，測定値の平均値と標準偏差を計算し，HCl 標準溶液の濃度を算出する．また，信頼水準 95 % における濃度の信頼区間を求める[*22].

---

*13 湿度が高いと NaOH の潮解が早いので，短時間で秤量を終わらせる．NaOH の 1 粒がおよそ 0.1 g なので，8 粒程度取ることになる．粒を砕く必要はなく，粒単位でよい.

*14 乾いた秤量瓶などを上皿てんびんに乗せ，風袋（ふうたい）消去後に，さらに 0.8 g 相当の分銅を乗せてから，試薬側の秤量瓶に粒状の NaOH を入れる．"風袋" とは空の容器のことで，"風袋消去" とは，空の容器の質量を含めて，両側の皿のバランスを合わせることである.

*15 *12 で記述した理由により，0.1 N NaOH 標準溶液を正確に調製することはできない．そこで，液の調製にはビーカーを用いる.

*16 NaOH のような強塩基の溶液をガラス製の容器で長期に保存すると，SiO$_2$，Na$_2$O などからできているガラスの表面を侵し不透明にする（失透）．長期保存する場合には，ポリ瓶に保存する.

*17 ホールピペットを使用する際には安全ピペッターを用いる（6-1-3 項参照）．ホールピペットは，内部および外部を純水でよく洗浄し，外側の水分を取り除いたのち使用する．安全ピペッターの球部を凹ませ，途中で空気を吸い込まないようにホールピペットの先端を Na$_2$CO$_3$ 標準溶液に完全につけ，ホールピペットの標線の上まで溶液を吸い込む．吸い込んだ溶液は別のビーカーに捨てる．再び Na$_2$CO$_3$ 標準溶液をホールピペットに適量吸い込み，ホールピペットを回す操作により内部を十分に洗浄する．このような操作を複数回繰り返す．この操作を "共洗い" という．共洗いによって，滴定実験の系統誤差を大幅に少なくすることができる．安全ピペッターの内部にまで，Na$_2$CO$_3$ 標準溶液を吸い込まないように注意する.

*18 コニカルビーカーは洗浄後，純水ですすいでおく．コニカルビーカーを乾燥させる必要はなく，純水が残っていても滴定結果に影響しない.

*19 メチルオレンジ溶液は市販のメチルオレンジ（粉末）0.1 g を純水に溶かして 100 mL にする．これをスポイトのついた滴下瓶に保存する.

*20 一般に滴定では，より安全な試薬をビュレットに入れる．塩基性溶液はガラスの表面を溶かすこと，また，ビュレットは実験者の顔と同じ程度の高さで使うので，ビュレットに入れた塩基性溶液が目に入ると失明の危険性がある．まず，ビュレットを純水でよく洗浄する．ビュレットを乾かす必要はない．ビュレット上部に漏斗を差し込み，HCl 標準溶液をビュレットに適量入れる．この溶液を用いてビュレットを共洗いする．共洗いを複数回繰り返した後，HCl 標準溶液を十分な量，ビュレットに入れる．漏斗を外すことを忘れてはならない．このとき，HCl 標準溶液をビュレットの特定の目盛りまで入れる必要はない．ビュレットに入れた HCl 標準溶液の液面中央の最も凹んだ部分（メニスカス）を水平方向真横から見て，ビュレットの最小目盛りの 1/10 の桁まで読む．25 mL ビュレットの場合，0.01 mL の桁まで読むことになる．滴定に要した液量が 10 mL 以下の場合，有効数字は 3 桁になる.

*21 メチルオレンジの変色域は pH 3.1（赤橙色）から 4.4（黄色）である．この実験では，弱塩基の溶液を強酸の溶液で滴定しているので，溶液の黄色に赤みがさすときを終点とする.

*22 異常値が 1 個の場合には，測定回数が $n = 4$ になる．このとき，標準偏差の計算に関する自由度は $f = n - 1 = 3$ となる．前述の議論により，信頼水準 95 % における t 値は 3.18 になる．平均値 $\bar{x}$，標準偏差を s とすると，信頼区間は次式から求められる.

$$\bar{x} - t(s/\sqrt{n}) < \mu < \bar{x} + t(s/\sqrt{n}) \tag{6-66}$$

h. HCl 標準溶液を用いた NaOH 標準溶液の標定

　　前述 f. で調製した NaOH 標準溶液の 10 mL を，ホールピペットを用いて[*23] 100 mL コニカルビーカーにはかり取り[*24]，指示薬としてフェノールフタレイン溶液[*25] を 1, 2 滴加える．ビュレットから HCl 標準溶液を滴下し[*26]，滴定を行う．淡紅色の溶液が無色になる点を終点とする[*27]．滴定操作を 5 回繰り返し，特に異常な測定値を除いて，測定値の平均値と標準偏差を計算し，NaOH 標準溶液の濃度を算出する．また，信頼水準 95％における濃度の信頼区間を求める[*28]．

i. NaOH 標準溶液を用いた食酢の希釈液の標定と食酢中の酸分の定量

　　食酢（酸度 4.5％相当）を 10 mL，ホールピペットで取り[*29]，200 mL メスフラスコで希釈する[*30]．この希釈液をビュレットに入れる[*31]．次に，NaOH 標準溶液 10 mL をホールピペットを用いて[*32] 100 mL コニカルビーカーにはかり取り[*33]，指示薬としてフェノールフタレイン溶液[*34] を 1, 2 滴加える．ビュレットから食酢の希釈液を滴下し[*35]，滴定を行う．滴定操作を 5 回繰り返し，特に異常な測定値を除いて，測定値の平均値と標準偏差を計算し，食酢の希釈液の濃度を算出する．また，信頼水準 95％における濃度の信頼区間を求める[*36]．食酢中の酸分をすべて酢酸として，食酢原液中の酢酸の質量パーセント濃度を求める．

6-4-2　可視・紫外吸光度測定

　　次に機器を使った実験の例として，可視・紫外吸光度測定について述べる．実験操作は，“水の分析”[9]に依った．

a. 目　的

　　水溶液中で鉄イオンは，鉄(II)イオン Fe^{2+} と，鉄(III)イオン Fe^{3+} として存在する．水質基準に関して，鉄イオンの分析に用いられる公定法の一つに吸光光度法（1,10-フェナントロリン法）がある．Fe^{2+} は pH 3〜9 の範囲で 1,10-フェナントロリンと反応して，

---

　　*23, *24　前述 g. の *17, *18 と同様．
　　*25　フェノールフタレイン溶液は市販のフェノールフタレイン（粉末）1.0 g を，エタノール 90 mL に溶かし，水を加えて 100 mL にする．これをスポイトのついた滴下瓶に保存する．
　　*26　HCl 標準溶液をビュレットに入れて滴定を行う．
　　*27　フェノールフタレインの変色域は pH 8.0（無色）から 10.0（赤紅色）である．この実験では，強塩基性の溶液を強酸の溶液で滴定している．pH 7 ではフェノールフタレインは無色なので，フェノールフタレインの赤紅色が完全に消えたときを終点とする．なお，フェノールフタレインは強塩基性では時間とともに赤色が消えていくので，滴定の直前にフェノールフタレインを加える．
　　*28　前述 g. の *22 と同様に求める．
　　*29　食酢の瓶に直接ホールピペットを浸すのは，食酢原液を汚染するので避けるべきである．食酢原液を 50 mL 程度の清浄なビーカーに取ってから行う．このとき，前もってビーカーに対しても食酢原液で共洗いを行う．
　　*30　メスフラスコは容量器であって反応器ではないので，本来，メスフラスコ中で異なる溶液を混合するのは好ましくない．しかし，食酢はすでに酢酸が希釈された水溶液であり，今回は，食酢原液を直接 200 mL のメスフラスコに入れる．メスフラスコにさらに純水を加えて 200 mL の標線に合わせる．
　　*31　今回は，ビュレットに食酢の希釈液を入れる．しかし，前回までの実験で塩酸溶液が入っていたので，まず，ビュレットをよく純水で洗浄し，次に，食酢の希釈液で 2, 3 回共洗いした後，滴定に用いる．
　　*32, *33　前述 g. の *17, *18 と同様．
　　*34　前述 h. の *27 と同様に溶液の赤紅色が完全に消えるときを終点とする．
　　*35　前述 g. の *20 と同様に食酢の希釈液を滴下する．
　　*36　前述 g. の *22 と同様．

赤橙色の安定な錯体を形成する．Fe^{2+} と Fe^{3+} の両方が存在する溶液では，塩化ヒドロキシルアンモニウムを用いて Fe^{3+} を Fe^{2+} に還元した後，1,10-フェナントロリンと反応させ，pH を調整した後，510 nm 付近で吸光度を測定すると Fe^{2+} と Fe^{3+} の濃度の合量が得られる．また，試料溶液中の Fe^{2+} のみの分析の場合には，還元剤を加えないで吸光度を測定する．

b. 準備する器具（図 6-2 参照）

可視・紫外分光光度計，吸光度測定用光学セル（キュベット，光路長 1 cm）メスフラスコ（100 mL），三角フラスコ，ビーカー（100 mL），ホールピペット（2, 5 mL）

c. 準備する試薬

硫酸鉄(II)アンモニウム六水和物 $FeSO_4(NH_4)_2SO_4\cdot6H_2O$，濃塩酸，塩化ヒドロキシルアンモニウム $NH_2OH\cdot HCl$，1,10-フェナントロリン塩酸塩一水和物 $C_{12}H_8N_2\cdot HCl\cdot H_2O$，酢酸アンモニウム，酢酸

d. 希塩酸の調製（6 mol L⁻¹）

試薬の濃塩酸($12\ mol\ L^{-1}$)50 mL をビーカーに取り[37]，純水を加えて 100 mL とする．

e. 鉄(II)イオン標準液の調製

市販の特級 硫酸鉄(II)アンモニウム六水和物 $FeSO_4(NH_4)_2SO_4\cdot6H_2O$ を 0.7020 g 精秤し，100 mL のビーカーに取り，少量の純水で溶かし，$6\ mol\ L^{-1}$ HCl を 0.2 mL 加え[38]，さらに 50 mL の純水を加えてよくかくはんしてから，100 mL メスフラスコに移し，純水を加えて全量を 100 mL とする．この溶液を標準液 A とする．標準液 A をホールピペットで 5 mL 取り，別の 100 mL メスフラスコに入れ，純水を加えて全量を 100 mL とする．この溶液を標準液 B とする．一連の希釈操作によって，1.00 mL の標準液 B には，Fe^{2+} が 0.0500 mg（＝50.0 μg）含まれる[39]．

f. 塩化ヒドロキシルアンモニウム溶液の調製

試薬の塩化ヒドロキシルアンモニウム $NH_2OH\cdot HCl$（モル質量 $69.49\ g\ mol^{-1}$）10 g をはかり取り，ビーカーの中で純水に溶かし 100 mL にする[40]．

g. 1,10-フェナントロリン溶液の調製

試薬の 1,10-フェナントロリン塩酸塩一水和物 $C_{12}H_8N_2\cdot HCl\cdot H_2O$（モル質量 234.68 g

---

＊37　濃塩酸は揮発性で刺激臭があるので，鼻を近づけないように注意する．濃度は厳密でなくてよい．

＊38　後述の i. の操作では，一部酸化された Fe^{3+} を還元して Fe^{2+} にするため，塩化ヒドロキシルアンモニウムを添加するが，この還元反応は酸性条件下で速い反応である．そのため，HCl 溶液を加えておく．

＊39　通常，Fe^{2+} は空気中の酸素によって酸化され Fe^{3+} になりやすい．しかし，硫酸鉄(II)アンモニウム六水和物はモール塩（Mohr's Salt）とも呼ばれ，Fe^{2+} が安定に存在する代表的な塩である．一般に Fe^{2+} を対象とする実験ではモール塩が用いられる．硫酸鉄(II)アンモニウム六水和物のモル式量は $392.14\ g\ mol^{-1}$ である．鉄の原子量は 55.845 なので，1.00 mL の標準液 A および B には，Fe^{2+} がそれぞれ 1.00，0.0500 mg 含まれる．一方，Fe^{3+} を対象とする実験では，硫酸鉄(III)アンモニウム 12 水和物 $NH_4Fe(SO_4)_2\cdot12H_2O$ が用いられる．この塩は一般に鉄ミョウバン（明礬）と呼ばれている．

標準液 A　1 mL 中の Fe^{2+}：

$$0.7020\ \text{g}\times\left(\frac{55.845\ \text{g mol}^{-1}}{392.14\ \text{g mol}^{-1}}\right)\left(\frac{1}{100\ \text{mL}}\right)=1.000\ \text{mg mL}^{-1} \tag{6-67}$$

標準液 B　1 mL 中の Fe^{2+}：

$$1.000\ \text{mg mL}^{-1}\times5\ \text{mL}\times\left(\frac{1}{100\ \text{mL}}\right)=0.0500\ \text{mg mL}^{-1}=50.0\ \text{μg mL}^{-1} \tag{6-68}$$

mol^{-1}）0.12 g をはかり取り，ビーカーの中で純水に溶かし 100 mL にする[*41].

h. 酢酸アンモニウム・酢酸緩衝液の調製

　　酢酸アンモニウム[*42] CH_3COONH_4（モル質量 77.08 g mol^{-1}）25 g（0.324 mol 相当）をはかり取り，ビーカーに入れて，水 12 mL と酢酸[*43] CH_3COOH（比重 1.049，モル質量 60.05 g mol^{-1}，モル濃度 17.46 mol L^{-1}）70 mL（1.22 mol 相当）を加えて溶解させ，さらに，純水を加えて全量を 100 mL とする．

i. 検量線の作成

　　5 本の 100 mL メスフラスコ（B_0〜B_4）を用意し，それぞれのメスフラスコに標準液 B（Fe^{2+} 50 μg mL^{-1}）を 0.0, 2.0, 4.0, 6.0, 8.0 mL[*44]，ホールピペット（2 mL）を用いて入れる．次に，駒込ピペットを用いて，6 mol L^{-1} HCl 1 mL をそれぞれに加える．さらに，純水を加えて約 25 mL にする．一部酸化された Fe^{3+} を還元して Fe^{2+} にするために，塩化ヒドロキシルアンモニウム溶液 2.5 mL を各メスフラスコに駒込ピペットを用いて加え，よく振り混ぜる．次に，Fe^{2+} との錯体を形成させるために 1,10-フェナントロリン溶液 5 mL[*45] をホールピペットを用いて加える．酢酸アンモニウム・酢酸緩衝液 10 mL を加えて水で全量を 100 mL とする．よく振り混ぜて 30 分間静置する．Fe^{2+} が入っていない B_0 の一部を対照溶液（"ブランク"と呼ぶ）として用い，B_0〜B_4 を測定

[*40]　$NH_2OH \cdot HCl$ は還元剤として適量を加えるだけなので，濃度は厳密でなくてよい．この操作では，濃度は次のようになる．

$$\left(\frac{10\ \text{g}}{69.49\ \text{g mol}^{-1}}\right)\left(\frac{1}{100\ \text{mL}}\right) ≒ 1.44\ \text{mol L}^{-1} \tag{6-69}$$

[*41]　$C_{12}H_8N_2 \cdot HCl \cdot H_2O$ は Fe^{2+} との錯体を形成させるために加えるので，濃度は厳密でなくてよい．この操作では，濃度は次のようになる．

$$\left(\frac{0.12\ \text{g}}{234.68\ \text{g mol}^{-1}}\right)\left(\frac{1}{100\ \text{mL}}\right) ≒ 5.1×10^{-3}\ \text{mol L}^{-1} \tag{6-70}$$

[*42]　緩衝液をつくるにあたって，弱酸の塩と弱酸の組合せとしてこの操作では，CH_3COONH_4 と CH_3COOH の混合液を用いているが，6.5 mol L^{-1} の CH_3COONH_4 水溶液でもよい．

[*43]　酢酸は刺激臭のある液体なので，鼻を近づけないよう気をつける．試薬の酢酸は純粋な 100 % 酢酸で，融点が 16.7 ℃ のため，冬季には凍っていることがある．そのため，氷酢酸とも呼ばれる．

[*44]　最終的にメスフラスコ中の溶液は全量 100 mL となるので，溶液中の Fe^{2+} の濃度は，例えば，B_4 の場合，

$$\left(\frac{50.0\ \text{μg mL}^{-1}×8.00\ \text{mL}}{55.845\ \text{g mol}^{-1}}\right)\left(\frac{1}{100\ \text{mL}}\right) = 7.16×10^{-5}\ \text{mol L}^{-1} \tag{6-71}$$

と計算される．表 6-10 にメスフラスコ（B_0〜B_4）に入れた標準液 B の量と Fe^{2+} の濃度をまとめた．

表6-10　Fe^{2+} フェナントロリン錯体のモル濃度と吸光度（510 nm）

	標準液 B の量 / mL	Fe^{2+}の濃度 c / 10^{-5} mol L^{-1}	吸光度 A
B_0	0	0	0.0026
B_1	2.00	1.79	0.1777
B_2	4.00	3.58	0.3606
B_3	6.00	5.37	0.5265
B_4	8.00	7.16	0.6826

[*45]　Fe^{2+} の濃度の最大値は，B_4 の場合の 7.16×10^{-5} mol L^{-1} である．1,10-フェナントロリン溶液を 5 mL 加え，全量を 100 mL としているので，フェナントロリンの濃度は

$$5.11×10^{-3}\ \text{mol L}^{-1}×5\ \text{mL}×\left(\frac{1}{100\ \text{mL}}\right) ≒ 25.6×10^{-5}\ \text{mol L}^{-1} \tag{6-72}$$

と計算される．1 個の Fe^{2+} にフェナントロリン分子が 3 個配位するので，十分な量といえる．

溶液として，510 nm における吸光度 A を測定する．なお，吸光度の測定には光路長が 1 cm のセル（キュベット）を用いる（$l = 1$ cm）[*46]．測定で得られた吸光度は理論的にランベルト-ベールの法則[*47]

$$A = \varepsilon c l \tag{6-73}$$

を満たすとして検量線を作成し[*48]，Fe^{2+} フェナントロリン錯体のモル吸光係数 ε を求める．式(6-73)は，吸光度 A が，光を吸収する物質の濃度 c，光路長 l に比例し，その比例係数がモル吸光係数 ε であることを示している．

j. 濃度不明の試料の濃度決定

別の 100 mL メスフラスコに，Fe^{2+} 標準液 B を 0〜8.0 mL の範囲で適当に加えてこれを未知試料とする．これに，検量線作成のために行ったと同じ操作を行う．すなわち，6 mol L^{-1} HCl 1 mL，純水を加えて約 25 mL する．これに，塩化ヒドロキシルアンモニウム溶液 2.5 mL，1,10-フェナントロリン溶液 5 mL，酢酸アンモニウム・酢酸緩衝液

---

*46 セルには，ガラス製と石英ガラス製のものがある．石英製のセルは可視・紫外部両方に用いることができるが，ガラス製のものは可視部の測定にしか用いることができない．今回の測定では，ガラス製のセルでよい．

*47 ランベルト-ベールの法則は，式(6-73)で表されるので，Fe^{2+} フェナントロリン錯体の濃度がゼロであれば吸光度 A をモル濃度 c に対してプロットした検量線は原点を通るはずである．しかし，ここでは，何らかの理由で検量線が原点を通らないと仮定し，測定された吸光度 A を次式で表す．

$$A = A^* + \varepsilon c l \tag{6-74}$$

ここで，A^* は定数である．

*48 式(6-74)より，モル濃度 c を x，吸光度 A を y，定数項 A^* を a，εl を b とすると，$y = a + bx$ の関係が成立する．これを行列で表すと次のようになる．

$$\begin{pmatrix} 0.0026 \\ 0.1777 \\ 0.3606 \\ 0.5265 \\ 0.6826 \end{pmatrix} = \begin{pmatrix} 1 & 0 \\ 1 & 1.79 \\ 1 & 3.58 \\ 1 & 5.37 \\ 1 & 7.16 \end{pmatrix} \begin{pmatrix} a \\ b \end{pmatrix} \tag{6-75}$$

これを簡単に，$Y = A\,B$ と書くことにすると，$B = ({}^t A\,A)^{-1}({}^t A\,Y)$ より，

$$\begin{pmatrix} a \\ b \end{pmatrix} = \left\{ \begin{pmatrix} 1 & 1 & 1 & 1 & 1 \\ 0 & 1.79 & 3.58 & 5.37 & 7.16 \end{pmatrix} \begin{pmatrix} 1 & 0 \\ 1 & 1.79 \\ 1 & 3.58 \\ 1 & 5.37 \\ 1 & 7.16 \end{pmatrix} \right\}^{-1} \left\{ \begin{pmatrix} 1 & 1 & 1 & 1 & 1 \\ 0 & 1.79 & 3.58 & 5.37 & 7.16 \end{pmatrix} \begin{pmatrix} 0.0026 \\ 0.1777 \\ 0.3606 \\ 0.5265 \\ 0.6826 \end{pmatrix} \right\}$$

$$= \begin{pmatrix} 0.0082 \\ 0.0955 \end{pmatrix} \tag{6-76}$$

すなわち，検量線は $y = 0.0082 + 0.0955x$ のように得られる．吸光度の測定値と検量線を図示したのが，すでに示した図 6-5 である．y 切片の値 $a = 0.0082$（吸光度の A^* に相当）はゼロではないが，図から無視できる程度に小さいことがわかる．上記の計算では単位を無視してきたが，y（吸光度）は無次元量，x（モル濃度）には 10^{-5} mol L^{-1} の単位を用いている．検量線の傾きは $b = 0.0955$ であるが，b は εl に等しく，$l = 1$ cm（光路長）であることから，モル吸光係数 ε の値は

$$\varepsilon = \frac{b}{l} = \frac{0.0955 \times 10^5 \, \text{mol}^{-1} \, \text{L}}{1 \, \text{cm}} = 9550 \, \text{mol}^{-1} \, \text{L} \, \text{cm}^{-1} \tag{6-77}$$

となる．なお，モル吸光係数は，次のような単位の組合せで表されることがある．

$$\varepsilon = 9550 \, \text{mol}^{-1} \, \text{L} \, \text{cm}^{-1} = 9550 \, \text{M}^{-1} \, \text{cm}^{-1} = 950 \, \text{mol}^{-1} \, \text{m}^2 \tag{6-78}$$

これからもわかるように，物理量を表すには，数値だけでなく，必ず単位を付けなければならない．

10 mL を加えて純水で全量を 100 mL とする．この試料の 510 nm における吸光度を測定し，検量線から，未知試料の濃度を推定する．

前項の注釈 *48 中の式 (6-77) から，モル吸光係数 ε が 9550 mol^{-1} L cm^{-1} と求まっている．そこで，吸光度 A を測定すれば，式 (6-73) を変形して，

$$c = \frac{A}{\varepsilon l} \tag{6-79}$$

この式に吸光度 A を代入すれば，モル濃度 c が求められる．例えば，未知試料の 510 nm における吸光度が 0.6800 であったとすると，この値を式 (6-79) に代入，光路長 $l = 1$ cm として，

$$c = \frac{0.6800}{9550 \text{ mol}^{-1} \text{ L cm}^{-1} \times 1 \text{ cm}} = 7.12 \times 10^{-5} \text{ mol L}^{-1} \tag{6-80}$$

と計算できる [*49]．

また，上記の実験では，Fe^{2+} のみを含む溶液を用いて実験を行ったが，溶液が Fe^{3+} を含む場合には，Fe^{2+} と Fe^{3+} の濃度の和が得られる．途中で塩化ヒドロキシルアンモニウムを添加せずに，HCl と 1,10-フェナントロリンを加えて，ただちに 12 ％のアンモニア水でコンゴーレッド試験紙が赤変するまで中和した後，同様の操作を行うと Fe^{2+} の濃度だけが得られる．しかし Fe^{2+} は，空気に接触すると速やかに酸化されて Fe^{3+} となるので，正確な値を求めることはむずかしい．

参考文献

1) J. C. Miller, J. N. Miller 著，宗森信 訳，"データのとり方とまとめ方　分析化学のための統計学"，共立出版（1991）．

2) J. C. Miller, J. N. Miller 著，宗森信，佐藤寿邦 訳，"データのとり方とまとめ方　第 2 版　分析化学のための統計学とケモメトリックス"，共立出版（2004）．

3) 尾関徹，「入門講座：分析化学における数学的テクニック」，ぶんせき，**8**，602-611（1994）．

4) D. W. Rogers 著，木原寛 訳，"パソコンによる計算化学入門"，丸善（1993）．

5) D. L. Massart, B. G. M. Vandeginste, S. N. Deming, Y. Michotte, L. Kaufman, "Data Handling in Science and Technology, Vol. 2, Chemometrics: a textbook", Elsevier（1988）．

6) 中川徹，小柳義男，"最小二乗法による実験データ解析・プログラム SALS"，UP 応用数学選書 7，東京大学出版会（1982）．

7) T. Ozeki, H. Adachi, S. Ikeda, *Bull. Chem. Soc. Jpn.*, **69**, 619-625（1996）．

8) 蟇目清一郎 監修，足立裕彦，早川修，蟇目清一郎，木原寛，岸政美，尾関徹，渡辺紀元 著，"化学の基礎実験 7. 中和滴定"，第 2 版，三共出版（2013），p.58.

9) 日本分析化学会北海道支部 編，"水の分析"，化学同人，第 3 版，6.1 鉄（1986），p.203；第 5 版，6.3 鉄（2005），p.216.

[*49] 式 (6-80) の値は検量線の y 切片の値 0.0082 を無視した値であり，式 (6-74) に準じて計算すると，

$$c = \frac{0.6800 - 0.0082}{9550 \text{ mol}^{-1} \text{ L cm}^{-1} \times 1 \text{ cm}} = 7.03 \times 10^{-5} \text{ mol L}^{-1} \tag{6-81}$$

が得られる．

第 2 編

物理の基礎

7章　物理量の単位と次元

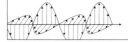

7-1　物　理　量

　物理量は物理変化や化学反応などの現象を記述あるいは説明するための量で，単に"量"と呼ぶこともある．物理量を Q とすると，Q は物理量の値 $\{Q\}$ と単位 $[Q]$ の積で表される．すなわち，

$$Q = \{Q\} \times [Q] \qquad (7\text{-}1)$$

である．たとえば，60 kg では $\{Q\}$ は 60，$[Q]$ は kg である．50 km/h では $\{Q\}$ は 50，$[Q]$ は km/h である．km/h の読み方は"キロメートル毎時"あるいは"キロメートル・パー・アワー (kilometer per hour)"が標準的である．ちなみに，km h^{-1} という表記が科学では一般的である．この表記法のほうが複雑な単位を表すときに間違えることが少ない．

　ここで，単位と値の意味に注目して，割り算"1÷(1/3)＝3"考える．分数での割り算は，その分数の逆数を割る数に掛ければよいから答えは 3 である．しかし，答えの 3 はどのような意味をもっているのだろうか．3 は(1/3)を単位としたときの 1 の値である．また，"1÷(2/3)＝1.5"では，(2/3)を単位としたときの 1 の値が 1.5 である．このように，単位はある基準を与えるものであるといえる．5 m は m（あるいは 1 m）を単位としたとき，その単位の 5 倍の長さである．m は多くの人が知っている単位であるが，単位は自分でもつくれる．自分の身長を単位として，たとえばシン（1 シン）とすると，自分より 1.1 倍背の高い人の身長は 1.1 シンとなる．これで，新しい単位シンができたことになる．しかし，多くの人が勝手に身長の単位をつくっていては，他の人と論議するときに困難が生じる．自分の 1 シン

と他人の 1 シンの長さが必ずしも等しいとは限らないからである．後述するように，このような不都合を解決するために国際単位系 (SI, 仏語では Système International d'unités，英語では International System of Units) が考案された．

　まず，物理量や後述する各種の単位および接頭語の書き方には，いくつかの規則があるので，このことを以下にまとめておく．

　1）物理量を表す変数の記号は，斜体（イタリック体）を用いて書く．

　例：太陽の質量を m とする．

　2）単位の記号は，立体（ローマン体）を用いて表す．

　例：このプールの水路は 50 m である．

　3）接頭語は，立体（ローマン体）で表す．単位記号との間は空けてはいけない．

　例：電流は 1 μA である．（μ と A の間を空けない）

　4）二つ以上の接頭語は用いてはいけない．

　たとえば，10^{-3} および 10^{-6} を示す接頭語は，それぞれ m（ミリ）と μ（マイクロ）であるが，10^{-9} を表すときは mμ とはせず，10^{-9} を表す n（ナノ）を用いる．

7-2　次　　元

　物理量の次元は，その物理量が何を表すかを直感的に示すものである．例えば，地球の半径は長さの次元をもち，振り子の周期は時間の次元をもつ．基本となる七つの次元を表 7-1 に示す．他の物理量の次元は，基本となる次元の累乗や積で与えられる．たとえば，体積は，(縦)×(横)×(高さ)であるから，

表 7-1 基本的な次元と SI 基本単位

基本的な物理量	基本となる次元の記号	基本単位の名称	基本単位の名称(英語)	基本単位の記号
時間	T	秒	second	s
長さ	L	メートル	metre	m
質量	M	キログラム	kilogram	kg
電流	I	アンペア	ampere	A
熱力学温度	Θ	ケルビン	kelvin	K
物質量	N	モル	mole	mol
光度	J	カンデラ	candela	cd

その次元は,

体積の次元

$$= 長さの次元 \times 長さの次元 \times 長さの次元$$
$$= L^3$$

となる. 力の次元は, ニュートンの運動方程式 (力＝質量×加速度) より,

力の次元 ＝ 質量の次元×加速度
$$= 質量の次元 \times 長さの次元 \times (時間)^{-2}$$
$$= M L T^{-2}$$

である. 他の物理量についても同様に次元を求めることができる.

次元は二つの物理量が同種のものであるかどうかを判断するときに便利であるだけでなく, 次元解析を行えば, 簡単に物理量の関係を理解することができる. エネルギーの次元は $M L^2 T^{-2}$ であるので, エネルギーは力の次元 $M L T^{-2}$ に長さの次元 L を掛ければよいことがわかる. また別の見方をすれば, 質量の次元 M に速度の次元 $L T^{-1}$ の二乗を掛けてもよいことがわかる.

7-3 SI 基本単位

基本的な次元に対応して単位にも七つの基本単位がある. これらは SI 基本単位と呼ばれる. SI 基本単位の名称や記号は, 基本となる次元とともに表 7-1 に示した. SI 基本単位の定義は様々な歴史的な変遷を経て今に至っている. 2019 年 5 月 20 日に施行された最も新しい定義を表 7-2 に示す.

今まで質量の定義に用いられてきた国際キログラム原器は, 100 年間に約 50 μg 増加することが明らかとなった. このため, 人工的な国際キログラム原器を用いないで, 50 μg÷1 kg ＝ 5×10⁻⁸ ＝ 50 ppb

を凌ぐ精度で決定できる物理定数を用いた質量の定義に変更された. キログラムはプランク定数 h によって定義されることになった. すなわち, $h =$ 6.626 070 15×10⁻³⁴ J s = 6.626 070 15×10⁻³⁴ kg m² s⁻¹ であるから, h を精度よく決定できれば, kg が定義できる. 1 m や 1 s⁻¹ は長さと時間の定義によりすでに決められているからである. キログラムの定義の変更により (表 7-2), すべての SI 基本単位の定義は, 物理定数, すなわち, 真空中の光速, プランク定数, 電気素量, ボルツマン定数, アボガドロ定数により定義されるようになった. これまで, モルは 0.012 kg の炭素 12 に含まれる原子と等しい数の構成要素を含む系の物質量であり, まったく不確かさのない物理量であった. しかし, 新しい定義では, モルは質量と無関係となり, アボガドロ定数だけによることになる. このため, モル質量やモル質量定数, 統一原子質量単位 (ダルトン) は不確かさのある値となった. ただし, プランク定数の定義値は元の国際キログラム原器の質量を基準に決められたため, 一般に用いられているはかりや分銅の質量が変わることはない.

7-4 SI 組立単位

力の SI 組立単位はニュートン (N) であるが, これを SI 基本単位で表すと kg m s⁻² となる. 力の単位など, よく使われる物理量の単位をいちいち SI 基本単位で表すことは面倒である. そこで, これらの物理量については覚えやすい特別な単位が定められた. このような単位のことを SI 組立単位という. 表 7-3 に 22 個の SI 組立単位をまとめる.

表 7-2　SI 基本単位の新しい定義

基本的な物理量	定　義
時間	秒（s）は時間の単位である．その大きさは，単位 s^{-1}（Hz に等しい）による表現で，非摂動・基底状態にあるセシウム 133 原子の超微細構造の周波数 $\Delta\nu_{Cs}$ の数値を正確に 9 192 631 770 と定めることによって設定される
長さ	メートル（m）は長さの単位である．その大きさは，単位 $m\,s^{-1}$ による表現で，真空中の光速度 c の数値を正確に 299 792 458 と定めることによって設定される
質量	キログラム（kg）は質量の単位である．その大きさは，単位 $s^{-1}\,m^2\,kg$（J s に等しい）による表現で，プランク定数 h の数値を 6.626 070 15×10^{-34} と定めることによって設定される
電流	アンペア（A）は電流の単位である．その大きさは，電気素量 e の数値を 1.602 176 634×10^{-19} と定めることによって設定される．単位は C であり，これはまた A s に等しい
熱力学温度（絶対温度）	ケルビン（K）は熱力学温度の単位である．その大きさは，単位 $s^{-2}\,m^2\,kg\,K^{-1}$（$J\,K^{-1}$ に等しい）による表現で，ボルツマン定数 k_B の数値を 1.380 649×10^{-23} と定めることによって設定される
物質量	モル（mol）は物質量の単位である．1 モルは正確に 6.022 140 76×10^{23} の要素粒子を含む．この数値は単位 mol^{-1} による表現でアボガドロ定数 N_A の固定された数値であり，アボガドロ数と呼ばれる
光度	カンデラ（cd）は光度の単位であり，その大きさは，単位 $s^3\,m^{-2}\,kg^{-1}\,cd\,sr$ または $cd\,sr\,W^{-1}$（$lm\,W^{-1}$ に等しい）による表現で，周波数 540×10^{12} Hz の単色光の発光効率の数値を 683 と定めることによって設定される

表 7-3　SI 組立単位

基本物理量	名　称	記　号	他の SI 単位による表し方
平面角	ラジアン	rad	$m\,m^{-1}$
立体角	ステラジアン	sr	$m^2\,m^{-2}$
周波数，振動数	ヘルツ	Hz	s^{-1}
力	ニュートン	N	$kg\,m\,s^{-2}$
圧力，応力	パスカル	Pa	$N\,m^{-2}=kg\,m^{-1}\,s^{-2}$
エネルギー，仕事，熱量	ジュール	J	$N\,m=kg\,m^2\,s^{-2}$
仕事率，工率，放射束	ワット	W	$J\,s^{-1}=kg\,m^2\,s^{-3}$
電荷，電気量	クーロン	C	$A\,s$
電位差（電圧），起電力	ボルト	V	$J\,C^{-1}=kg\,m^2\,s^{-3}\,A^{-1}$
電気抵抗	オーム	Ω	$V\,A^{-1}=kg\,m^2\,s^{-3}\,A^{-2}$
コンダクタンス	ジーメンス	S	$\Omega^{-1}=kg^{-1}\,m^{-2}\,s^3\,A^2$
電気容量（静電容量）	ファラド	F	$C\,V^{-1}=kg^{-1}\,m^{-2}\,s^4\,A^2$
磁束	ウェーバ	Wb	$V\,s=kg\,m^2\,s^{-2}\,A^{-1}$
磁束密度	テスラ	T	$V\,s\,m^{-2}=kg\,s^{-2}\,A^{-1}$
インダクタンス	ヘンリー	H	$V\,A^{-1}\,s=kg\,m^2\,s^{-2}\,A^{-2}$
セルシウス温度	セルシウス度	℃	K
光束	ルーメン	lm	$cd\,sr=cd$
照度	ルクス	lx	$lm\,m^{-2}=cd\,m^{-2}$
核種の放射能	ベクレル	Bq	s^{-1}
吸収線量，カーマ	グレイ	Gy	$J\,kg^{-1}=m^2\,s^{-2}$
線量当量	シーベルト	Sv	$J\,kg^{-1}=m^2\,s^{-2}$
酵素活性，触媒活性	カタール	kat	$mol\,s^{-1}$

7-5 SI 接頭語

0.000 001 g は 1×10^{-6} g であるが，これを 1 μg（マイクログラム）と書くと簡潔に表すことができる．同様に 1000 m を 1 km（キロメートル）と書くとやはりすっきりする．このように 10 の累乗を表す記号，すなわち，接頭語を決めておくと非常に便利である．表 7-4 に接頭語をまとめて示す．後述するが，有効数字を明確にするためにも 10 の累乗や

接頭語を用いるとわかりやすい．例えば，有効数字が 3 桁の場合，0.006 80 A は 6.80×10^{-3} A とするか 6.80 mA とするのがよい．

7-6 非 SI 単位

SI 単位ではないが，慣習的に用いられる単位もその便利さから使われることがある．表 7-5 に，しばしば使われる非 SI 単位を示す．

表 7-4 SI 接頭語

10 の累乗	読み方	記号	10 の累乗	読み方	記号
10^{-1}	デシ	d	10^{1}	デカ	da
10^{-2}	センチ	c	10^{2}	ヘクト	h
10^{-3}	ミリ	m	10^{3}	キロ	k
10^{-6}	マイクロ	μ	10^{6}	メガ	M
10^{-9}	ナノ	n	10^{9}	ギガ	G
10^{-12}	ピコ	p	10^{12}	テラ	T
10^{-15}	フェムト	f	10^{15}	ペタ	P
10^{-18}	アト	a	10^{18}	エクサ	E
10^{-21}	ゼプト	z	10^{21}	ゼタ	Z
10^{-24}	ヨクト	y	10^{24}	ヨタ	Y

表 7-5 非 SI 単位

基本物理量	名 称	記 号	SI 単位による表し方
長さ	オングストローム	Å	10^{-10} m
	ミクロン	μ	10^{-6} m
体積	リットル	ℓ, L	dm^3
質量	トン	t	10^3 kg
加速度	ガル	Gal	10^{-2} m s^{-2}
力	キログラム重	kgf, kgw	9.806 65 N
エネルギー	電子ボルト	eV	$1.602\,18 \times 10^{-19}$ J
	熱化学カロリー	cal	4.184 J
	ハートリー	E_h	$4.359\,744\,650 \times 10^{-18}$ J
	ワット時	W h	3600 J
圧力	気圧	atm	101 325 Pa
	トル	Torr	133.322 368 Pa
	バール	bar	10^5 Pa
濃度	モル毎リットル	M	mol dm^{-3}
粘性率	ポアズ	P	10^{-1} Pa s
	センチポアズ	cP	10^{-2} Pa s
電気双極子モーメント	デバイ	D	$3.335\,64 \times 10^{-30}$ C m

表 7-6 割合を表す記号

小数に乗ずる 10 の累乗	読み方	読み方（英語）	記 号
10^2	百分率	percent	%
10^3	千分率	permil	‰
10^6	百万分率	parts per million	ppm
10^9	十億分率	parts per billion	ppb
10^{12}	一兆分率	parts per trillion	ppt
10^{15}	千兆分率	parts per quadrillion	ppq

7-7 割 合

　割合を表すのに，小数の代わりに百分率（%）やppm などを用いると，多くの"0"を用いる必要がなく便利である．例えば，0.001 は 1 ‰（パーミル）と書けるし，0.000 001 は 1 ppm でよい．気を付けなければならないことは，通常，割合は同じ単位をもつ物理量どうしの割り算であるが，ときには異なる単位をもつ物理量の割り算の場合もある．このようなときには，その物理量の単位がわかるようにしておく必要がある．例えば，質量どうしなら %（あるいは %(w/w)）でよいが，質量を体積で割ったときは，%(w/v) などとしておくとわかりやすい．割合を表す記号を表 7-6 に示す．

7-8 物理量の演算

　(1)　異なる単位（次元）の物理量の足し算や引き算は不可．

　このことは，読者はよく知っていることである．"1 kg＋1 m ＝"という問題には答えられない．また，接頭語が異なっていた場合は，同じ接頭語に戻してから演算することもいうまでもない．例えば，"1 μJ＋1 nJ ＝"は"1000 nJ＋1 nJ ＝1001 nJ"とするか"1 μJ＋0.001 μJ＝1.001 μJ"とする．物理量が複雑な単位である場合，単位や接頭語をきちんと確認したうえで演算しないといけない．

　(2)　単位や次元は文字式と同様に演算可

　1 本 120 円のボールペンを 10 本買うときの価格を問う問題で，"120×10＝1200　答え 1200 円"という解答は，日常生活ではよいが，科学の世界ではもっと正確に，

$$120\,\frac{\text{円}}{\text{本}}\times10\,\text{本}＝1200\,\text{円}\quad\text{答え 1200 円}$$

としてほしい．このようなことをあえて述べるのは，単位は文字式と同様に約分ができることを強調したいからである．すなわち，単位は，文字式

$$\frac{a^2\,b^6\,c^{-1/2}}{a\,b^{-3}\,c}＝a\,b^9\,c^{-3/2}\qquad(7\text{-}2)$$

の約分と同じように演算できる．さらに，約分の逆，すなわち培分をうまく使うと理解が広がる．例えば，表面張力の単位は N m^{-1} であるが，

$$\frac{\text{N}}{\text{m}}\times\frac{\text{m}}{\text{m}}＝\frac{\text{J}}{\text{m}^2}\quad\left(\text{J/m}^2＝\text{J m}^{-2}\right)$$

となり，単位長さ（1 m）あたりの力である N m^{-1} が，単位面積（1 m^2）あたりのエネルギー J m^{-2} に変換される．表面張力を単位長さあたりの力と考えるより，単位面積（1 m^2）あたりのエネルギーと考える方が本質的な理解につながることもある．

7-9 有効数字とその四則演算

　まず，測定値の読み方について述べる．昨今ではデジタル機器が広く使われるようになったが，アナログ機器もいまだに多く用いられている．デジタル機器では測定値の各桁は数字で表示されるが，アナログ機器では目盛を読む必要がある．アナログ機器の目盛は，その最小目盛の 1/10 の桁まで読み取らなければならない．例えば，25 mL のビュレットでは最小目盛は 0.1 mL であるので，測定値は小数第 2 位まで読み取る．メニスカス（水際）の底が 9.4 mL と 9.5 mL の間にあれば，9.4 の次の桁まで読む．例えば，9.43 mL である．最後の桁は測定者が目分量で読むため，この桁の数値には誤差が含まれる．

　有効数字は，測定値のどの桁までが有効であるか

を示す数字である．上の例の 9.43 は有効数字 3 桁である．しかし，9.430 では有効数字 4 桁となり最後の桁の 0 は有効な数字である．また，指数表記の 9.43 $\times 10^{-3}$ は有効数字 3 桁であり，9.430$\times 10^{-3}$ は有効数字 4 桁である．今，有効数字を 3 桁とする場合，有効数字の丸め方は 4 桁目の数字が 4 以下であれば切り捨て，6 以上は切り上げる．1.506 は 1.51，9173 は 9170 となる．後者の場合，有効数字を明確にするため 9.17$\times 10^3$ と指数表記するほうがよい．4 桁目の数字が 5 であれば有効数字の最後の桁が 0 か偶数となるように丸める．12.05 ならば 5 を切り捨てて 12.0，3.135 ならば，5 を切り上げて 3.14 とする．

有効数字の足し算と引き算では，有効数字の最後の桁が最も高い数にそろえる．例えば，

$$315.3 + 9.63(= 324.93) \simeq 324.9$$
$$2.912 - 0.2235(= 2.6885) \simeq 2.688$$

である．

掛け算と割り算では，積や商は有効数字の最も少ない桁数とする．例えば，

$$2.5 \times 0.278(= 0.695) \simeq 0.70$$
$$15.66 \div 0.190(= 82.421\cdots) \simeq 82.4$$

である．

測定値（真数）の対数をとるときは，対数の整数部（指標）は有効数字には含めず，小数部（仮数）から有効数字を決める．例えば，有効数字 3 桁の測定値 4.35$\times 10^4$ の対数は，

$$\log(4.35 \times 10^4) = \log(1 \times 10^4) + \log(4.35)$$
$$= 4 + 0.638\,48\cdots = 4.638\,48\cdots$$

となり，整数部の 4 は桁数だけを表すので有効数字に含めず，小数部を測定値の有効数字 3 桁と同様に 3 桁とする．すなわち，4.35$\times 10^4$ の対数の有効数字は 4.64 ではなく，4.638 と表記する．逆も同様に，対数の小数部の桁数を有効数字の桁数とする．例えば，pH$(= -\log([H^+]/\mathrm{mol\ L}^{-1}))$ が 8.05 のとき，

$$[H^+] = 10^{-8.05} = 10^{-0.05} \times 10^{-8}$$
$$= 0.8912\cdots \times 10^{-8}\ \mathrm{mol\ L}^{-1}$$

で，有効数字は 0.89 で，$[H^+] = 0.89 \times 10^{-8}\ \mathrm{mol\ L}^{-1}$，あるいは 8.9$\times 10^{-9}\ \mathrm{mol\ L}^{-1}$ と表す．

8章 電気

8-1 電荷と電場

8-1-1 静 電 気

電気現象を生じさせるもの、すなわち電気の担い手は**電荷**をもった粒子であり、原子の内部を考えると、その実体は正の電荷をもつ陽子と負の電荷をもつ電子である。電荷の量を**電気量**といい、単位には**クーロン**（C）を用いる。電子1個がもつ電気量は、1.602×10^{-19} C であり、これを**電気素量**（**素電荷**）という。電子は非常に小さく軽いので、原子間を移動することができ、その結果、電子を放出したり、受け取ったりして電気を帯びた（帯電した）粒子ができる。これを**イオン**といい、正に帯電した**陽イオン**と負に帯電した**陰イオン**がある。

2種類の物体を摩擦すると、同じ電気量の正負の電荷の移動が起こり、次のような**帯電列**に従ってそれぞれの物体は正負に帯電する。

（正）毛皮、ガラス、雲母、ウール（羊毛）、ナイ
　　ロン、絹、木綿、木材、アルミニウム、紙、エ
　　ボナイト、鉄、ゴム、ポリエステル、アクリル、
　　ポリエチレン、塩化ビニル、テフロン　（負）

このとき、帯電した物体（**帯電体**）では、電荷に流れはなく、このような流れのない電気を**静電気**（摩擦電気）という。帯電した電荷間には**静電気力**（**クーロン力**）がはたらき、同じ符号の電荷は互いに反発し（斥力）、異なる符号の電荷は互いに引き合う（引力）。また、摩擦によって生じる静電気では、電荷が新たに生み出されたり失われたりすることはないので、摩擦の前後で電気量の総和は変わらない。これを**電気量保存の法則**という。

図8-1のような、二つの点電荷（大きさが無視できる点状の電荷）にはたらく静電気力 F（N）の大きさは、次のように書ける。

$$F = k_0 \frac{qq'}{r^2} \qquad (8\text{-}1)$$

ここで、q, q' は点電荷の電気量（C）、r は電荷間の距離（m）、k_0 は比例定数（真空中では 9.0×10^9 N m^2 C^{-2}）である。静電気力の方向は、点電荷を結ぶ直線上にあり、電荷の符号が同じなら斥力（$F>0$）、異なれば引力（$F<0$）になる。この関係を**クーロンの法則**という。点電荷が3個以上あるときは、それぞれの電荷対による静電気力のベクトル和になる。

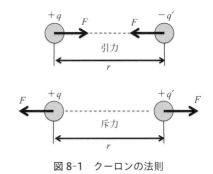

図8-1　クーロンの法則

8-1-2 静電誘導と誘電分極

帯電体どうしは静電気力がはたらき、引きつけあったり、反発したりする。一方、帯電体を、帯電していない**導体**に近づけるとどうなるだろう。この場合、導体は帯電しているものに引きつけられる。導体は金属などの電気を通す物質であり、自由に動きまわれる電子（**自由電子**）をもつ。帯電体を電気的には中性である導体に近づけると、帯電体の電荷

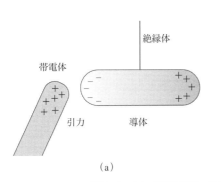

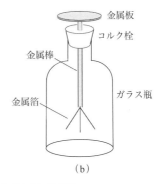

図 8-2　(a) 静電誘導と (b) 箔（はく）検電器

によって，帯電体が正電荷なら自由電子が引きつけられ，逆に帯電体が負電荷なら自由電子は遠ざけられ，結果としていずれの場合も帯電体とは逆の電荷が導体に現れる．このような現象を**静電誘導**といい，帯電体と導体の間にはいつも引力がはたらく（図 8-2(a)）．静電誘導の様子は，図 8-2(b)のような箔（はく）検電器を用いても観測できる．

　次に，帯電体に電気を通さない**不導体（絶縁体）**を近づけるとどうなるだろう．ダイヤモンド，塩化ナトリウム，アクリル，ゴム，紙など，電気を通さない不導体では，電子は原子，イオン，分子に拘束されており，金属のような自由電子が存在しない．しかし，帯電体を近づけると，分子などの構成粒子の中で電子分布のゆがみが生じ，結果として不導体の帯電体に近い側に帯電体とは逆の電荷が現れ，不導体が引き寄せられる．このような不導体で起こる静電誘導を，特に，**誘電分極**という（8-3-1 項参照）．

8-1-3　電場（電界）

　先に述べたように，二つの電荷の間には式(8-1)で示されるような静電気力がはたらく．ここで，空間に点電荷 Q を一つだけ置いた場合を考える．この空間は点電荷 Q を置く前とは異なり，その空間にさらに点電荷 q を置くと，点電荷 q が静電気力

$$F = k_0 \frac{qQ}{r^2} \qquad (8\text{-}2)$$

を受ける空間になっている．このような空間を**電場（電界）**という．そこで，電場の強さを E（N C^{-1}）とすると，

$$F = qE \qquad (8\text{-}3)$$

となる．1 C の電荷 q が 1 N の力を受けるとき，その場所の電場の強さは 1 N C^{-1} である．式(8-2)から，

$$E = k_0 \frac{Q}{r^2} \qquad (8\text{-}4)$$

となる．電場は大きさと方向をもつベクトル量であり，$+Q$（C）の電荷がつくる電場 E は，一次元の場合は図 8-3 のようになり，点電荷 $+q$ には F の力がはたらく．

図 8-3　点電荷がつくる電場

　また，二次元空間で考えると，図 8-4 のように放射状になり，電場の強さは Q に比例して，距離 r の二乗に反比例する．複数の電荷がつくる電場は，それぞれの電場ベクトルのベクトル和になる．

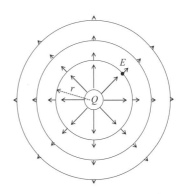

図 8-4　二次元空間で点電荷 Q がつくる電場 E（強さは $1/r^2$ で減少）

8-1-4　電気力線

　空間上で電場の向きを表すための，仮想的な線が**電気力線**であり，図 8-5 のようになる．電気力線は，電場に置いた小さな正電荷が，電場から力を受けながらゆっくり移動するとき，正電荷が動いた道筋が

つくる線である．また，図8-5(c)のような場合，電場内に一つの曲線を仮定し，その曲線上のすべての点における接線の方向が，その点での電場の向きと一致するとき，この曲線が電気力線である．

このような電気力線には，次のような特徴がある．

（1）　電気力線は正の電荷から出て，負の電荷あるいは無限遠で終わる．または，無限から来て，負の電荷で終わる．

（2）　ある点での電場の向きは，二つ以上存在することはないので，2本の電気力線は交わらず，枝分かれもしない．

（3）　電気力線の密度（電気力線に垂直な単位面積あたりの電気力線の数）の大きいところは電場が強く，粗いところは電場が弱い．

（4）　電場の強さが E（N C^{-1}）の点では，電場の向きに垂直な面を通る電気力線は 1 m^2 につき E 本の割合で引くものとする．

また，電気力線に関して，次のような**ガウスの法則**がある．

"任意の閉曲面内に電荷 Q（C）があるとき，曲面を貫く電気力線の総本数は，常に Q/ε_0 本である．" ここで，ε_0 は**真空の誘電率**（8.854×10^{-12} C^2 J^{-1} m^{-1}）であり，式(8-1)の k_0 とは，以下のように関係づけることができる．

$$k_0 = \frac{1}{4\pi\varepsilon_0} \qquad (8\text{-}5)$$

また，電荷 Q が距離 r の点につくる電場の強さ E は式(8-4)で示され，電気力線の本数は単位面積あたり E 本である．点電荷 Q が半径 r の球の中心にあるとすると，球の表面積は $4\pi r^2$ なので，電気力線の総本数 N は，式(8-4)より，

$$N = E4\pi r^2 = 4\pi k_0 Q \qquad (8\text{-}6)$$

となる．ここで，式(8-5)を用いると，

$$N = \frac{Q}{\varepsilon_0}$$

となり，ガウスの法則になる．真空の誘電率 ε_0 を用いて式(8-3)と(8-4)を変形すると，

$$F = \frac{qQ}{4\pi\varepsilon_0 r^2} \qquad (8\text{-}7)$$

$$E = \frac{Q}{4\pi\varepsilon_0 r^2} \qquad (8\text{-}8)$$

となる．

8-2　電位と電気エネルギー

8-2-1　静電ポテンシャルとポテンシャルエネルギー

電荷を電場の中に置くと，静電気力によって運動する．このとき，静電気力は電荷に対して仕事をしたことになる．重力による仕事が，重力場での位置の違いによるのと同じように，静電気力による仕事は，電場での位置，すなわち**電位（静電ポテンシャル）**の違いによっている．その仕事は，ある電位からある電位へ，電荷を移動するときに必要なエネルギー（**静電ポテンシャルエネルギー**）に対応する．

図8-6のような正の点電荷 Q のまわりの電場を考える．Q から距離 r の位置に正の点電荷 q を置いたとき，電場の強さ E は式(8-8)であり，電荷 q が受ける静電気力（斥力）は式(8-3)である．

ここで，電荷 q が点 A（中心からの距離 r_A）から点 B（中心からの距離 r_B）まで移動したとき，その仕事（静電ポテンシャルエネルギー）W_{AB} は，

$$W_{AB} = \int F \, dr = \int_{r_A}^{r_B} \frac{qQ}{4\pi\varepsilon_0 r^2} \, dr$$
$$= \frac{qQ}{4\pi\varepsilon_0} \left(\frac{1}{r_B} - \frac{1}{r_A} \right) \qquad (8\text{-}9)$$

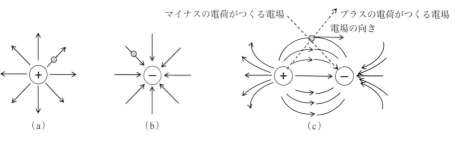

図 8-5　電気力線
●：小さな正の電荷

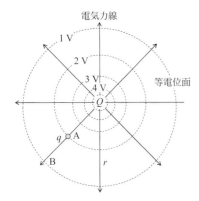

図 8-6　電位（静電ポテンシャル）

となり，エネルギーなので単位は J である．ここでは，中心にある Q の位置を基準にして電荷までの距離 r を考えたが，Q から無限遠を基準（電位 0）として，点 A での電荷 q のポテンシャルエネルギーを考えると，

$$W = \frac{qQ}{4\pi\varepsilon_0 r} \qquad (8\text{-}10)$$

となり，W は電荷 Q がつくる電場の中を，電荷 q が無限遠から，距離 r の位置まで移動するのに必要な仕事であり，電荷 q がもつ静電ポテンシャルエネルギーといえる．

　式(8-10)からわかるように，正の電荷 q が正の電荷 Q に近づくと，静電ポテンシャルエネルギーは大きくなり，電場の中の位置，すなわち電位を r によって表すことができる．ここで，式(8-10)で q を一定の試験電荷 1 C としたもの，

$$\phi(r) = \frac{Q}{4\pi\varepsilon_0 r} \qquad (8\text{-}11)$$

が電位（静電ポテンシャル）である．ここで，単位は J C^{-1} になる．

8-2-2　電　位　差

　2 点間の電位の差を，**電位差（電圧）**といい，単位はボルト（V），もしくは J C^{-1} である．記号としても V を使うことが多く，前項の点 A と点 B の間の電位差 V は，

$$V = \phi(r_\mathrm{A}) - \phi(r_\mathrm{B}) \qquad (8\text{-}12)$$

となる．よって，q（C）の電荷を V（V）電位の高い点に運ぶのに必要な仕事 W（J）は，

$$W = qV \qquad (8\text{-}13)$$

である．逆にいえば，1 C の電荷を 2 点間で運ぶの

に 1 J のエネルギーが必要な 2 点間の電位差が 1 V になる．

　次に，図 8-7 で示す，極板間の距離が d である平行板コンデンサーがつくる一様な電場中の点電荷 q を考える．電場の強さを E とすれば，電荷には式(8-3)の力がはたらき，電場に逆らって電荷 q を B から A まで運ぶには，

$$W_\mathrm{BA} = Fd = qEd \qquad (8\text{-}14)$$

の仕事が必要である．一方，電位差 V と仕事 W の関係は式(8-13)なので，

$$V = Ed \qquad (8\text{-}15)$$

となる．このように考えると，電場の強さ E の単位は V m^{-1}（＝ N C^{-1}）になる．

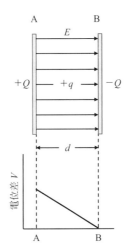

図 8-7　平行板コンデンサー

8-3　誘電体と電場

8-3-1　コンデンサー

　2 枚の金属板（導体）を向かい合わせに配置して，電圧をかけることで静電誘導を起こし，多量の電気を蓄える装置を**コンデンサー**という．コンデンサーに電気を蓄える方法を図 8-8 に示す．(a) 金属板（極板）A に，電圧 V（V）をかけると，極板に正電荷がたまる．(b) 金属板 B を金属板 A に近づけると，静電誘導が起き，金属板 B の A 側（B 面）に負電荷，反対側（B' 面）に正電荷が生じる．(c) 金属板 B を地面につなぐと，正電荷が地面に流れ（自由電子が地面から流れ込み）金属板 B に負電荷のみがたまる．この状態で，地面および電池との接続を切るとコンデンサーに電荷が蓄えられる．このように電荷を蓄えることを**充電**という．一方，充電されたコン

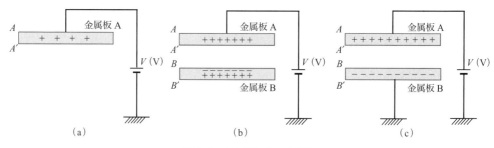

図8-8 コンデンサーの充電

デンサーの極板を，抵抗などの回路につないで，電荷（電流）を流すことを**放電**という．

コンデンサーに蓄えられる電荷 Q は極板間の電位差 V に比例し，

$$Q = CV \qquad (8\text{-}16)$$

となる．ここで，比例定数 C を**電気容量**といい，その大きさは極板間の距離や極板の大きさによって変わる．単位は**ファラド**（**F**）を用いる．1 V で1 C の電荷を蓄えられるコンデンサーの電気容量が1 F である．よって，電気容量 C の単位は $\mathrm{C\,V^{-1}}$ である．次に，極板間の距離が d で，面積 S のコンデンサーに電圧 V をかけたときの蓄えられる電荷 Q を考える．電気力線の特徴の(4)とガウスの法則（8-1-4 項参照）より，電場の強さ E は，

$$E = \frac{Q}{S\varepsilon_0} \qquad (8\text{-}17)$$

となる．一方，電位差と電場の強さの関係は式(8-15)なので，

$$Q = \frac{\varepsilon_0 S}{d} V \qquad (8\text{-}18)$$

となり，電気容量 C は，

$$C = \frac{\varepsilon_0 S}{d} \qquad (8\text{-}19)$$

になる．よって，真空中では極板の面積 S と極板間の距離 d がわかれば，真空の誘電率 ε_0（8.854×10^{-12} $\mathrm{F\,m^{-1}}$）を用いて電気容量 C が決まる．

さらに，二つの極板の間に誘電体（絶縁体）を入れると，同じ電圧でより多くの電荷を蓄えることができる．図8-9 に示すように，コンデンサーに誘電体を入れると**誘電分極**が起き，誘電体の表面に電荷が現れる．この電荷は極板間の電場（右向きの矢印）と逆向きの電場（左向きの矢印）をつくるので，結果としてコンデンサーの正味の電場を弱める．これは，極板間の電位差を下げる（V'）ことになるの

で，外部からの電位差 V まで余計に電荷を蓄えることができるようになる．すなわち，誘電体を入れることで，電気容量 C は次のように増加する．

$$C = \varepsilon_r C_0 \qquad (8\text{-}20)$$

ここで，C_0 は真空中での電気容量で，式(8-19)に対応する．比例定数の ε_r（$\geqq 1$）は，誘電体の比誘電率といい，物質に固有の値である．

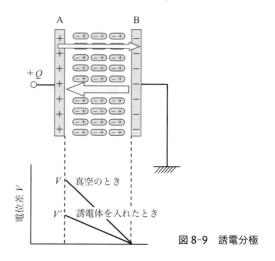

図8-9 誘電分極

8-3-2 コンデンサーに蓄えられる静電エネルギー

コンデンサーを充電するためには，電池につなぐなど外部から仕事をしなければならない．また，コンデンサーを放電すると電球が光ることから，充電されたコンデンサーは電気エネルギーを蓄えていたことになる．点電荷がある電位でもつ静電エネルギーは式(8-13)で表されるが，コンデンサーの場合は少し異なる．それは，コンデンサーの充放電では，電位が充放電の途中で変わるからである（12-2-1 項参照）．そこで，図8-10 のように微小電荷 dq を蓄えるのに必要な仕事を dW として，電荷が0から Q（C）になるまでの仕事を積分すると，式(8-13)と

(8-16) より,

$$\int \mathrm{d}W = \int_0^Q v \, \mathrm{d}q = \int_0^Q \frac{q}{C} \, \mathrm{d}q \qquad (8\text{-}21)$$

となり, 蓄えられた静電エネルギー W は,

$$W = \frac{1}{2} QV = \frac{1}{2} CV^2 = \frac{1}{2} \frac{Q^2}{C} \qquad (8\text{-}22)$$

である.

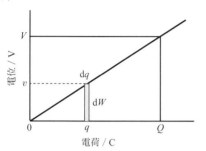

図 8-10　コンデンサーに蓄えられる静電エネルギー

8-3-3　合 成 容 量

コンデンサーを並列と直列につないだ場合の電気容量 (**合成容量**) を考える. 並列の場合は各コンデンサーにかかる電圧が同じなので, 全体の電気量 Q は各コンデンサーの電気量の和になる.

$$\begin{aligned} Q &= C_1V + C_2V + \cdots + C_nV \\ &= (C_1 + C_2 + \cdots + C_n)V \end{aligned} \qquad (8\text{-}23)$$

よって, 合成容量 C は,

$$C = C_1 + C_2 + \cdots + C_n \qquad (8\text{-}24)$$

となる. 一方, 直列の場合は各コンデンサーの電気量が同じで, 全体の電圧は各コンデンサーにかかる電圧の和になる.

$$\begin{aligned} V &= V_1 + V_2 + \cdots + V_n \\ &= \left(\frac{1}{C_1} + \frac{1}{C_2} + \cdots + \frac{1}{C_n} \right) Q \end{aligned} \qquad (8\text{-}25)$$

よって, 合成容量 C の逆数が,

$$\frac{1}{C} = \frac{1}{C_1} + \frac{1}{C_2} + \cdots + \frac{1}{C_n} \qquad (8\text{-}26)$$

となる.

8-4　電流と仕事

8-4-1　電流の担い手

電荷をもつ粒子 (**荷電粒子**) の流れを電流といい, 荷電粒子を**キャリア**という. 電流の担い手は, 荷電粒子の代表である電子であるが, 溶液中のイオンや半導体中の**正孔 (ホール)** もキャリアになりうる. キャリアの電荷は電気素量 e (電子 1 個がもつ電気量, 1.602×10^{-19} C) の整数倍になる. 電子は負の電荷を帯びているので, 電場の中では負から正に向けて動く. このとき, 仮想的に電流は正から負に向けて流れる. 電池の接続で考えると, 電子は負極から出て正極に流れ, 電流は正極から出て負極に流れる.

ある瞬間の流れる電流の大きさ I は, 流れる電子の量, すなわち電気量 (電荷) Q で定義でき,

$$I = \frac{\mathrm{d}Q}{\mathrm{d}t} \qquad (8\text{-}27)$$

である. 1 秒間に 1 C の電気量 (6.242×10^{18} 個の電子) が流れたとき, その電流は 1 A である.

8-4-2　オームの法則, 合成抵抗, 抵抗の温度変化

電流は, 山の上から流れる川の水に例えることができる. 山の高さが電圧で, 川の流れにくさが抵抗にあたる. 細い川だと抵抗が大きく流れが悪く, ダムの放流では大量の水が流れる. 導線を流れる電流 I (A), 電圧 V (V), 抵抗 R (Ω) について, **オームの法則**,

$$V = IR \qquad (8\text{-}28)$$

が成り立つ. このオームの法則をもう少し詳しく考えよう. まず, 長さ l (m) の導体の両端に電位差 V (V) をかける. 導体には電界 E が生じ, 内部の自由電子 (電荷 e) は,

$$F_1 = eE = \frac{eV}{l} \qquad (8\text{-}29)$$

なる力 F_1 を受けて等加速度運動する. 一方, 電荷の運動による抵抗力 F_2 が, 電荷の速さ v に比例すると仮定すると,

$$F_2 = kv \qquad (8\text{-}30)$$

となる. ここで, 比例定数を k をとする. 最終的に $F_1 = F_2$ になるので,

$$\frac{eV}{l} = kv \qquad (8\text{-}31)$$

よって,

$$v = \frac{eV}{kl} \qquad (8\text{-}32)$$

である. ここで, 電子が速さ v で動くとして, 導線の断面積を S (m²), 単位体積あたりの電子の個数を

n（個）とすると，電流 I は，

$$I = envS \qquad (8\text{-}33)$$

となる．式(8-32)と(8-33)より，

$$I = \frac{ne^2S}{kl} V \qquad (8\text{-}34)$$

となる．ここで，

$$R = \frac{kl}{ne^2S} \qquad (8\text{-}35)$$

とすると，オームの法則（式(8-28)）が導かれる．さらに，式(8-35)より

$$R = \frac{k}{ne^2} \times \frac{l}{S} = \rho\,\frac{l}{S} \qquad (8\text{-}36)$$

となり，抵抗 R（Ω）は導線の長さ l（m）に比例し，断面積 S（m²）に反比例する．ここで，ρ は**抵抗率**（Ω m）といい，導線の材質や温度によって決まる．

　金属（導体）の抵抗率 ρ は温度上昇によって大きくなる．これは，温度によって金属中の自由電子の個数は変わらないが，金属イオンの熱運動や原子の配列のみだれなどが増加し，自由電子の流れが妨げられるためである．一方，半導体では，金属とは異なり温度上昇によって抵抗率が小さくなる．これは，高温になるほど原子の拘束から逃れる電子の個数が増加し，原子の熱運動などによる影響を上回るからである（1-3-9 項参照）．

　金属の温度による抵抗率 ρ の変化を使って，温度をはかることができる．温度 t_1, t_2（℃）における抵抗率を ρ_1, ρ_2（Ω m）とすると，近似的に，次の関係が成り立つ．

$$\rho_2 = \rho_1(1+\alpha t+\beta t^2+\gamma t^3+\cdots) \qquad (8\text{-}37)$$

ここで，$t = t_2 - t_1$（$t_2 > t_1$）で，α, β, γ は温度係数である．表 8-1 にいくつかの金属の温度係数（α）をまとめた．

　例えば，白金の α は 0.0039 であり，0 ℃で 100 Ωの白金抵抗温度計を用いて抵抗を測定したところ，

表 8-1　金属の温度係数

物　質	温度係数 α / K^{-1}
鉄	6.5×10^{-3}
タングステン	4.9×10^{-3}
銀	4.1×10^{-3}
銅	4.4×10^{-3}
アルミニウム	4.2×10^{-3}
白金	3.9×10^{-3}

103.9 Ω になったとすると，

$$\frac{\rho_2}{\rho_1} = \frac{R_2}{R_1} = 1.039 = (1+0.0039\,t+\cdots) \qquad (8\text{-}38)$$

となり，温度は 10 ℃ と求まる．

8-4-3　電流による仕事，ジュール熱

　電位が V（V）にある電荷 q（C）は式(8-13)のように qV（J）の静電エネルギーをもつ．この電荷が電流として 0 V まで流れたときの仕事 W は，電流を I（A），時間を t（s）とすると，

$$q = It \qquad (8\text{-}39)$$

$$W = IVt = I^2Rt = \frac{V^2}{R}t \qquad (8\text{-}40)$$

となる．この電流が抵抗を流れて，静電（電気）エネルギーがすべて熱エネルギーに変わったとき，その電流による発熱を**ジュール熱**という．発生する熱量 Q（cal）は，**熱の仕事当量** $J = 4.184$ J cal^{-1} を使って，

$$Q = \frac{1}{J}IVt = \frac{1}{J}I^2Rt = \frac{1}{J}\frac{V^2}{R}t \qquad (8\text{-}41)$$

となる．ここで，1 cal は水 1 g を 1 ℃ 上げるのに必要な熱量である．

8-4-4　電力量，電力

　電気エネルギーは熱エネルギー以外にも，運動エネルギーや，光エネルギーに変換できる．モーターやライトのような電気エネルギーを変換して消費するものを**負荷**という．ここで消費される電気エネルギー W を**電力量**といい，負荷にかかる電圧 V（V），流れる電流 I（A），負荷の抵抗 R（Ω），使用する時間 t（s）から式(8-40)で同様に求められる．また，負荷が単位時間（秒）に消費するエネルギーを**電力**といい，

$$P = \frac{W}{t} = VI \qquad (8\text{-}42)$$

となり，単位は**ワット**（W）を用いる．ちなみに100 W の白熱電球は，100 V で 1 秒間に 1 A 電流が流れる．さらに，1 W や 1 kW の電力を 1 時間使用したときの電力量を単位として**ワット時**（W h）および**キロワット時**（kW h）を用いて表すことがある．

9章 磁 気

9-1 磁石と磁場

9-1-1 磁気に関するクーロンの法則

　磁石の N 極と S 極は引きつけ合い，同極どうしは反発する．このような磁石の磁極間にはたらく力を**磁力（磁気力）**という．方位磁針（コンパス）の N 極が北を指し，S 極が南を指すのも，地球が大きな磁石（北極が S 極，南極が N 極）であると考えると，磁気力で説明できる．電気の場合のクーロンの法則と同様に，**磁気に関するクーロンの法則**が成り立ち，磁気力は磁極間の距離 r の二乗に反比例し，電荷に代わる**磁荷の量（磁気量）**の積に比例する．

$$F = k_m \frac{q_m q'_m}{r^2} = \frac{1}{4\pi\mu_0} \times \frac{q_m q'_m}{r^2} \qquad (9\text{-}1)$$

ここで，q_m, q'_m は磁気量で，単位は**ウェーバ（Wb）**である．比例定数 $k_m (6.33 \times 10^4\,\mathrm{N\,m^2\,Wb^{-2}})$ は，**真空の透磁率** $\mu_0 (= 4\pi \times 10^{-7}\,\mathrm{N\,A^{-2}})$ を用いて，

$$k_m = \frac{1}{4\pi\mu_0} \qquad (9\text{-}2)$$

と書き換えられる．式(9-1)より，二つの磁荷に 1 m の距離で $6.33 \times 10^4\,\mathrm{N}$ の力がはたらくとき，そのときの磁気量が 1 Wb である．磁荷は電荷とよく似ているが，大きな違いがある．電荷は正電荷と負電荷が単独で存在できるが，磁荷は必ず対で存在し，磁石をいくら細かくしても N 極と S 極は単独では存在しない．

9-1-2 磁場（磁界）

　空間に磁荷を置くと，そのまわりには式(9-1)で示す磁気力を磁荷に及ぼす空間ができ，その空間を**磁場（磁界）**という．$+Q_m$（Wb）の磁荷がつくる磁場に，q_m（Wb）の磁荷を置くとクーロンの法則に従う磁気力が生じる．そこで，**磁場の強さ**を H（N Wb^{-1}）とすれば，

$$F = q_m H \qquad (9\text{-}3)$$

となり，電場の強さと同様に，

$$H = \frac{Q_m}{4\pi\mu_0 r^2} \qquad (9\text{-}4)$$

となる．磁場にも方向があるので，H はベクトル量である．

9-1-3 磁 力 線

　磁場の様子は，棒磁石のまわりに鉄粉をまくと見ることができる．電気力線と同様に，磁場の様子を線で表したものが**磁力線**であり，一つの点磁荷の場合は法線が磁力線である．複数の磁荷がある場合は，一つの曲線を仮定し，その曲線上のすべての点における接線の方向が，その点での磁場の向きと一致するとき，この曲線が磁力線である．磁力線には，次のような特徴がある．

1) N 極から出て，S 極で終わる．
2) 磁力線は交差したり，枝分かれしたりしない．
3) 磁力線の密度が大きいところは，磁場が強い．
4) 磁場の強さが H（N Wb^{-1}）の点では，1 m^2 につき H 本の割合で磁力線を引くものとする．

　磁力線に関するガウスの法則もあり，Q（Wb）の磁極からでる磁力線の総数は，Q/μ_0 である．

9-1-4 磁 化

　物質を磁石に近づけると，鉄くぎのように引きつけられるものと，十円玉のように引きつけられない

ものがある．鉄くぎが引きつけられるのは，磁石の磁場によって，鉄くぎが磁石の性質をもつようになったためと考えられる．このような，物質が磁石の性質をもつことを**磁化**という．このマクロな現象の担い手は，電子や原子核がもつ小さな磁石としての性質であり，これを**磁気モーメント**という．磁気モーメントが磁場の中でどう変化するかというミクロな現象が，マクロな現象である磁化を引き起こす．磁化の仕方によって，**常磁性体，反磁性体，強磁性体**に分類できる．鉄，コバルト，ニッケル，ガドリニウムのように普通の磁石に強く引きつけられる物質を強磁性体という．強磁性体のなかには，磁石を取り除いたあとも磁化が残り，永久磁石になるものがある．強力な磁石にわずかに引きつけられるが，磁石を離すと磁化が消えるものを常磁性体といい，酸素分子，アルミニウム，白金などがある．さらに，すべての物質はわずかに磁場に反発する**反磁性**の性質をもつが，より強い性質（磁性）をもつ強磁性体や常磁性体でないものを反磁性体といい，水，銅，グラファイトなどがある．

9-2　電流と磁場

9-2-1　エルステッドの実験と直線電流がつくる磁場

エルステッド（H. C. Ørsted）は，電流が流れる導線の近くでは方位磁針が振れる現象を発見した．詳細にこの現象を調べると，十分に長い導線を流れる直線電流のまわりには，図9-1のような磁場が生じることがわかった．

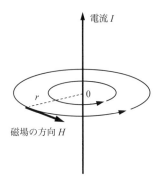

図9-1　直線電流がつくる磁場

直線電流がつくる磁場の特徴は，以下の通りである．
（1）　導線に垂直な平面上では，磁場は導線を中心とした同心円状になる．

（2）　磁場の向きは，電流の方向に右ねじの回る向きである（**右ねじの法則**）．

（3）　磁場の強さ H は，電流 I に比例，中心からの距離 r に反比例し，次のようになる．

$$H = \frac{I}{2\pi r} \qquad (9\text{-}5)$$

式（9-3）からは磁場の強さは H の単位は N Wb^{-1} であるが，電流がつくる磁場（式（9-5））から考えると A m^{-1} になり，これらは同じ次元をもつ．

9-2-2　円形電流がつくる磁場

図9-2のような，一巻きのコイル（直径 $2r$）のような導線を流れる円形電流 I がコイルの中心につくる磁場 H は，各所の電流素片がつくる磁場の重ね合わせになるので，式（9-5）で考えられる磁場より強いと予想され，次のようになる．

$$H = \frac{I}{2r} \qquad (9\text{-}6)$$

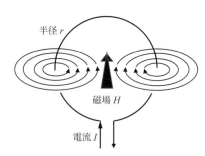

図9-2　円形電流がつくる磁場

このような電流がつくる磁場は，次に示す**ビオ・サバールの法則**によって求めることができる．

ビオ・サバールの法則：図9-3のような導線の微小部分 ds を流れる電流（電流素片）により，点 P につくられる磁場の強さ dH は，電流 I，導線の長さ ds，点 P までの距離 r，接線となす角 θ とすると，

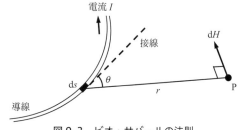

図9-3　ビオ・サバールの法則

$$\mathrm{d}H = \frac{I \sin\theta}{4\pi r^2} \mathrm{d}s \qquad (9\text{-}7)$$

となる.

これにより，円形電流や直線電流などのつくる磁場は，

$$H = \int \mathrm{d}H \qquad (9\text{-}8)$$

となる．例えば，円形電流の中心での磁場は，半径 r，$\theta = \pi/2$ なので，

$$\mathrm{d}H = \frac{I \sin(\pi/2)}{4\pi r^2} \mathrm{d}s \qquad (9\text{-}9)$$

$$H = \int \mathrm{d}H = \int \frac{I}{4\pi r^2} \mathrm{d}s = \frac{I}{4\pi r^2} \int \mathrm{d}s$$

$$= \frac{I}{4\pi r^2} \times 2\pi r = \frac{I}{2r} \qquad (9\text{-}10)$$

となり，円形電流がつくる磁場（式(9-6)）が求まる.

9-2-3　アンペールの定理

電流がつくる磁場において，任意の閉曲線に沿って，1 Wb の磁荷を磁場に逆らって一周させるのに必要な仕事 W (J) は，その閉曲線を貫く全電流の値 I に等しい．これを**アンペールの定理**という．簡単にするため，導線を流れる I (A) の直線電流がつくる円形磁場を考え，導線から距離 r の円周に沿って，$+1$ Wb の磁荷が一周するとする．このとき，磁場の強さ H は，式(9-5)のようになり，磁場から受ける磁気力 F は，磁荷が $+1$ Wb なので，式(9-3)から，

$$F = q_\mathrm{m} H = \frac{I}{2\pi r} \qquad (9\text{-}11)$$

である．この力に逆らって円周 $2\pi r$ を一周する仕事は，

$$W = \int q_\mathrm{m} H \, \mathrm{d}r = \frac{I}{2\pi r} \times 2\pi r = I \qquad (9\text{-}12)$$

となる.

9-2-4　ソレノイドがつくる磁場

図 9-4 のような太さに比べて長さが十分に長いコイルをソレノイドという.

まず，ソレノイドに電流を流したときとの磁場の様子をまとめる.

(1)　ソレノイドの外側では棒磁石がつくる磁場と似た磁場をつくる.

(2)　磁場は，電流の向きに回る右ねじの進む方向にソレノイドを貫いており，磁力線が出る側が N 極である．逆に磁力線が入る側は S 極である.

(3)　ソレノイドの内側の磁場の強さは，どこも一様である.

(4)　流れる電流が大きいほど，またソレノイドの単位長あたりの巻き数が多いほど磁場は強くなる.

次に，長さ L (m)，巻き数 N 回のソレノイドに電流 I (A) を流したときの磁場の強さ H を考える．図 9-5(a)で，閉曲線 ABCDA（一辺 l (m)）に沿って，

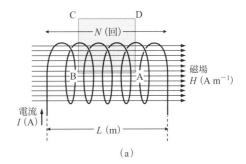

(a)

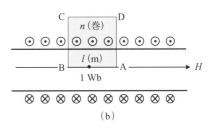

(b)

図 9-5　ソレノイドがつくる磁場

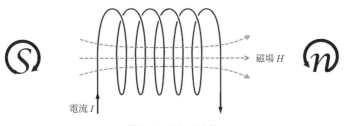

図 9-4　ソレノイド

ABCDA の順に 1 Wb の磁荷を一周させるのに必要な仕事 W は，CD が磁場から十分に離れているとすると，式(9-3)より，

$$W_{AB} = Hl, \quad W_{BC} = -W_{DA}, \quad W_{CD} = 0 \quad (9\text{-}13)$$

なので，

$$W = W_{AB} = Hl \quad (9\text{-}14)$$

となる．一方，閉空間を貫くコイルを n（巻）とすると，アンペールの定理（式(9-12)）から図 9-5(b)のように，

$$W = nI \quad (9\text{-}15)$$

よって，

$$Hl = nI \quad (9\text{-}16)$$

となり，ソレノイドがつくる磁場の強さ H は，

$$H = I \times \frac{n}{l} = I \times \frac{N}{L} \quad (9\text{-}17)$$

となり，流れる電流 I と単位長あたりの巻き数 N/L に比例する．

9-2-5　電流が磁場から受ける力

　図 9-6 のように，磁場中に導線（アルミニウムパイプ）を置いて電流を流すと，導線は力を受ける．このとき，力 F，磁場 H，電流 I の向きは，左手の親指（F），人差し指（H），中指（I）を使って表すことができ，これを**フレミングの左手の法則**という．

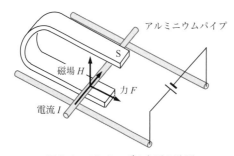

図 9-6　フレミングの左手の法則

　次に，力の大きさ F（N）は，

$$F = \mu_0 I H l \quad (9\text{-}18)$$

となり，μ_0 は真空の透磁率，I, H, l はそれぞれ電流（A），磁場の強さ（A m^{-1}），導線の長さ（m）である．さらに，磁場と電流のなす角が θ のときは，

$$F = \mu_0 I H l \sin\theta \quad (9\text{-}19)$$

になる．

　磁場の強さ H（N Wb^{-1}（$=$ A m^{-1}））は，単位磁荷がどれだけの力を受けるかによって磁場の強さを定義したものである．これに対して，単位長の導線に流れる単位電流が磁場から受ける力によって磁場の強さを表したものが**磁束密度 B** である．単位は N A^{-1} m^{-1} となるが，これをテスラ（T）と表す．よって，電流 1 A が流れている 1 m の導線に，1 N の力がはたらくとき，その磁束密度は 1 T である．磁束密度を用いて式(9-19)を書き直すと，

$$F = IBl \sin\theta \quad (9\text{-}20)$$

となり，真空中では B と H の間には，

$$B = \mu_0 H \quad (9\text{-}21)$$

の関係がある．磁場の様子を磁力線で表したように，磁束密度で考えるときは**磁束線**を用い，磁束密度 B の場所では磁束線は単位面積あたり B 本であると定義する．また，磁束線の本数を**磁束**と呼び，単位に Wb を用いる．よって，磁束密度の単位は，Wb m^{-2} でもある．

9-2-6　ローレンツ力

　電磁場中を運動する電子には図 9-7 のような**ローレンツ力**（**磁気力 F** と**電気力 F'**）がはたらく．

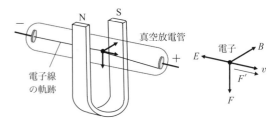

図 9-7　ローレンツ力

　磁束密度 B（T），電荷 q（C），速さ v（m s^{-1}）で，磁場の方向と荷電粒子の運動方向が垂直であれば，磁気力 F の大きさは，

$$F = qvB \quad (9\text{-}22)$$

である．また力の向きは，電荷が正であれば電流と同じなので，フレミングの左手の法則で考えればよい．一般的には，**外積**（14-1-2 項参照）を用いて，

$$\vec{F} = q(\vec{v} \times \vec{B}) \quad (9\text{-}23)$$

と表すことができ，電荷が正であれば，力の方向は $\vec{v}$ と $\vec{B}$ に垂直で，$\vec{v}$ から $\vec{B}$ に右ねじを回してねじが進む方向になる．大きさは，二つのベクトルのなす角を θ として，

$$|\vec{F}| = q|\vec{v}||\vec{B}|\sin\theta \quad (9\text{-}24)$$

である．

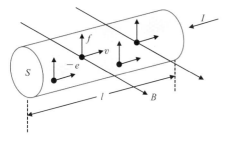

図 9-8　電流が流れる導線が磁場から受ける力

次に，ローレンツ力（磁気力）を用いて電流 I が流れる導線が磁場 B から受ける力 F を考える．図 9-8 で導線の断面積 S (m²)，長さ l (m)，導線内の自由電子の密度 n（個 m⁻³），磁束密度 B (T)，電子の移動速度 v (m s⁻¹)，電子の電荷 $-e$ (C) とする．

電子 1 個が受ける磁気力 f は式(9-22)より，

$$f = evB \qquad (9\text{-}25)$$

となり，導線内の自由電子の総数は nSl なので，導線にかかる磁気力 F は，

$$F = nSlevB \qquad (9\text{-}26)$$

となる．ここで，電流 I は導線の断面を毎秒通過する電気量なので，

$$I = nevS \qquad (9\text{-}27)$$

である．よって，式(9-26)と(9-27)より，

$$F = IBl \qquad (9\text{-}28)$$

となる．

9-2-7　ホール効果

ガリウムヒ素（GaAs）の薄膜のような試料中を流れる電子も，電磁場からローレンツ力を受ける．図 9-9 のように，電流 I が流れる試料に，電流と垂直に磁束密度 B をかけると，電子はローレンツ力（磁気力）f を受けて図 9-9 の右側に移動するが電気力 f' とつり合ったところで止まる．これにより，試料

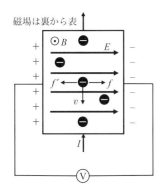

図 9-9　ホール効果

には電場 E ができ，電位差 V が発生する．この現象を**ホール効果**といい，発生する電位差を**ホール電圧**という．磁場が強くなるとホール電圧が大きくなるので，その電圧から磁場の強さが測定できる．

9-3　電 磁 誘 導

9-3-1　誘導起電力

コイルに磁石を近づけたり遠ざけたりすると，コイルの両端に**起電力**（電圧）が発生する．この現象を**電磁誘導**といい，コイルに発生する起電力を**誘導起電力**，コイルを流れる電流を**誘導電流**という．誘導電流の向きは，図 9-10 に示すように，コイルに磁石の N 極を近づけると，そこが N 極になるように流れる．逆に，コイルから磁石の N 極を遠ざけると，そこが S 極になるように誘導電流が流れる．すなわち，誘導起電力による誘導電流は，コイルを貫く磁束の変化を妨げる向きに磁場ができるように流れる．これを**レンツの法則**という．よって，運動が原因で電磁誘導が起こるときは，その運動を妨げるように誘導電流が流れることになる．

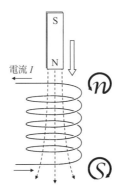

図 9-10　電磁誘導

誘導起電力をいろいろな条件で測定すると，磁束が変化しているときだけ生じ，磁束密度が大きいほど，また磁束の変化が速いほど誘導起電力が大きいことがわかる．より詳細に調べると，誘導起電力の大きさ V (V) は，

$$V = -\frac{\Delta\Phi}{\Delta t} \qquad (9\text{-}29)$$

となり，$\Delta\Phi$ は時間 Δt の間の磁束の変化である．符号が負であるのは，磁束の変化を妨げる向きに，図 9-11 のような誘導電流 I が流れ，それに応じた誘導起電力が生じること（レンツの法則）を意味する．

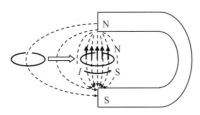

図9-11　レンツの法則

また，図9-12(a)のように磁束密度 B の磁石の中で面積 S のコイルを回転すると，図9-12(b)のように磁束 Φ は角度 θ で変化し，

$$\Phi = BS\cos\theta \qquad (9\text{-}30)$$

となる．この Φ の時間変化（式(9-29)）からコイルの回転（発電機）による誘導起電力が求まる．

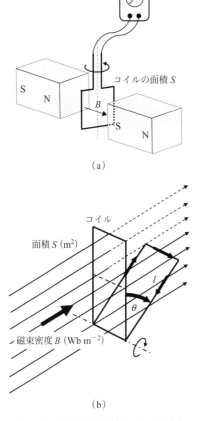

図9-12　誘導起電力（コイルの回転）

さらに，図9-13(a)のような磁石（磁束密度 B）のなかで，磁束に垂直に運動する導体の両端に生じる誘導起電力 V を考える．

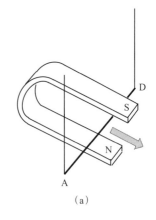

(a)

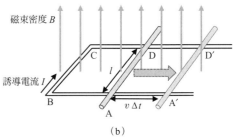

(b)

図9-13　誘導起電力（磁束を横切る導線）

ここで，わかりやすく図9-13(b) のように導体の長さ l (m)，速さ v ($\mathrm{m\,s^{-1}}$) とすると，時間 Δt に横切る磁束 $\Delta\Phi$ は，

$$\Delta\Phi = BS = Blv\,\Delta t \qquad (9\text{-}31)$$

となり，これが磁束の変化である．よって，誘導起電力 V は，

$$V = -\frac{\Delta\Phi}{\Delta t} = -\frac{Blv\,\Delta t}{\Delta t} = -Blv \qquad (9\text{-}32)$$

である．すなわち，磁束線（磁束密度 B ($\mathrm{Wb\,m^{-2}}$)）を長さ l (m) の導線が速さ v ($\mathrm{m\,s^{-1}}$) で横切ると誘導起電力 V (V) が生じる．

9-3-2　ローレンツ力による電磁誘導の説明

誘導起電力の大きさを，ローレンツ力（磁気力と電気力）から考える．磁界中を運動する導線中の電子が受けるローレンツ力（磁気力）F は，電子の電荷 e (C)，磁束密度 B (T)，導線の運動の速さ v ($\mathrm{m\,s^{-1}}$) とすると，式(9-22)より，

$$F = evB \qquad (9\text{-}33)$$

となる．このとき，電子は移動して，図9-14 の Q の側に集まり，Q 側が負に帯電し（負極），P 側は逆に正に帯電する（正極）．このとき，PQ 間には電界 E が

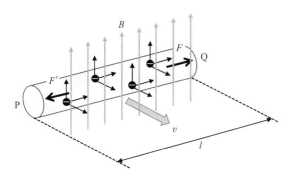

図9-14　ローレンツ力による電磁誘導の説明

できるので,電子は電気力 F' を受ける.式(8-3)より

$$F' = eE \qquad (9\text{-}34)$$

である.ローレンツ力の磁気力と電気力がつり合うと,電子の移動は止まる.よって,

$$vB = E \qquad (9\text{-}35)$$

となる.電場の大きさ E は,導体の長さ l,誘導起電力 V とすると,

$$E = \frac{V}{l} \qquad (9\text{-}36)$$

となり,式(9-35)と(9-36)から式(9-32)が得られる.

10章　光

10-1　波としての光

10-1-1　電 磁 波

　光も電波も**電磁波**である．電磁波は，電荷が振動することで発生し，電場が振動すると磁場が振動し，磁場が振動すると電場（誘導起電力）が発生するので，図10-1のように電場と磁場が互いに直交して**横波**として空間を伝わっていく．

　また，真空中を電磁波が伝わる速さ c $(\mathrm{m\,s^{-1}})$ は，真空の誘電率 ε_0 と透磁率 μ_0 を用いて，

$$c = \frac{1}{\sqrt{\varepsilon_0 \mu_0}} = 2.9979 \times 10^8 \qquad (10\text{-}1)$$

となる．この値は真空中の光の速さ（**光速**）と等しい．式(10-1)は，

　（1）　電場 E が速さ v で真空中を移動するときの磁場の強さ B

　（2）　磁場 B が速さ v で真空中を移動するときの電場の強さ E

についての関係式が，両方同時に成立しなければならないことから求められる．すなわち，前者は，ガ

ウスの法則と直線電流がつくる磁場から，

$$B = \varepsilon_0 \mu_0 v E \qquad (10\text{-}2)$$

となり，後者は式(9-35)のようになる．そこで，二つの式を整理すると，

$$\varepsilon_0 \mu_0 v^2 = 1 \qquad (10\text{-}3)$$

となり，v を求めると式(10-1)になる．

10-1-2　電磁波の分類

　光も含めて種々の電磁波の真空中の速さは同じ光速 c なので，**波長 λ** や**振動数（周波数）ν** を用いて電磁波を分類する．波長は一つの波の長さで，振動数は1秒間に電磁波が進む距離（2.9979×10^8 m）の中にある波の数である．c, λ, ν の間には，次の関係が成り立つ．

$$\nu = \frac{c}{\lambda} \qquad (10\text{-}4)$$

　電磁波を波長，振動数で分類したものを図10-2に示す．

　それぞれの領域の電磁波の名称，特徴および用途は以下の通りである．

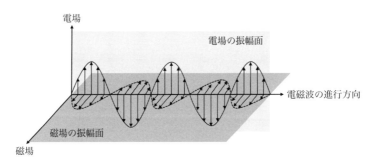

図 10-1　電磁波（横波）の伝搬

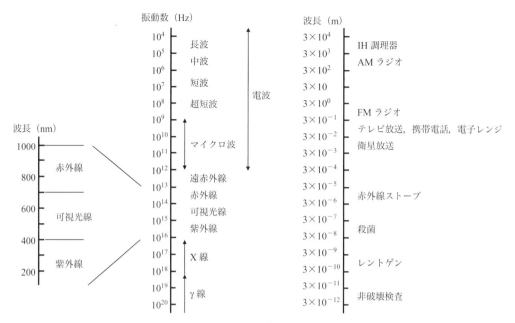

図 10-2 光および電磁波の分類

（1）　**電　波**：波長が 10^{-4} m 以上の電磁波で，周波数（振動数）によって，表 10-1 のようにさらに分類される．

（2）　**赤外線**：目に見えない光の一種で，波長が 3〜30 µm 程度の電磁波を**赤外線**という．波長の代わりに，**波数 $\bar{\nu}$（cm^{-1}）**で表すことが多い．波数 $\bar{\nu}$ は波長 λ（単位を cm として）を用いて，

$$\bar{\nu} = \frac{1}{\lambda} \qquad (10\text{-}5)$$

であり，赤外線の領域を波数で表すと 333〜3333 cm^{-1} である．赤外線は infrared から **IR** と略される．赤外線がもつエネルギーは，分子の振動エネルギーと同程度であり，赤外線を吸収することで分子の振動（結合の伸縮や変角）が激しくなったり，逆に分子の振動で赤外線が放出されたりする．サーモグラフィーは，温度による赤外線の強弱を画像にしたものである．また，赤外線より波長が少し短い 700 nm 〜3 µm 程度の電磁波を**近赤外**（near-infrared (**NIR**)）という．

（3）　**可視光線**：人間の目に見える光で，波長が 400〜700 nm 程度の電磁波を**可視光**（可視光線）という．可視光の色を波長が短い方から示すと，

（紫外線）< 400 nm < 紫 < 430 nm < 青
　< 490 nm < 緑 < 550 nm < 黄 < 590 nm
　< 橙 < 610 nm < 赤 < 700 nm < （赤外線）

となる．可視光より波長が長く，赤色の外側にあるのが先に示した赤外線である．一方，波長が可視光より短く，紫色の外側にあるのが次に示す紫外線である．太陽光のように可視光のすべての領域の光が混ざると白っぽく見えるので可視光は**白色光**とも呼ばれる．白色光は各波長の**屈折率**の違いを利用したプリズムや**回折現象**を利用した**回折格子**を用いて，

表 10-1 電波の分類

周波数帯	周波数（波長）	用途など
中　波	0.3〜3 MHz（1 km〜100 m）	AM ラジオ放送や船舶通信
短　波	3〜30 MHz（100 m〜10 m）	地表や電離層に反射，海外向けのラジオ放送
超短波（VHF）	30〜300 MHz（10 m〜1 m）	FM 放送
極超短波（UHF）	300 MHz〜3 GHz（1 m〜100 mm）	地上波デジタル放送，電子レンジ
マイクロ波	300 MHz〜300 GHz（1 m〜1 mm）	携帯電話，無線 LAN，BS 放送，GPS
テラヘルツ波	300 GHz〜3 THz（1 mm〜0.1 mm）	非破壊検査，薬物指紋測定

それぞれの波長（色）の光（**単色光**）に分ける（**分光**）ことができる．可視光は visible light から **VIS** と略される．

　（4）　**紫外線**：可視光より波長が短い電磁波（<400 nm）を**紫外線**という．紫外線は ultraviolet から **UV** と略される．波長が315～380 nm の紫外線を UV-A，280～315 nm を UV-B，200～280 nm を UV-C という．電磁波（光）は波としての性質と粒子として性質をもつ．そこで光をエネルギーをもった粒子（**光子**）とすると，紫外線のもつエネルギーは非常に大きく，生物の細胞に変化やダメージを与える．波長が短くなるほど，振動数に比例して光子のエネルギーは大きくなる．紫外線のなかでもエネルギーが大きい UV-C は殺菌などに用いられる．波長が 200 nm より短くなると，空気（O_2 や N_2）に吸収されるようになるので，**真空紫外線**（vacuum UV：**VUV**）と呼ぶ．太陽由来の真空紫外線は，オゾン層で吸収されるので，一般に地表までは到達しない．しかし，フロン系物質によってオゾンホールができると，真空紫外線が地表まで届き，生態系に影響を及ぼす可能性があり，注意が必要である．

　（5）　**X 線，γ 線**：波長の範囲は厳密ではないが，紫外線よりさらに波長が短い電磁波に **X 線**（$\lambda = 10$ pm～10 nm）や **γ 線**（$\lambda < 10$ pm）があり，いずれも放射線である．X 線は，生体組織を透過するのでレントゲン写真撮影，また波として回折現象を示すので **X 線構造解析**（2-7-7～2-7-11 項参照）などに用いられる．γ 線はきわめて透過性が強く，また DNA の化学結合を破壊するので，ガンマ線滅菌，放射線治療のガンマナイフなどに用いられる．

10-1-3　光の屈折

　プリズムに白色光を入れると，光は分光される．これは，光が異なる媒質との境界面で**屈折**し，その屈折の程度（**屈折率**）が波長によって異なることが原因である．まず，媒質中での光の速さ v は，真空中の光の速さ c に比べて遅くなり，屈折率 n は，

$$n = \frac{c}{v} \qquad (10\text{-}6)$$

で表され，真空中の光に対する媒質の屈折率（**絶対屈折率**）は，必ず 1 より大きくなる．また，入射角 i と屈折角 r を図 10-3 のようにとると，屈折率と角度には次のような関係がある．

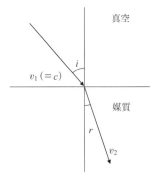

図 10-3　屈折率

$$n = \frac{\sin i}{\sin r} \qquad (10\text{-}7)$$

さらに，光速 c は真空の誘電率 ε_0 と真空の透磁率 μ_0 との間には式(10-1)の関係があるので，媒質中の光の速さ v は媒質の比誘電率 ε_r と比透磁率 μ_s を用いて，

$$v = \frac{1}{\sqrt{\varepsilon_r \varepsilon_0 \mu_s \mu_0}} = \frac{1}{\sqrt{\varepsilon_r \mu_s}\sqrt{\varepsilon_0 \mu_0}} = \frac{c}{\sqrt{\varepsilon_r \mu_s}} \qquad (10\text{-}8)$$

となる．強磁性体以外では $\mu_s \approx 1$ になるので，式(10-6)と(10-8)から，屈折率と比誘電率の間には次の関係式が成り立つ．

$$n = \frac{c}{c/\sqrt{\varepsilon_r}} = \sqrt{\varepsilon_r} \qquad (10\text{-}9)$$

このことから，比誘電率が大きい媒質は，屈折率が大きいことがわかる．

　媒質中を光が伝搬するのは，入射光の振動電場が媒質に振動双極子モーメント（電子分極）を誘起し，それが同じ振動数の光を出すためと考えられる．この過程で光の伝搬には遅れが生じ，波の場合と同じように境界面で屈折する．さらに，振動数が大きい（波長が短い）光のほうが，大きなエネルギーをもっており，大きな電子分極を生じる．これは，第 2 章のクラウジウス-モソッティの式（式(2-17)）の分極率 α が，短波長の光のほうが大きいことを意味し，比誘電率 ε_r も大きくなる．結果として，式(10-9)で示されるように屈折率も大きくなる．よって，プリズムを用いた分光では，短波長の光のほうがよく曲がる．

10-1-4　光の回折と干渉

　波としての光の性質に**回折**がある．回折とは，波が障害物の裏側に回り込む現象である．二つのスリットを抜けた光は回折し，その回折光は離れたス

クリーン上に明るいところ（明線）と暗いところ（暗線）を交互に生じさせる．この**ヤングの実験**で観測された現象を**干渉**といい，生じた縞を**干渉縞**という．

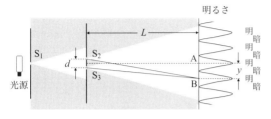

図 10-4　ヤングの干渉実験

図 10-4 のように，スリット間隔 d (m)，スクリーンまでの距離 L (m)，明線と暗線の間隔 y (m) とすると，スリット S_2, S_3 から出た光の，点 B までの光路差は，

$$|S_2B - S_3B| = d\frac{y}{L} \qquad (10\text{-}10)$$

となり，これが波長と等しいと明線になる．一般的には，光路差が半波長の偶数倍だと強め合い，奇数倍だと弱め合う．そこで，スクリーン上で点 A から距離 x の点を考えると，

明線になる条件：

$$\frac{dx}{L} = 2m\frac{\lambda}{2} = m\lambda \qquad (10\text{-}11)$$

暗線になる条件：

$$\frac{dx}{L} = (2m+1)\frac{\lambda}{2}$$
$$= \left(m+\frac{1}{2}\right)\lambda \qquad (10\text{-}12)$$

となる．ここで，$m = 0, 1, 2, \cdots$，λ は波長（m）である．よって，ヤングの実験を行い，明線間の距離を測定すれば，用いた光の波長が求まる．

また，回折現象を用いて光を分光することができる．ガラス板の片面に，1 mm あたりに数百本以上の平行な細い溝を等間隔に刻んだものを**回折格子**という．回折格子では，溝と溝の間がスリットとなって図 10-5 のようにそこを光が通り抜け，回折する．

それぞれのスリット（スリット間隔 d (m)）を抜けた回折光は，図 10-5 のように光路差 $d\sin\theta$ が波長の整数倍になる方向では回折波が重なり強め合う．他の角度ではいろいろな位相の波が混ざり合うため弱められる．そこで，白色光を回折格子に入れると，

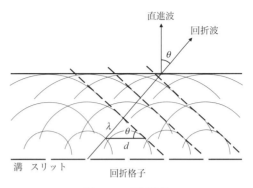

図 10-5　回折格子

$$d\sin\theta = m\lambda \qquad (10\text{-}13)$$

を満たす角度 θ の方向に，波長 λ の光が現れる．ここで，$m = 0, 1, 2, \cdots$ であり，$m = 0$ のとき，すなわち $\theta = 0$ は，透過光である．式(10-13)からわかるように，回折格子を用いた分光では，長波長の光のほうがよく曲がる．

10-2　粒子としての光

10-2-1　光電効果と光量子仮説

金属に光を当てると，電子が飛び出してくることが知られている．この現象を**光電効果**といい，飛び出してくる電子を**光電子**という．図 10-6 のように，金属の種類によって光電子が発生する光の波長は異なる．

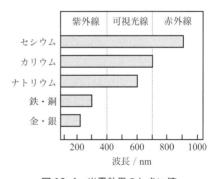

図 10-6　光電効果のしきい値

次に，図 10-7(a) のような装置を使って，詳細に光電効果を調べると，回路を流れる電流 I から光電子の発生量（**光電流**）がわかる．また，金属面と光電子を受け取る陽極間に電位差 V (V) をかけることで，出てくる光電子がもつエネルギー（運動エネル

ギー）がわかる．ある金属を用いて，照射する光の振動数を変えて出てくる光電子がもつ運動エネルギーを調べる実験を行うと，図10-7(b)のような結果が得られた．これらの実験から以下のことがわかる．

（1）光電流：光を強くすると光電流は増えるが，光の強さが同じなら，光の振動数を変えても光電流は変わらない．

（2）光の振動数：金属によって，それぞれ光電流が発生する振動数のしきい値がある．すなわち，光の振動数がある値 ν_0 (Hz) より小さいときは，光を強くしても光電流は流れない（このしきい値を**限界振動数**といい，そのときの波長を**限界波長**という）．

（3）光電子のエネルギー：限界振動数より大きい振動数の光を照射すると，光の振動数が大きいほど，発生する光電子がもつエネルギー（運動エネルギー）は大きくなる．このとき，光の強さを変えても，光電子の運動エネルギーは変わらない．

光が波だとすると，振動数が小さくても強い（大きい）波なら光電子は飛び出すと考えられ，(1)および(2)の結果と矛盾する．また，光を強くすることは，波を大きくすることになるので，発生する光電子の運動エネルギーも大きくなると考えられ，(3)と矛盾する．このように，光電効果の実験結果は，光を波だと考えるとうまく説明できない．

そこでアインシュタイン（A. Einstein）は，"光は**光子（光量子）**という粒子の集まりの流れで，振動数 ν の光子1個が，次の式で表されるエネルギー E をもつ"と考えた．これを**アインシュタインの光量子仮説**という．

$$E = h\nu = \frac{hc}{\lambda} \qquad (10\text{-}14)$$

ここで，比例定数 h はプランク定数（6.63×10^{-34} J s）といい，c (m s^{-1}) は光速，λ (m) は光の波長である．

10-2-2 ランベルト-ベール（Lambert-Beer）の法則

物質が光を吸収する程度を示す**ランベルト-ベールの法則**があり，光を吸収する程度（**吸光度** A），物質の濃度 c，光路長 l との間には，式(10-15)の関係がある．

$$A = \varepsilon c l \qquad (10\text{-}15)$$

ここで，ε は**モル吸光係数**と呼ばれる比例定数である．図10-8(a)のような非常に光路長の小さな（Δl）セルを考える．このとき，セルに入射する光強度 I_0 に対して，透過して出てくる光強度は $I_0 + \Delta I$ になるとすると，光強度の減少量 ΔI は，入射光強度 I_0

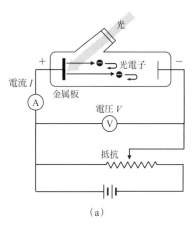

（a）

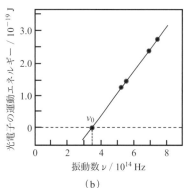

（b）

図10-7　光電効果の実験

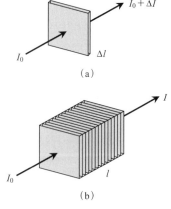

（a）

（b）

図10-8　セルへの入射光と透過光

と，セル中で光を吸収する物質の濃度 c，および光路長 Δl に比例すると考えられ，

$$\Delta I = -kcI_0\Delta l \qquad (10\text{-}16)$$

となる．ここで，k は比例定数である．$\Delta I, \Delta l$ が十分小さいとすると微分形として，

$$\frac{\mathrm{d}I}{I_0} = -kc\mathrm{d}l \qquad (10\text{-}17)$$

となり，これが図 10-8(b) のような場合，連続しているすべての層にあてはまる．そこで，式(10-17)を積分すると，

$$\int_{I_0}^{I} \frac{\mathrm{d}I}{I} = \int_{0}^{l} -kc\mathrm{d}l \qquad (10\text{-}18)$$

よって，

$$\ln \frac{I}{I_0} = -kcl \qquad (10\text{-}19)$$

さらに，左辺を常用対数に変形すると，

$$(\ln 10)\left(\log \frac{I}{I_0}\right) = -kcl \qquad (10\text{-}20)$$

ここで，透過率 T を $T = I/I_0$ とすると，

$$\log \frac{I}{I_0} = \log T = -\frac{k}{\ln 10}cl \qquad (10\text{-}21)$$

さらに，吸光度 A を $A = -\log T$ とすると，

$$A = \frac{k}{\ln 10}cl \qquad (10\text{-}22)$$

となる．ここで，$k/\ln 10$ がモル吸光係数 ε であり，式(10-15)になる．式(10-15)は，吸光度 A が光路長 l (cm) および光を吸収する物質の濃度 c (mol L^{-1}) に比例することを示している．また，モル吸光係数 ε (L mol^{-1} cm^{-1}) は物質固有の値で，波長によっても異なる．

10-2-3　X 線の発生

図 10-9 のように真空のガラス管の中で，タングステン W のフィラメントを陰極として熱電子を発生させ，それを数十 kV の電圧で加速し，モリブデン Mo などの陽極に衝突させると電子がもっていたエネルギーの一部が X 線となって放射される．

発生する X 線には，特定の波長で強く現れる陽極の元素に固有の**特性 X 線（固有 X 線）**と，幅広い波長に現れる**連続 X 線**がある．例えば，30 kV と 60 kV で加速した電子を Mo に当てたときの X 線の強さと波長の関係（スペクトル）を図 10-10 に示す．

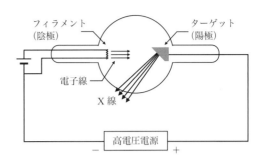

図 10-9　X 線管

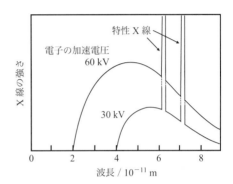

図 10-10　モリブデンの X 線スペクトル

10-2-4　コンプトン効果

モリブデン Mo の特性 X 線の一つ（$\lambda = 7.09 \times 10^{-11}$ m）を，黒鉛の結晶に照射すると，入射した X 線の波長 λ_0 より長い波長 λ の散乱 X 線が観測される．この散乱を**コンプトン散乱**といい，電磁波である X 線が"波"だと考えると説明がつかない．そこで，X 線も光子であるとして，コンプトン散乱を説明しよう．アインシュタインは光量子仮説で式(10-14)のエネルギーと波長の関係を示していたが，加えて，相対性理論において，次の運動量 p とエネルギー E に関する式も示している．

$$p = \frac{E}{c} = \frac{h\nu}{c} = \frac{h}{\lambda} \qquad (10\text{-}23)$$

そこで，コンプトン散乱を図 10-11 のような光子が電子に衝突したモデルで考え，エネルギー保存則と運動量保存則をあてはめる．

ここで，入射 X 線，散乱 X 線，反跳電子の運動量を，それぞれ p_0, p_1, p' とする．静止している電子の質量を m_e として，質量とエネルギーは同等であると考えると，電子の静止エネルギー E は，光速 c を用いて $E = m_e c^2$ と書ける．このような相対論的なエ

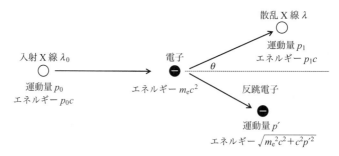

図 10-11 コンプトン散乱

ネルギーでエネルギー保存則を表すと，

$$p_0 c + m_e c^2 = p_1 c + \sqrt{m_e^2 c^4 + c^2 p'^2} \quad (10\text{-}24)$$

となる．右辺の第2項は，相対論的な反跳電子のエネルギーを表し，反跳電子の速さをvとして，エネルギーE'と運動量p'を表した次式から得られる．

$$E' = \frac{m_e c^2}{\sqrt{1-(v/c)^2}}$$

$$p' = \frac{m_e v}{\sqrt{1-(v/c)^2}} \quad (10\text{-}25)$$

また，運動量保存則は，三つの運動量ベクトルの関係 $(\vec{p_0} = \vec{p_1} + \vec{p'})$ から，

$$p' = \sqrt{p_0^2 + p_1^2 - 2p_0 p_1 \cos\theta} \quad (10\text{-}26)$$

となる．式(10-24)，(10-26)より，

$$m_e c(p_0 - p_1) = p_0 p_1 (1-\cos\theta) \quad (10\text{-}27)$$

となり，さらに式(10-23)より，

$$m_e c\left(\frac{h}{\lambda_0} - \frac{h}{\lambda}\right) = \frac{h^2}{\lambda_0 \lambda}(1-\cos\theta) \quad (10\text{-}28)$$

となる．よって，次のようにコンプトン散乱の実験結果が説明できる．

$$\lambda - \lambda_0 = \frac{h}{m_e c}(1-\cos\theta) = 2\frac{h}{m_e c}\sin^2\frac{\theta}{2} \quad (10\text{-}29)$$

このような現象を**コンプトン効果**といい，X線が粒子性をもち，運動量 h/λ をもつことを示している．

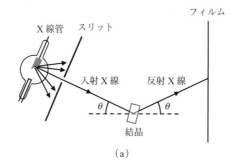

（a）

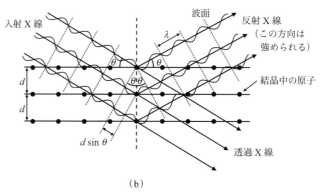

（b）

図 10-12 X線回折

10-2-5 ブラッグ反射

結晶にX線を当てて写真をとると斑点模様（**ラウエ斑点**）が観測される．これは，結晶内の規則正しく並ぶ原子によって，散乱されたX線が干渉したものであり，原子間隔とX線の波長（$\lambda = 10 \, \text{pm}$〜$10 \, \text{nm}$）がほぼ等しいことによる．図10-12(a)のように，結晶にX線を照射して反射X線を観測すると，結晶と入射X線，反射X線がある角度θになったとき，反射X線が強められる．すなわち，**X線回折**が起こる．結晶内の原子と入射X線，反射X線の関係を示したものが図10-12(b)である．結晶内では，規則正しく並んだ原子がつくる平面をいくつも考えることができ，そのうち平面どうしが平行（面間隔d (m)）になった場合を図10-12(b)は示している．二つの平面の原子で反射されたX線が強め合う（同位相で重なる）ためには，X線の光路差が，X線の波長の整数倍になる必要がある．これを式で表すと，

$$2d \sin\theta = n\lambda \qquad (n = 1, 2, 3\cdots) \qquad (10\text{-}30)$$

となる．これを**ブラッグ条件**という．ラウエ斑点が観測されることから，結晶内には何種類もの平行な平面があり，それぞれが式(10-30)を満たしていることがわかる．逆に観測されたX線回折を数学的に解析することで，結晶の構造がわかる．これを**X線結晶構造解析**という（2-7-7〜2-7-11項参照）．

10-2-6 ド・ブロイ波長

ここまで，一見，"波"である光やX線などの電磁波が，波動性と粒子性を合わせもつことを示した．これに対して，"粒子"である電子なども波動性をもち，この波を物質波という．質量m (kg)，速さv (m s^{-1})，運動量p (kg m s^{-1})である粒子は，波長λ (m)の物質波であり，

$$\lambda = \frac{h}{p} = \frac{h}{mv} \qquad (10\text{-}31)$$

となる．この波長を**ド・ブロイ波長**という．実際，電子を加速してニッケルの結晶や金箔に当てると，X線のラウエ斑点と同様の回折像が観測され，実験的に電子の波動性が示された．

11章　熱　力　学

11-1　気体分子の運動

11-1-1　気体の圧力

　身のまわりの空気の中には，多数の気体分子があり，これが非常に高速で飛び回っている．こうした気体分子を容器に閉じ込めると，多数の分子が容器の壁に衝突を繰り返す．図 11-1 のようにランダムに飛び回っている分子が壁に与える力を平均すると，壁は一定の力を常に受けているとみなせる．

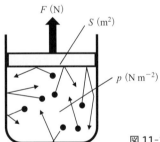

図 11-1　気体の圧力

　気体が単位面積あたりに及ぼす力を気体の**圧力**といい，面積 S（m²）の面を気体が F（N）の力で押しているときの圧力 p は，

$$p = \frac{F}{S} \tag{11-1}$$

となる．面積 1 m² あたり 1 N の力が加るときの圧力を 1 **パスカル**（Pa）といい，

$$1\,\text{Pa} = 1\,\text{N}\,\text{m}^{-2} \tag{11-2}$$

である（2-1-2 項参照）．気体の圧力のうち，特に大気による圧力を**大気圧**といい，単位としてそのまま**気圧**（atm）を用いることもあり，

$$1\,\text{atm} = 1.013\,25 \times 10^5\,\text{Pa}$$
$$= 1013.25\,\text{hPa}（\text{ヘクトパスカル}） \tag{11-3}$$

である．ここで，単位 hPa は 10^2 Pa である．

11-1-2　ボイル-シャルルの法則
　　　　　（2-1-3 項参照）

　シリンダーに気体を入れて，一定温度で圧力を 2 倍，3 倍，…に増やしていくと，図 11-2(a) のように気体の体積は 1/2, 1/3, …に減っていく．この圧力

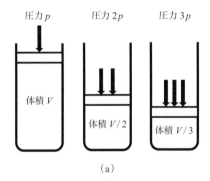

(a)

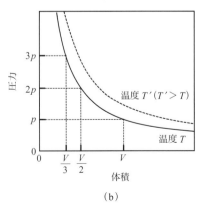

(b)

図 11-2　ボイルの法則

と体積の関係を**ボイルの法則**といい，温度 T が一定のとき，図 11-2(b) のように一定質量（物質量）の気体の体積 V は圧力 p に反比例する．すなわち，

$$pV = 一定 \qquad (11\text{-}4)$$

である．

次に，シリンダーに気体を入れて，圧力一定で温度を上げていくと，図 11-3(a) のように気体の体積は増加していく．このとき，気体の体積と温度の関係は，図 11-3(b) のように**絶対温度**（熱力学温度）が 1 K 上昇すると，気体の体積は，0℃ の体積の 1/273 だけ増加する．

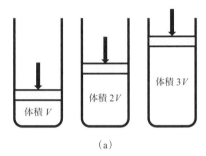

(a)

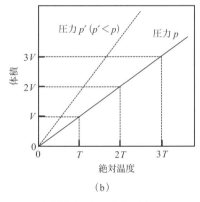

(b)

図 11-3　シャルルの法則

この関係を**シャルルの法則**といい，圧力が一定のとき，一定質量の気体の体積 V は絶対温度 T に比例する．すなわち，

$$\frac{V}{T} = 一定 \qquad (11\text{-}5)$$

である．

ボイルの法則とシャルルの法則は，一つにまとめることができ，

$$\frac{pV}{T} = 一定 \qquad (11\text{-}6)$$

となり，これを**ボイル-シャルルの法則**という．一定質量（物質量）の気体の体積 V は，圧力 p に反比例し，絶対温度 T に比例する．このような，分子間にはたらく力や分子の大きさが無視でき，ボイル-シャルルの法則が厳密に成り立つ仮想的な気体を**理想気体**という（2-1-3，2-1-4 項参照）．ただし，極端な低温や高圧でない限り，日常的な温度や圧力では実際の気体（**実在気体**）も，理想気体のように振る舞う．

11-1-3　理想気体の状態方程式

0℃（273 K），1 気圧（$p_0 = 1.013 \times 10^5$ Pa）の理想気体 1 mol の体積は，気体の種類によらず 22.4 L（$= 2.24 \times 10^{-2}$ m³）である．このとき，式 (11-6) は，

$$\frac{pV}{T} = \frac{1.013 \times 10^5 \times 2.24 \times 10^{-2}}{273}$$

$$\approx 8.31 \text{ J K}^{-1} \text{mol}^{-1} \qquad (11\text{-}7)$$

となる．ここで，8.31 J K⁻¹ mol⁻¹ を R とおき，n(mol) の理想気体を考えると，

$$pV = nRT \qquad (11\text{-}8)$$

となり，これを**理想気体の状態方程式**という．R は気体の種類によらない定数で**気体定数**という（2-1-3 項参照）．

11-1-4　熱運動と圧力

理想気体の分子が図 11-4 のような，L(m)×L(m)×L(m)（体積 V(m³)）の立方体の箱に入っていて，速さ v(m s⁻¹) で自由に飛び回っているとする．理想気体なので，分子間にはたらく力や分子の大きさは無視し，さらに，各分子はランダムに運動しているが，分子どうしの衝突は考えない．また，分子が壁と衝突するときは弾性衝突（衝突によってエネルギーを失わない衝突）し，速さは変わらないものとする．

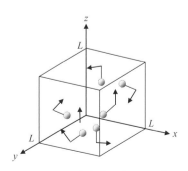

図 11-4　理想気体の分子の運動

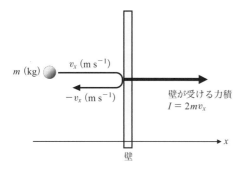

図11-5 一次元で動く1分子の壁への衝突

このとき，図11-5のように，1個の分子がx軸に垂直な壁に垂直に衝突したときに壁が受ける運動量の変化，すなわち**力積**（N s）を考える．分子1個の質量をm（kg），衝突前の分子の速さのx成分をv_x（m s^{-1}）とすると，衝突によって速さはv_xから$-v_x$になるので，分子の運動量はx方向に$-2mv_x$（kg m s^{-1}）だけ変化する．運動量の変化は力積Iに等しいので，1回の衝突で分子が壁に与える力積の大きさは，

$$I = 2mv_x \qquad (11\text{-}9)$$

である．ここで，この分子がL（m）離れた向かい側の壁に衝突し，再び戻ってくるとすると，戻ってくるまでに要する時間Tは，

$$T = \frac{2L}{v_x} \qquad (11\text{-}10)$$

である．よって，この分子が1秒間に同じ一つの壁と衝突する回数nは，式(11-10)の逆数で，

$$n = \frac{v_x}{2L} \qquad (11\text{-}11)$$

となる．1個の分子が1秒間に壁に与える力積は，

$$nI = \frac{v_x}{2L}\,2mv_x = \frac{mv_x^2}{L} \qquad (11\text{-}12)$$

であり，これが1個の分子が壁に及ぼす平均の力の大きさ$\overline{f_x}$（N）にほかならない．

N個の分子が衝突するときの平均の力の大きさ$\overline{F_x}$は，分子の速さの二乗の平均値を$\overline{v_x^2}$とすれば，式(11-12)より，

$$\overline{F_x} = \frac{Nm\overline{v_x^2}}{L} \qquad (11\text{-}13)$$

となる．気体の圧力pは式(11-1)より，

$$p = \frac{\overline{F_x}}{S} = \frac{Nm\overline{v_x^2}}{LS} = \frac{Nm\overline{v_x^2}}{L^3} \qquad (11\text{-}14)$$

となる．ここで，三平方の定理より，

$$v^2 = v_x^2 + v_y^2 + v_z^2 \qquad (11\text{-}15)$$

であり，すべての分子の平均をとると，

$$\overline{v^2} = \overline{v_x^2} + \overline{v_y^2} + \overline{v_z^2} \qquad (11\text{-}16)$$

になる．また，容器内で分子はランダムに飛んでいるから，x成分，y成分，z成分は等しいので，

$$\overline{v_x^2} = \overline{v_y^2} = \overline{v_z^2} \qquad (11\text{-}17)$$

であり，結果として，

$$\overline{v_x^2} = \frac{1}{3}\overline{v^2} \qquad (11\text{-}18)$$

になり，さらに，容器の体積L^3（m^3）は気体の体積V（m^3）なので，式(11-14)は，

$$p = \frac{Nm\overline{v^2}}{3V} \qquad (11\text{-}19)$$

となる．

11-1-5　平均運動エネルギーと絶対温度

分子の**平均運動エネルギー**（並進運動エネルギー）と絶対温度との関係を考える．まず，式(11-19)を変形すると，

$$pV = \frac{Nm\overline{v^2}}{3} \qquad (11\text{-}20)$$

となり，式(11-8)の理想気体の状態方程式と組み合わせると，

$$\frac{Nm\overline{v^2}}{3} = nRT \qquad (11\text{-}21)$$

となる．ここでは，nは物質量である．一方，気体分子1個の平均運動エネルギー$(1/2)m\overline{v^2}$を，式(11-21)を使って表すと，

$$\frac{1}{2}m\overline{v^2} = \frac{3nRT}{2N} \qquad (11\text{-}22)$$

となる．さらに，$N = nN_A$を用いると，

$$\frac{1}{2}m\overline{v^2} = \frac{3}{2}\frac{R}{N_A}T = \frac{3}{2}k_BT \qquad (11\text{-}23)$$

になる．ここで，定数k_Bは，気体定数をアボガドロ定数N_Aで割ったもので，**ボルツマン定数**という．

$$k_B = \frac{R}{N_A} \approx 1.38 \times 10^{-23}\ \text{J K}^{-1} \qquad (11\text{-}24)$$

式(11-23)は，気体分子1個の平均運動エネルギーを表しており，1 molあたりでは，

$$N_A\frac{1}{2}m\overline{v^2} = \frac{3}{2}RT \qquad (11\text{-}25)$$

となる．このように，分子の平均運動エネルギーは，気体の種類によらず，絶対温度Tに比例する．

気体のモル質量（1 mol あたりの質量）を M (kg mol^{-1}) とすると，$mN_A = M$ となり，式(11-23)から，

$$\sqrt{\overline{v^2}} = \sqrt{\frac{3R}{mN_A}}\,T = \sqrt{\frac{3R}{M}}\,T \qquad (11\text{-}26)$$

となる．ここで，$\sqrt{\overline{v^2}}$ (m s^{-1}) を**二乗平均速度（根平均移動速度）**といい，分子の熱運動の速さを示す目安となる．表 2-5 に，いくつかの気体分子の 273 K での二乗平均速度を示した（2-5-2 項参照）．

11-1-6　内部エネルギー（2-5-2 項参照）

　気体を構成する原子や分子は，熱運動による運動エネルギーのほか，原子間や分子間の力による位置エネルギーをもっている．これら運動エネルギーと位置エネルギーの総和を**内部エネルギー U** という．実在する気体は，分子間に力がはたらくので，位置エネルギーも考慮しなければならない．一方，理想気体では，分子間にはたらく力は無視できるので，内部エネルギーは運動エネルギーだけを考えればよい．単原子分子の理想気体では，1 mol あたりの平均運動エネルギーは式(11-25)で表されるので，n (mol) の内部エネルギー U は，

$$U = \frac{3}{2}nRT \qquad (11\text{-}27)$$

と書ける．

　二原子分子の理想気体では，運動エネルギーとして**並進運動**に加えて**回転運動**についても考慮しなければならない．並進運動は x, y, z の 3 方向（自由度が 3）によって決まっているので，一つの自由度に対して，一分子あたりで $(1/2)k_BT$ のエネルギーをもっている．よって，単原子分子の理想気体と同じく $(3/2)k_BT$ になる．回転運動については，結合軸と直交する二つの軸に対して回転エネルギーをもつので，自由度が 2 であり，エネルギーとしては k_BT になる．よって，内部エネルギーは全体で $(5/2)k_BT$ になる．

11-2　気体の状態変化

11-2-1　熱力学第一法則

　物体の内部エネルギーに関して，次の**熱力学第一法則**が成り立つ．
"内部エネルギー変化 ΔU (J) は，物体が受け取った熱量 Q (J) と物体がされた仕事 W (J) の和である"
　すなわち，

$$\Delta U = Q + W \qquad (11\text{-}28)$$

となる．ここで重要なのは，Q と W の正負である．気体が圧縮されて体積が小さくなる場合は，気体は外部から正の仕事をされるので，W は正である．逆に膨張して体積が大きくなる場合は，外部に対して仕事をしたことになるので，W は負である．一方，Q に関しては単純で，外部から熱せられ気体が熱を吸収すれば Q は正であり，逆に，気体が熱を放出もしくは冷却されれば Q は負になる．また，気体が外部に W の仕事をするとき（例えば，膨張するとき），外部がする仕事は $-W$ であり，これは気体が外部からされる仕事でもある．

11-2-2　定積変化

　片側が閉じたシリンダーに気体を入れ，図 11-6 のようにピストンを固定した．この状態で外部からシリンダー内の気体に熱量 Q (J) を加える．このときの気体の $\Delta U, Q, W$ を考えると，ピストンを固定した**定積変化（等積変化）**では，気体は仕事をしないし，されないので，外部から加えられた熱量だけ気体の内部エネルギーが増加する．すなわち，

$$W = 0 \qquad (11\text{-}29)$$
$$\Delta U = Q \qquad (11\text{-}30)$$

となる．この結果，図 11-6 のように熱を加えると，気体の温度と圧力は上昇する．

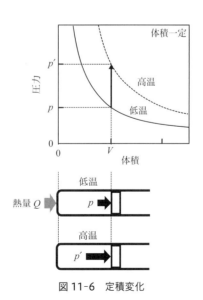

図 11-6　定積変化

11-2-3　定圧変化

　次に，シリンダーのピストンを滑らかにかつ自由に動ける状態にして，内部の気体に熱量 Q (J) を加える**定圧変化**（等圧変化）について考える．気体は定圧膨張するので，ピストンが動いて気体は外部に対して仕事をする．図 11-7 のように，気体の圧力を p (Pa)，ピストンの面積を S (m²) とすると，式 (11-1) より，気体は pS (N) の力でピストンを押す．このとき，ピストンが L (m) 移動し，気体の体積が $\Delta V = SL$ (m³) 増加したとすると，気体がした仕事 W' (J) は $pSL = p\Delta V$ である．よって，気体がされる仕事 W と内部エネルギー変化 ΔU は，

$$W = -W' = -p\Delta V \qquad (11\text{-}31)$$
$$\Delta U = Q + W = Q - p\Delta V \qquad (11\text{-}32)$$

となる．

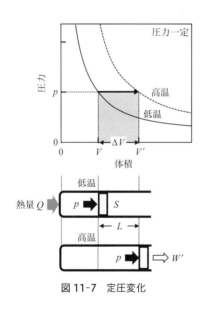

図 11-7　定圧変化

11-2-4　等温変化

　図 11-8 のピストンをきわめてゆっくり動かし，気体の温度を外部と同じ一定の温度に保ったまま気体の体積や圧力を変えることを**等温変化**という．気体が理想気体であれば，気体の体積と圧力はボイルの法則に従い，互いに反比例する．また，単原子分子の理想気体では，内部エネルギーは式(11-27)のように絶対温度に比例するので，等温変化では変化しない．

$$\Delta U = 0 \qquad (11\text{-}33)$$

このとき，熱力学第一法則（式(11-28)）から，熱の出入りはすべて仕事に使われる．

$$Q = -W = W' \qquad (11\text{-}34)$$

ここで，Q は気体が吸収した熱量，W は気体がされた仕事，W' は気体がした仕事である．

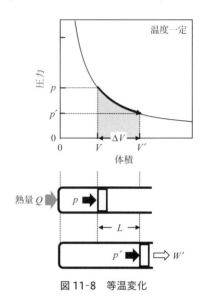

図 11-8　等温変化

11-2-5　断熱変化

　熱の出入りがないようにして，図 11-9 のように気体の体積や圧力を変えることを**断熱変化**という．このとき，

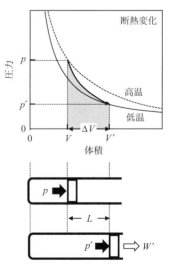

図 11-9　断熱変化

$$Q = 0 \tag{11-35}$$
$$\Delta U = W \tag{11-36}$$

となるので，仕事はすべて内部エネルギー変化に使われる．断熱変化で気体を圧縮（**断熱圧縮**）するときは，$W > 0$ なので，$\Delta U > 0$ となり気体の温度は上がる．一方，気体を膨張（**断熱膨張**）させると，気体の温度は下がる．

11-2-6　気体のモル熱容量
（気体のモル比熱）

気体に熱量 Q を与えるとき，定積変化と定圧変化では様子が異なる．定積変化では，式(11-30)から加えた熱量 Q は，すべて気体の内部エネルギー変化に使われる．一方，定圧変化では，式(11-32)のように仕事にも使われるので，内部エネルギー変化が小さくなり，温度変化も小さい．n (mol) の気体の温度を ΔT (K) 上昇させるのに必要な熱量 Q は，次のように書ける．

$$Q = nC\Delta T \tag{11-37}$$

ここで，C (J mol^{-1} K^{-1}) を**モル熱容量**（**モル比熱**）といい，定積変化の場合は**定積モル熱容量**（**定積モル比熱**），定圧変化の場合は**定圧モル熱容量**（**定圧モル比熱**）という．それぞれ，C_V (J mol^{-1} K^{-1})，C_p (J mol^{-1} K^{-1}) で表す．

定積変化では，加えた熱量 Q はすべて内部エネルギー変化になるので，

$$\Delta U = nC_V\Delta T \tag{11-38}$$

となる．さらに，単原子分子の理想気体では，内部エネルギーは式(11-27)と書けるので，

$$\Delta U = nC_V\Delta T = \frac{3}{2}nR\Delta T \tag{11-39}$$

となる．よって，

$$C_V = \frac{3}{2}R \tag{11-40}$$

である．

定圧変化では，式(11-32)のように内部エネルギー変化と仕事に使われるので，定圧モル熱容量 C_p は，

$$C_p = \frac{Q}{n\Delta T} = \frac{\Delta U}{n\Delta T} + \frac{p\Delta V}{n\Delta T} \tag{11-41}$$

となる．さらに，式(11-8)より，

$$C_p = \frac{\Delta U}{n\Delta T} + R \tag{11-42}$$

である．ここで，気体の内部エネルギー変化は温度だけで決まり，式(11-38)で書けるので，

$$C_p = C_V + R \tag{11-43}$$

となり，これを**マイヤーの関係**という．さらに，式(11-40)と式(11-43)から，単原子分子の理想気体では，

$$C_p = \frac{3}{2}R + R = \frac{5}{2}R \tag{11-44}$$

である．

C_p と C_V の比 γ を**比熱比**といい，単原子分子の理想気体では，

$$\gamma = \frac{C_p}{C_V} = \frac{(5/2)R}{(3/2)R} = \frac{5}{3} \tag{11-45}$$

になる．また，二原子分子の理想気体では，γ は 7/5 になる．

さらに，理想気体では，断熱変化をするときの圧力 p (Pa) と体積 V (m^3) には比熱比 γ を用いて，

$$pV^\gamma = 一定 \tag{11-46}$$

の関係がある．これを**ポアソンの法則**という．等温変化では，

$$pV = 一定 \tag{11-47}$$

なので，同じ気体が同じ状態（同圧，同体積）から等しい体積だけ変化するとき，断熱変化のほうが等温変化より圧力の変化が大きい．

11-2-7　熱機関の熱効率

ガソリン機関や蒸気機関のような熱を仕事に変換する装置を**熱機関**という．図11-10に定積変化と定圧変化を組み合わせた熱機関のモデルを示した．

この熱機図は次の①～④を1サイクルとしてはたらく．

① 定積加圧：加圧状態で熱量 Q_{AB} を高温熱源から移動させる．体積は V_1 のままで，圧力が増加（$p_1 \to p_2$）．

② 定圧膨張：さらに熱量 Q_{BC} を高温熱源から移動させ，圧力一定 p_2 で，体積が V_2 になるまで仕事 W_{BC} をさせる．

③ 定積減圧：体積は V_2 のままで，低温熱源に熱量 Q_{CD} を移動させ，圧力を下げる（$p_2 \to p_1$）．

④ 定圧圧縮：さらに熱量 Q_{DA} を低温熱源に移動させて，圧力一定 p_1 で，体積が V_1 になるまで仕事 W_{DA} をさせる．

この熱機関の1サイクルで，気体が吸収した熱量

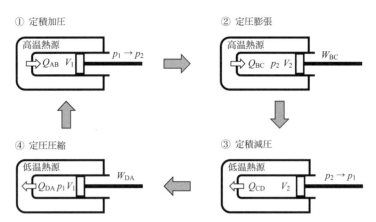

① 定積加圧

② 定圧膨張

④ 定圧圧縮

③ 定積減圧

図 11-10　熱機関のモデル

Q_1 は $Q_{AB}+Q_{BC}$ で, 外部に捨てた熱量 Q_2 は $Q_{CD}+Q_{DA}$ である. また, 外部にした仕事は W_{BC} (>0) で, 外部からされた仕事は W_{DA} (<0) である. よって, 熱機関が外部にした正味の仕事 W は $W_{BC}+W_{DA}$ である. 一方, 熱量の出入りは Q_1-Q_2 なので,

$$Q_1 = Q_2 + W \qquad (11\text{-}48)$$

となる.

　このように熱機関では, 高温熱源から熱量 Q_1 を吸収し, その一部を仕事 W に変換し, 残りの熱量 Q_2 を低温熱源に放出する. 1 サイクルすると, 元の状態にもどるので, 内部エネルギー変化 ΔU は 0 である. また, 受け取った熱量のうちどれだけ仕事に変換できたかの割合 e は,

$$e = \frac{W}{Q_1} = \frac{Q_1-Q_2}{Q_1} \qquad (11\text{-}49)$$

で表され, これを**熱効率**という.

第 3 編

数学の基礎

$$\left(-\frac{\hbar^2}{2m}\nabla^2+U\right)\Psi=E\Psi$$

12章　微分と積分

化学現象は，時間とともに変化することが多い．そのため，ある量を時間に対して表すと便利である．

$$y=f(t) \qquad (12\text{-}1)$$

ここで，y は注目している量（生成物の量など），t は時間である．一般に $f(t)$ は線形（一次関数）にならないことが多く，変化の割合や総変化量を計算するために，微分や積分の考え方が必要となる．この章では，線形（一次関数）からスタートし，一次関数でない非線形な関数へと内容を展開する．

12-1　微　分

12-1-1　微 分 係 数

図 12-1 に $y=2x$ のグラフを示している．このグラフにおいて，x が 1 増えると y は 2 増える．ここで，x の増加量，y の増加量をそれぞれ $\Delta x, \Delta y$ とすると，

$$傾き=\frac{\Delta y}{\Delta x} \qquad (12\text{-}2)$$

である．図 12-1 のような単純な一次関数であれば，

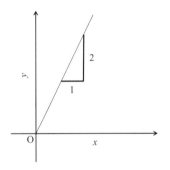

図 12-1　一次関数の傾き

傾きがいくらであるかを計算することは容易であるが，図 12-2(a) のような複雑な関数の場合はどうであろうか．ある部分に着目し，図 12-2(b) のように拡大して，式(12-2)の定義に従って"瞬間の"傾きを計算すると，

$$傾き=\frac{\Delta y}{\Delta x}=\frac{y_2-y_1}{x_2-x_1} \qquad (12\text{-}3)$$

となる．しかし，これを瞬間の傾きといってよいだろうか？　もし納得がいかなければ，図 12-2(c) のように，(x_1, y_1) の周辺でさらに拡大して瞬間の傾

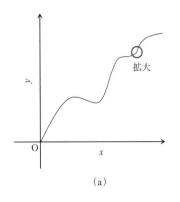

(a)

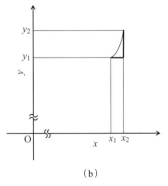

(b)

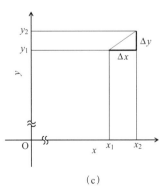

(c)

図 12-2　複雑な関数の傾き

きを計算してみてはどうだろう．これならばほぼ直線になっているので，瞬間の傾きと呼んでもよさそうである．

　今，計算のためにグラフを拡大して考えてみたが，実際にはグラフの大きさは図 12-2(a) である．そこで，グラフを拡大する代わりに，図 12-2(c) のようにグラフが直線とみなせる程度まで Δx を十分に小さくすることにする．ここで，x を十分に小さくすることを表す記号 $\lim_{x \to 0}$ を用いると，

$$\text{瞬間の傾き} = \lim_{x_1 \to x_2} \frac{y_2 - y_1}{x_2 - x_1} = \lim_{\Delta x \to 0} \frac{\Delta y}{\Delta x} \quad (12\text{-}4)$$

と定義できる．この瞬間の傾きは微分係数と呼ばれ，式(12-1)のような関数の $x = x_1$ における微分係数は $f'(x_1)$ とも書く．ちなみに，$f'(x_1)$ はエフプライム x_1 と読む．微分係数 $f'(x_1)$ は (x_1, y_1) の点での瞬間の傾きなので，別の見方をすればその点における曲線の接線の傾きである．このように考えると，接線は関数 $y = f(t)$ のすべての点で定義することができる．このようにすべての点で微分係数を求めることを"微分する"という．また，求まった一連の微分係数による関数を導関数と呼び，

$$f'(x) = \lim_{h \to 0} \frac{f(x+h) - f(x)}{h} \quad (12\text{-}5)$$

で定義する．導関数，すなわち $f(x)$ の微分は，

$$f'(x) = \frac{\mathrm{d}f}{\mathrm{d}x} = \frac{\mathrm{d}}{\mathrm{d}x} f(x) \quad (12\text{-}6)$$

と書くこともある．$\mathrm{d}f/\mathrm{d}x$ はディーエフディーエックスのように読む．

12-1-2　導関数の計算

　様々な関数の導関数（微分）はすべて，式(12-5)で求めることができる．例えば，二次関数 $f(x) = x^2$ の導関数は，

$$f'(x) = \lim_{h \to 0} \frac{(x+h)^2 - x^2}{h} = \lim_{h \to 0} \frac{2xh + h^2}{h}$$
$$= \lim_{h \to 0} (2x + h) \quad (12\text{-}7)$$

である．ここで，$h \to 0$ なので，

$$f'(x) = 2x$$

となる．同様に計算すると，もっと高次の関数 $f'(x) = x^n$ の場合には，$f'(x) = nx^{n-1}$ となる．その他の関数についても同様にして計算ができる．表 12-1 に代表的な微分の公式をまとめて示す．

表 12-1　代表的な微分の公式

関　数	導関数（微分）
c（定数）	0
x^n	nx^{n-1}
$\ln x$	$1/x$
$\log_a x$	$\dfrac{1}{x \ln a}$
e^x	e^x
$\sin x$	$\cos x$
$\cos x$	$-\sin x$
$f(x)g(x)$	$f'(x)g(x) + f(x)g'(x)$（積の公式）
$f(g(x))$	$\dfrac{\mathrm{d}f}{\mathrm{d}g}\dfrac{\mathrm{d}g}{\mathrm{d}x}$（合成関数の公式）

12-1-3　偏 微 分

　変数が二つ以上ある関数 $z = f(x, y)$ について，y を定数とみて x で微分することを偏微分といい，次の記号で表す．

$$\frac{\partial z}{\partial x} = \frac{\partial f(x, y)}{\partial x} \quad (12\text{-}8)$$

例えば，$z = x^2 + xy + y^2$ のとき，

$$\frac{\partial z}{\partial x} = 2x + y \quad (12\text{-}9)$$

となる．

12-1-4　例 題

【例題1】　$f(x) = x \sin x$ の導関数を求めよ．

解答：表 12-1 の積の公式を用いると，積の左側の関数を微分したものに右側の関数をかけたものと，それぞれを逆にしたものを足せばよいので，

$$f'(x) = (x)' \sin x + x(\sin x)'$$
$$= \sin x + x \cos x \quad (12\text{-}10)$$

となる．

【例題2】　$f(x) = \dfrac{1}{(1+x^2)}$ の導関数を求めよ．

解答：表 12-1 の合成関数の公式では，$X = g(x)$ とおけるような場合，$f(X)$ を X で微分したものと X を x で微分したものの積をとればよい．この例題では，$X = 1 + x^2$ として，

$$f'(x) = \frac{\mathrm{d}}{\mathrm{d}X}\left(\frac{1}{X}\right)\frac{\mathrm{d}X}{\mathrm{d}x} = \frac{-1}{X^2}\frac{\mathrm{d}}{\mathrm{d}x}(1+x^2)$$
$$= \frac{-1}{(1+x^2)^2} 2x = -\frac{2x}{(1+x^2)^2} \quad (12\text{-}11)$$

と計算できる.

【例題3】 $f(x) = \dfrac{\sin x}{(1+x^3)}$ の導関数を求めよ.

解答：積の公式を使った後に合成関数の公式を使うと,

$$f'(x) = \left(\frac{1}{1+x^3}\right)' \sin x + \left(\frac{1}{1+x^3}\right)(\sin x)'$$

$$= \frac{-1}{(1+x^3)^2} 3x^2 \sin x + \left(\frac{1}{1+x^3}\right)\cos x$$

$$= \frac{-3x^2 \sin x}{(1+x^3)^2} + \frac{\cos x}{1+x^3} \qquad (12\text{-}12)$$

となる. このように, 表 12-1 の公式の組合せによって, 様々な関数の微分が可能である.

12-2 積　分

12-2-1 面　積　算

時速 50 km の車が同じ速度で 2 時間走った場合（等速直線運動）, どれくらいの距離を進むかは, 次式のように時速と時間の掛け算によって求めることができる.

$$50\,\mathrm{km\,h^{-1}} \times 2\,\mathrm{h} = 100\,\mathrm{km} \qquad (12\text{-}13)$$

また, 図 12-3 に示すように一定の加速度で速くなる物体（自由落下など）の進む距離は, 灰色で塗りつぶされた三角形の面積で求めることができる. 進む距離 L と時間 t, 速度 $v(t)$ の関係は,

$$L = t\,v(t) \qquad (12\text{-}14)$$

となっているので, 時間を x 軸, 速度を y 軸にとると, 三角形の面積が距離になっている.

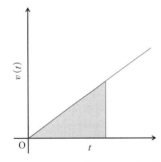

図 12-3　等加速度運動の速度 $v(t)$
と時間 t の関係

このような掛け算の関係を使った, 少し面白い食塩水の質量パーセント濃度の計算方法がある. 食塩

水の濃度は, 溶質の質量 m_solute, 溶液の質量 m_solution とすると, 濃度 c は,

$$c = \frac{m_\mathrm{solute}}{m_\mathrm{solution}} \qquad (12\text{-}15)$$

で定義される（後の説明を簡便にするために百分率で表していない）. つまり, 溶質の質量 m_solute は,

$$m_\mathrm{solute} = c \times m_\mathrm{solution} \qquad (12\text{-}16)$$

という関係になっている. これは先の例と同様に, m_solution を x 軸, c を y 軸にとると, 長方形の面積が m_solute となる.

ここで食塩水を混ぜる問題を考えてみよう. ここに濃度の異なる二つの食塩水があるとする. 一方は質量パーセント濃度 10 % で 200 g, もう片方は質量パーセント濃度が 16 % で 100 g とすると, これらを混合すると何 % の食塩水ができるだろうか？

混合によって食塩の量は変わらないので, 食塩水 300 g に溶けている食塩の合計は,

$$200\,\mathrm{g} \times 10/100 + 100\,\mathrm{g} \times 16/100 = 36\,\mathrm{g}$$
$$(12\text{-}17)$$

である. よって, 混合してできた食塩水の質量パーセント濃度は, 36 g / 300 g = 0.12 で 12 % である.

この計算を食塩水の質量と濃度の図を使って解いてみよう. 最初, 図 12-4(a) のように 2 種類の溶液（10 % が 200 g と 16 % が 100 g）が, それぞれ存在していると考える. 面積を計算してみると, 左側の食塩水の質量は 200 g で濃度 0.10（10 %）であるから, その面積から食塩の質量は 20 g である. 同様に右側は 16 g である. 溶液を混合すると, 溶液は均一になり, 濃度は一定で食塩水の質量 300 g は変化しない. そのため, 図 12-4(b) に示した破線の濃度になると予想できる. このとき, 右から左に食塩が移動したとみなせる.

ここで, 食塩の質量は面積で表すことができるので, 図 12-4(b) の斜線で示した部分の面積は等しいはずである. 長方形の底辺の長さの比が 2:1 であるので, 高さの比は 1:2 になる（面積が等しくなるため）. よって, 濃度の差 0.06 を 1:2 の比で分けたものの 1, すなわち 0.06 の 1/3 を左側の濃度に加えればよく,

$$c = 0.1 + 0.06 \times \frac{1}{3} = 0.12 \qquad (12\text{-}18)$$

となる.

以上のような計算のことを面積算という. 掛け算

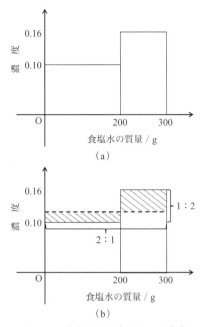

（a）

（b）

図 12-4　食塩水の混合における濃度

で表せるものはすべて面積で表せるので，面積を用いて色々な物理量が求まる．しかし，今の例でなぜ面積から最終的に濃度が求まるのか不思議ではないだろうか．そのヒントは，濃度の定義である式(12-15)にある．濃度がこのような割り算で定義されているので，式(12-16)のように食塩の質量を面積で表す

表 12-2　x 軸，y 軸の物理量と縦×横で定義される面積の意味

x 軸	y 軸	面　積
時間	単位時間あたりの生成量	総生成量
時間	単位時間あたりのフォトン数	総フォトン数
位置	単位距離あたりの濃度	物質の量

ことができた．このような例は，表 12-2 に示すようにほかにもある．x 軸と y 軸がどのような関係になっているかを，意識しながら図を見るとよい．

12-2-2　非線形な関数の積分

次に非線形な関数と x 軸の囲む面積を求めることを考えよう．例えば，不均質な溶液があり，場所ごとに濃度が異なるような場合に，全体の質量を求めることなどが実際の例となる．図 12-5 のような曲線 $y=f(x)$ があったとしよう．区間 $[x_1, x_2]$ で $y=f(x)$ と x 軸で挟まれる領域の面積 S を求めるために，Δx の幅をもつ短冊 n 個で区間を埋め尽くしたとする．その短冊の面積和 S' は，それぞれの短冊の面積を掛け算で求めて，総和をとればよいので，

$$S' = f(x_1)\Delta x + f(x_2)\Delta x + \cdots + f(x_N)\Delta x$$
$$= \Sigma f(x_i)\Delta x \qquad (12\text{-}19)$$

となる．図 12-5 の場合，$y=f(x)$ と短冊には隙間があるため，S と S' は一致しない．

微分を行ったときと同じ要領で，どんどんと図 12-5 を拡大してくと，図 12-6(a) のように $y=f(x)$

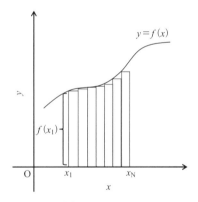

図 12-5　$y=f(x)$ と x 軸で挟まれる領域の面積

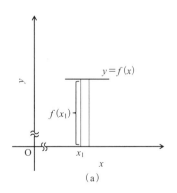

（a）

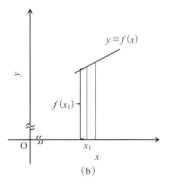

（b）

図 12-6　$y=f(x)$ を拡大したときの x 軸で挟まれる領域の面積

が水平な直線とみなせるようになる．このとき，短冊と直線の間には隙間がないため，式(12-17)の面積 S' と求めようとしている面積 S が一致する（水平な直線とみなすまで拡大しないで，図12-6(b)のように面積を台形で近似してもよい）．実際には，図を拡大する代わりに，微分のときに行ったのと同様に Δx を無限に小さく（面積が一致する程度まで十分に小さく）すると，S' は S と一致する．これを式で表すと，

$$S = \lim_{\Delta x \to 0} \Sigma f(x_i)\Delta x \equiv \int_{x_1}^{x_N} f(x)\,\mathrm{d}x \qquad (12\text{-}20)$$

となる．このように S を求めることを積分するという．

12-2-3　不 定 積 分

数学的には，微分すると $f(x)$ になるような関数，すなわち，

$$F'(x) = f(x) \qquad (12\text{-}21)$$

となる $F(x)$ を，$f(x)$ の不定積分または原始関数という．逆に $f(x)$ を積分すると $F(x)$ が求まり，式で表すと，

$$\int f(x)\,\mathrm{d}x = F(x) + C \qquad (12\text{-}22)$$

となる．ここで，C は定数である．このように定数 C がつく理由は，式(12-21)の微分で定数は 0 になることから考えれば当然である．表12-3に代表的な積分の公式を示す．これらを使えば，例えば，不定積分 $\int xe^x\,\mathrm{d}x$ は，以下のように求まる．e^x は積分

表 12-3　代表的な積分の公式

関　数	積　分
x^n	$\displaystyle\int x^n\,\mathrm{d}x = \frac{1}{n+1}x^{n+1}+C \qquad (n \neq -1)$ $\displaystyle\qquad = \log|x|+C \qquad\qquad (n=-1)$
$\sin x$	$\displaystyle\int \sin x\,\mathrm{d}x = -\cos x+C$
$\cos x$	$\displaystyle\int \cos x\,\mathrm{d}x = \sin x+C$
e^x	$\displaystyle\int e^x\,\mathrm{d}x = e^x+C$
$f(x)$	$\displaystyle\int f(x)\,\mathrm{d}x = \int f(g(t))g'(t)\,\mathrm{d}t$
$f'(x)/f(x)$	$\displaystyle\int \frac{f'(x)}{f(x)}\,\mathrm{d}x = \log|f(x)|+C$
$f(x)g'(x)$	$\displaystyle\int f(x)g'(x)\,\mathrm{d}x = f(x)g(x)-\int f'(x)g(x)\,\mathrm{d}x$

しても関数形が変わらないので，

$$\int xe^x\,\mathrm{d}x = \int x(e^x)'\,\mathrm{d}x = xe^x - \int (x)'e^x\,\mathrm{d}x$$
$$= xe^x - \int e^x\,\mathrm{d}x = xe^x - e^x + C \qquad (12\text{-}23)$$

12-2-4　定 　積 　分

定積分とは，不定積分に積分区間の両端の値を代入したものどうしの差のことである．例えば，区間 $[a, b]$ に対して定積分は，

$$S = \int_a^b f(x)\,\mathrm{d}x = F(b) - F(a) \qquad (12\text{-}24)$$

である．この定積分によって，x 軸と $y = f(x)$ で囲まれた面積 S を表すことができる．区間 $[0, 1]$ で x 軸と $y = x^2$ で囲まれた面積 S は，

$$S = \int_0^1 x^2\,\mathrm{d}x = \left[\frac{x^3}{3}\right]_0^1 = \frac{1}{3} \qquad (12\text{-}25)$$

となる．ここで注意しなければならないのは，$y = f(x)$ が x 軸よりも下にある場合には，負の値をとるということである．図12-7のように $y = f(x)$ が x 軸を横切る場合，左右の面積はマイナスとプラスになるので，積分で面積を計算するときには厳密には，

$$S = \int_a^b |f(x)|\,\mathrm{d}x$$

とすべきである．

定積分に関して有用な公式があるので，最後に紹介しておく．区間の中央の点に対して対称的な関数（その点に対して180°回転させて重なるような関数，奇関数）を区間にわたって積分すると，x 軸の上下で積分の値が相殺するので，0 となる．例えば，$y = \sin x$ を原点の左右に同じ範囲で積分すると，その値は 0 となる．

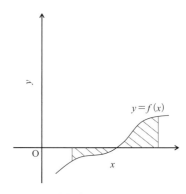

図 12-7　$y = f(x)$ が x 軸を横切る場合の定積分

$$S = \int_{-2\pi}^{2\pi} \sin x \, \mathrm{d}x = 0 \qquad (12\text{-}26)$$

一般的に，奇関数 $y = f_{\mathrm{odd}}(x)$ を原点の左右に同じ範囲で積分すると，

$$\int_{-r}^{r} f_{\mathrm{odd}}(x) \, \mathrm{d}x = 0 \qquad (12\text{-}27)$$

となる．また，（偶関数）×（奇関数）＝（奇関数）であるから，

$$\int_{-r}^{r} f_{\mathrm{odd}}(x) f_{\mathrm{even}}(x) \, \mathrm{d}x = 0 \qquad (12\text{-}28)$$

である．これらの公式を用いると，計算を簡単にすることができる．例えば関数 $y = x^3 \cos x$ の区間 $[-\infty, \infty]$ での定積分は，

$$\int_{-\infty}^{\infty} x^3 \cos x = 0 \qquad (12\text{-}29)$$

である．

12-3　微分方程式

12-3-1　一階微分方程式

　自然界の現象は微分方程式によって記述される．例えば，力学の場合にはニュートンの運動方程式が用いられ，電子の振る舞いにはシュレディンガー方程式が用いられる．

　ニュートンの運動方程式は，加速度 a と力 F を用いると，

$$ma = F \qquad (12\text{-}30)$$

となる．ここで，自由落下（重力加速度 g）を考えると，$F = mg$ であるから（鉛直下向きを正にとった），

$$ma = mg \qquad (12\text{-}31)$$

である．加速度は速度の変化率であるから，

$$a = \frac{\mathrm{d}v}{\mathrm{d}t} = \frac{\mathrm{d}^2 x}{\mathrm{d}t^2} \qquad (12\text{-}32)$$

となる．ゆえに，

$$\frac{\mathrm{d}^2 x}{\mathrm{d}t^2} = g \qquad (12\text{-}33)$$

である．これが自由落下の運動方程式の微分形式である．初期位置 $x(t=0) = 0$，初期速度 $v(t=0) = 0$ として，この微分方程式を解く．式(12-30)を積分すると，

$$\int_0^t \frac{\mathrm{d}^2 x}{\mathrm{d}t^2} \, \mathrm{d}t = \int_0^t g \, \mathrm{d}t \qquad (12\text{-}34)$$

$$\left[\frac{\mathrm{d}x}{\mathrm{d}t} \right]_0^t = \left[gt \right]_0^t \qquad (12\text{-}35)$$

$$v(t) - v(0) = gt \qquad (12\text{-}36)$$

$$v(t) = gt \qquad (12\text{-}37)$$

となり，よく知られた関係が得られる．式(12-37)をもう一度積分すると，

$$\int_0^t \frac{\mathrm{d}x}{\mathrm{d}t} \, \mathrm{d}t = \int_0^t gt \, \mathrm{d}t \qquad (12\text{-}38)$$

$$\left[x \right]_0^t = \left[\frac{gt^2}{2} \right]_0^t \qquad (12\text{-}39)$$

$$x(t) - x(0) = \frac{gt^2}{2} \qquad (12\text{-}40)$$

$$x(t) = \frac{gt^2}{2} \qquad (12\text{-}41)$$

のように，よく知られた関係が再び得られた．このようにして，微分を含む式からそれを満たす関数（この例では式(12-37)と式(12-41)）を求めることを，微分方程式を解くという．また，一次微分を含むものを一階微分方程式，二次微分を含むものを二階微分方程式という．微分すると定数は 0 となるので，式のように積分した場合には定数項分だけの不定性がある（この定数値分だけ関数全体が上下してよい）．そのため，初期値を与えて解かれることが多い．初期値がない場合には，一般解として定数を含む形で求める．

　例題として，年平均 k 倍ずつ増加する物価を考える．このときの物価を y，時間（年）を t とすると，

$$\frac{\mathrm{d}y}{\mathrm{d}t} = ky \qquad (12\text{-}42)$$

ここで，$\mathrm{d}y$ と $\mathrm{d}t$ を記号とみなして変数分離すると（微小変化 δy, δt と考えたことに等しい）

$$\frac{1}{y} \mathrm{d}y = k \mathrm{d}t \qquad (12\text{-}43)$$

となる（変数分離法）．これを積分すると，

$$\int \frac{1}{y} \mathrm{d}y = \int k \mathrm{d}t \qquad (12\text{-}44)$$

$$\log(y) = kt + C \quad (C \text{ は定数}) \qquad (12\text{-}45)$$

$$y = \mathrm{e}^{kt+C} \qquad (12\text{-}46)$$

指数関数を $\exp(\cdots)$ と表記し，e^C を A とすると，

$$y = A \exp(kt) \qquad (12\text{-}47)$$

となる．

12-3-2　二階微分方程式

　二次微分を含む微分方程式には様々な解法があるので，専門書を参考にされたい．ここでは，化学で頻繁に現れる次式のような形の微分方程式について述べる．

$$\frac{\mathrm{d}^2 y}{\mathrm{d} x^2} = -ky \qquad (k \text{ は定数}) \qquad (12\text{-}48)$$

　二階微分により自分自身が現れる関数 $y = \exp(Cx)$ が解の候補となりそうである（C は定数）．天下り的であるが，この関数を式(12-48)に代入すると，

$$C^2 \exp(Cx) = -k \exp(Cx) \qquad (12\text{-}49)$$
$$C = \pm \sqrt{k}\, \mathrm{i} \qquad (\mathrm{i} \text{ は虚数単位}) \qquad (12\text{-}50)$$

ゆえに，$y = \exp(+\sqrt{k}\,\mathrm{i}x)$ と $y = \exp(-\sqrt{k}\,\mathrm{i}x)$ がこの式の解である．これらの解を任意の組合せで足したものも式(12-48)を満たすので，

$$y = A \exp(+\sqrt{k}\,\mathrm{i}x) + B \exp(-\sqrt{k}\,\mathrm{i}x)$$
$$(A,\ B \text{ は定数}) \qquad (12\text{-}51)$$

も式(12-48)を満たす．このような解を一般解という．一方，$y = \exp(+\sqrt{k}\,\mathrm{i}x)$ は $A = 1$，$B = 0$ とすれば得られるので，このような解のことを特殊解という．

12-3-3　シュレディンガー方程式
（1-2-1 項参照）

　電子の振る舞いを記述するシュレディンガー方程式は，波動関数 Ψ，ポテンシャルエネルギー U，エネルギー E を用いると，

$$-\frac{\hbar^2}{2m}\left(\frac{\partial^2 \Psi}{\partial x^2} + \frac{\partial^2 \Psi}{\partial y^2} + \frac{\partial^2 \Psi}{\partial z^2}\right) + U(x, y, z)\Psi = E\Psi$$
$$(12\text{-}52)$$

である（m は電子の質量，E は定数）．この式において，$\partial^2 \Psi / \partial x^2$ を $\partial^2 / \partial x^2$ が Ψ に作用したとみなすことができる．このような記号 $\partial^2 / \partial x^2$ を演算子と呼ぶ．演算子を用いて式(12-52)を書き直すと，

$$\left\{ -\frac{\hbar^2}{2m}\left(\frac{\partial^2}{\partial x^2} + \frac{\partial^2}{\partial y^2} + \frac{\partial^2}{\partial z^2}\right) + U(x, y, z) \right\}\Psi = E\Psi$$
$$(12\text{-}53)$$

となる．ここで，ラプラシアン ∇^2 を

$$\nabla^2 \equiv \left(\frac{\partial^2}{\partial x^2} + \frac{\partial^2}{\partial y^2} + \frac{\partial^2}{\partial z^2}\right) \qquad (12\text{-}54)$$

と定義すると，式(12-53)は

$$\left(-\frac{\hbar^2}{2m}\nabla^2 + U\right)\Psi = E\Psi \qquad (12\text{-}55)$$

となる．

　この式は，左辺の演算子 $-(\hbar^2/2m)\,\nabla^2 + U$ が Ψ に作用すると，定数 $\times \Psi$ となったと見ることができる．直方体の中に閉じ込められた電子の振る舞いをこの式によって記述することが可能である．

12-3-4　中心力場における
　　　シュレディンガー方程式

　クーロンポテンシャル U は距離 r のみに依存し，角度には依存しない．そのため，$-(\hbar^2/2m)\nabla^2 + U$ の第一項についても，距離に依存する項と角度に依存する項に分ける．図1-8のように r, θ, ϕ をとると，

$$x = r \sin \theta \cos \phi \qquad (12\text{-}56)$$
$$y = r \sin \theta \sin \phi \qquad (12\text{-}57)$$
$$z = r \cos \theta \qquad (12\text{-}58)$$

となる．この関係を使うと，

$$\nabla^2 = \frac{\partial^2}{\partial x^2} + \frac{\partial^2}{\partial y^2} + \frac{\partial^2}{\partial z^2}$$
$$= \frac{1}{r^2}\frac{\partial}{\partial r}\left(r^2 \frac{\partial}{\partial r}\right) + \frac{1}{r^2 \sin \theta}\frac{\partial}{\partial \theta}\left(\sin \theta \frac{\partial}{\partial \theta}\right)$$
$$+ \frac{1}{r^2 \sin \theta}\frac{\partial^2}{\partial \phi^2} \qquad (12\text{-}59)$$

となる．

$$\Psi(x, y, z) = R(r)\, Y(\theta, \phi) \qquad (12\text{-}60)$$

のように r のみに依存する関数と θ, ϕ に依存する関数の積で，Ψ を表すことによって，微分方程式を次のように書き直すことができる．

$$\frac{r}{R}\frac{\mathrm{d}^2}{\mathrm{d} r^2}(rR) + \frac{2mr^2}{\hbar^2}(E - U(r))$$
$$+ \frac{1}{Y}\left[\frac{1}{\sin \theta}\frac{\partial}{\partial \theta}\left(\sin \theta \frac{\partial Y}{\partial \theta}\right) + \frac{1}{\sin^2 \theta}\frac{\partial^2 Y}{\partial \phi^2}\right] = 0$$
$$(12\text{-}61)$$

この式は

$$\frac{r}{R}\frac{\mathrm{d}^2}{\mathrm{d} r^2}(rR) + \frac{2mr^2}{\hbar^2}(E - U(r))$$
$$= -\frac{1}{Y}\left[\frac{1}{\sin \theta}\frac{\partial}{\partial \theta}\left(\sin \theta \frac{\partial Y}{\partial \theta}\right) + \frac{1}{\sin^2 \theta}\frac{\partial^2 Y}{\partial \phi^2}\right]$$
$$(12\text{-}62)$$

であるから，左辺と右辺の値は等しく，かつ r と θ，ϕ は独立である．そのため，左辺が定数であるとして微分方程式を解き，その後に右辺を解くことによって波動方程式を得ることができる．

$$\left(-\frac{\hbar^2}{2m}\nabla^2+U\right)\Psi=E\Psi$$

13 章　指数関数と対数関数

化学ではアボガドロ定数（6.022×10^{23}）に代表されるように，非常に大きな数を扱う．一方，対象となる原子や分子は小さく，非常に小さな数を扱うことも多い．さらに，水素イオン濃度のように，何桁にもわたる変化を扱うこともある．そのため，桁数をどのように表すかは化学にとって重要な能力となる．

13-1　指 数 関 数

13-1-1　大きな数，小さな数の表し方

アボガドロ定数や電気素量のように，非常に大きな，あるいは小さな数を扱う場合には，10 を底とする指数関数（10^n）を用いて，$6.022\times10^{23}\,\mathrm{mol}^{-1}$ や

表 13-1　大きな数の表し方

10^n	SI 接頭辞	記　　号	由　　来	漢字表記（読み）
10^{68}				無量大数
10^{64}				不可思議
10^{60}				那由他（なゆた）
10^{56}				阿僧祇（あそうぎ）
10^{52}				恒河沙（こうがしゃ）
10^{48}				極（ごく）
10^{44}				載（さい）
10^{40}				正（せい）
10^{36}				澗（かん）
10^{32}				溝（こう）
10^{28}				穣（じょう）
10^{24}	ヨタ	Y	ラテン語アルファベットの最後尾から 2 番目	杼（じょ）
10^{21}	ゼタ	Z	ラテン語アルファベットの最後尾	
10^{20}				垓（がい）
10^{18}	エクサ	E	ギリシャ語の "6 番目"（hexa）	
10^{16}				京（けい）
10^{15}	ペタ	P	ギリシャ語の "5 番目"（penta）	
10^{12}	テラ	T	ギリシャ語の "巨獣"（teras）	兆
10^9	ギガ	G	ラテン語の "巨人"（gigas）	
10^8				億
10^6	メガ	M	ギリシャ語の "大きい"（megas）	
10^4				万
10^3	キロ	k	ギリシャ語の千（chilioi/khikioi）	千
10^2	ヘクト	h	ギリシャ語の百（hekaton）	百
10	デカ	da	ギリシャ語の十（deka）	十

表 13-2　小さな数の表し方

10^n	SI 接頭辞	記　号	由　来	漢字表記（読み）
10^{-1}	デシ	d	ラテン語の十 (decem)	分（ぶ）
10^{-2}	センチ	c	ラテン語の百 (centum)	厘（りん）
10^{-3}	ミリ	m	ラテン語の千 (mille)	毛（もう）
10^{-4}				糸（し）
10^{-5}				忽（こつ）
10^{-6}	マイクロ	μ	ギリシャ語の "小さい" (mikros)	微（び）
10^{-9}	ナノ	n	ギリシャ語の "小さい" (mikros)	塵（じん）
10^{-12}	ピコ	p	スペイン語の "少し" (pico)	漠（ばく）
10^{-15}	フェムト	f	デンマーク語の 15 (femten)	須臾（しゅゆ）
10^{-18}	アト	a	デンマーク語の 18 (atten)	刹那（せつな）
10^{-21}	ゼプト	z	ギリシャ語の 7 (sept)	清浄（せいじょう）
10^{-24}	ヨクト	y	ギリシャ語の 8 (okto)	涅槃寂静（ねはんじゃくじょう）

1.602×10^{-19} C のように表す．また，国際単位系 (SI) では，物理量を表すときに，10 を底とする指数関数の代わりに，単位に付随した接頭辞（倍量単位および分量単位）をつけて表すことがある．表 13-1, 13-2 に 10 を底とする指数関数，SI 接頭辞，記号，由来，漢字表記（読み）をまとめた．

13-1-2　10 を底とする指数関数の計算

桁数（指数）に注目して，指数関数を使うと便利である．指数関数は一般に，

$$y = a^x \qquad (a > 0) \qquad (13\text{-}1)$$

で表され，a を底 (base)，x を指数 (exponent, power) という．ここで，底を 10 としたものが桁数として使われている．以下に 10 を底とする指数関数のいくつかの計算方法を示す．

$$10^0 = 1 \qquad (13\text{-}2)$$
$$10^{-n} = 1 / 10^n \qquad (13\text{-}3)$$
$$10^{n/m} = \sqrt[m]{10^n} \qquad (13\text{-}4)$$
$$10^n \times 10^m = 10^{n+m} \qquad (13\text{-}5)$$
$$10^n / 10^m = 10^{n-m} \qquad (13\text{-}6)$$
$$10^{nm} = (10^n)^m \qquad (13\text{-}7)$$
$$(10^{n/m})^m = 10^n \qquad (13\text{-}8)$$

13-1-3　ネイピア数（e = 2.718）を底とする指数関数（自然指数関数）

任意の数を底にして指数関数は書けるが，化学，物理においては，式(13-9)のようなネイピア数 e を底とするものを一般に指数関数を呼ぶ．

$$y = e^x \qquad (13\text{-}9)$$

式(13-9) は頻繁に登場するが，e^x を $\exp x$ の形式で表記することも多い．この関数の特徴は，$x = 0$ で $y = 1$，$x = 1$ で $y = e$ になり，x の増加とともに y も増加するシンプルな関数である．また，式(13-9) を微分すると，

$$y' = e^x \qquad (13\text{-}10)$$

となり，導関数が元の関数と同じ形になる．これは，ある点での傾き（関数の増加率）がその点での関数の値と同じとなり，x が大きくなるほど急激に y が増加するということを意味する．自然界にはこの関数で表される現象が数多くあり，非常に重要な関数である．化学においても，ボルツマン分布，一次反応の反応速度，活性化エネルギーのアレニウスの式などたびたび現れる関数である（3-3, 5-2 節参照）．

13-2　対　数　関　数

13-2-1　指数関数と対数関数の関係

式(13-1)の指数関数を満たす x を求める関数が対数関数で，

$$x = \log_a y \qquad (a > 0) \qquad (13\text{-}11)$$

と表される．ここで x は a を底とする y の対数で，y は対数 x の真数である．式(13-1)と式(13-11)は等価であり，式(13-1)を対数で表すと式(13-11)になる．さらに，これらの式は互いに逆関数になっている．

13-2-2　対数関数の計算

以下に対数関数のいくつかの計算方法を示す．ただし，$a, b, c>0$，$a, b, c\neq1$；$M>0$，$N>0$ とする．

$$\log_a a = 1, \ \log_a 1 = 0 \tag{13-12}$$

$$\log_a MN = \log_a M + \log_a N \tag{13-13}$$

$$\log_a(M/N) = \log_a M - \log_a N \tag{13-14}$$

$$\log_a M^p = p\log_a M, \ \log_a \sqrt[n]{M^m} = \frac{m}{n}\log_a M \tag{13-15}$$

$$a^{\log_a M} = M \tag{13-16}$$

$$\log_a b = \frac{\log_c b}{\log_c a} \quad \text{（底の変換公式）} \tag{13-17}$$

13-2-3　常用対数

底が 10 である対数を常用対数といい，底を略して $\log y$ と書くこともある．常用対数は，pH や熱力学の計算でよく使い，常用対数表から容易に値を得ることができる．任意の正の数 x は，

$$x = a\times10^s \quad (1\leqq a<10, \ s \text{ は整数}) \tag{13-18}$$

で表すことができる．そこで，式(13-18)の対数をとって，

$$\log_{10} x = s + \log_{10} a \tag{13-19}$$

となる．ここで，$\log_{10} a$ を常用対数表から読み取ればよい．例えば，$\log_{10} 11.2$ の値を知りたければ，$s=1$，$a=1.12$ になる．$\log_{10} 11.2$ は表 13-3 の左の列の少数第 1 位まで書かれている真数の 1.1 の行，上の行に書かれている小数第 2 位の真数 2 のところを読めばよく，0.0492 になる．さらに $s=1$ なので，$10+0.0492 = 10.0492$ のように求まる．

13-2-4　自 然 対 数

ネイピア数 e とは何か．年利 100 ％の金利を考えてみる．この場合，1 年後には元本は 2 倍になる．しかし，もし途中で解約しても同じ利率で日割りしてもらえるとした場合，半年後に解約して，その時点で得た金利を元本に加えて改めて半年間契約すると，$(1+1/2)^2 = 2.25$ 倍と増える．毎日解約と再契約を繰り返すと，$(1+1/365)^{365} = 2.7145$ とさらに増える．ではもっと細かく解約するとどうなるか．増加はするのだが図 13-1 のように，ある値に収束する．この値が自然対数の底（ネイピア数）e である．このときの関数は，

$$f(n) = \left(1+\frac{1}{n}\right)^n \tag{13-20}$$

である．

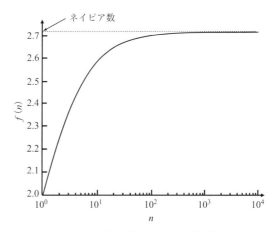

図 13-1　自然対数の底（ネイピア数）e

表 13-3　常用対数表の一部

	0	1	2	3	4	5	6	7	8	9
1.0	.0000	.0043	.0086	.0128	.0170	.0212	.0253	.0294	.0334	.0374
1.1	.0414	.0453	.0492	.0531	.0569	.0607	.0645	.0682	.0719	.0755
1.2	.0792	.0828	.0864	.0899	.0934	.0969	.1004	.1038	.1072	.1106
1.3	.1139	.1173	.1206	.1239	.1271	.1303	.1335	.1367	.1399	.1430
1.4	.1461	.1492	.1523	.1553	.1584	.1614	.1644	.1673	.1703	.1732
1.5	.1761	.1790	.1818	.1847	.1875	.1903	.1931	.1959	.1987	.2014
1.6	.2041	.2068	.2095	.2122	.2148	.2175	.2201	.2227	.2253	.2279
1.7	.2304	.2330	.2355	.2380	.2405	.2430	.2455	.2480	.2504	.2529
1.8	.2553	.2577	.2601	.2625	.2648	.2672	.2695	.2718	.2742	.2765
1.9	.2788	.2810	.2833	.2856	.2878	.2900	.2923	.2945	.2967	.2989
2.0	.3010	.3032	.3054	.3075	.3096	.3118	.3139	.3160	.3181	.3201

このような e を考えたとき，指数関数 e^x の x を求める関数は何か．これが自然対数（natural logarithm）$\log_e x$ である．$\log_e x$ は化学の分野では，$\ln x$ と書くことが多い．底を 10 とする常用対数と，底を e とする自然対数の変換は科学の分野でよく行われるため，式(13-21)と式(13-22)の変換係数を覚えておくと便利である．

$$\log_{10} e = 0.434\ 394\ 48\cdots \qquad (13\text{-}21)$$

$$1\,/\log_{10} e = 2.302\ 585\cdots \qquad (13\text{-}22)$$

なお，計算機や情報科学分野で，指数部を表すために "e" の文字が用いられることがある．例えば 1.2345×10^4 を 1.2345e＋4 （または 1.2345E＋4）と表すことがある．この "e（または E)" と自然対数で用いる e（ネイピア数）とはまったく別物である．

$$\left(-\frac{\hbar^2}{2m}\nabla^2+U\right)\Psi=E\Psi$$

14章 ベクトルと行列

　ベクトルや行列は数値をひとまとめにして扱うことができるので，式全体の見通しをよくしたり，大きな連立方程式を行列で書くことができ便利である．化学や物理においては，現象を記述するためにしばしば微分方程式を用いる．しかし，ほとんどの場合は解析的に解を得ることができず，数値的に解くことになる．具体的には，微小な変化量を用いて微分方程式を差分形式に変換すると，連立方程式になる．この連立方程式を数値計算することによって，化学や物理の現象，さらには一般の科学技術に関する現象を説明できる．そのため，ベクトルや行列は，現代の科学技術において欠かせないものとなっている．ここでは，本書の理解を補うことを目的として，ベクトルと行列について概説する．そのため，数学的には厳密な記述になっていない点があることに注意されたい．

14-1　ベクトル

14-1-1　ベクトルとは

　ベクトルとは，向きと大きさをもった量のことであり，化学や物理においては力や加速度などを表すのに用いる．ベクトルは，向きと大きさだけによって定義されるため，図14-1のような位置の異なる二つのベクトルは同じものである．ベクトルは，一つの文字を用いて，$\boldsymbol{a}$，$\vec{a}$のように表す．

　ベクトルを成分で表す場合，列ベクトル（縦ベクトル）で表すことが多い．このときの要素（成分）の数をベクトルの次元という．次のベクトル$\vec{a}$は二次元，ベクトル$\vec{b}$は三次元である．

$$\vec{a}=\begin{pmatrix}1\\2\end{pmatrix},\qquad \vec{b}=\begin{pmatrix}2\\4\\-1\end{pmatrix}\qquad(14\text{-}1)$$

　同じ要素をもつものを横に並べ直す操作（あるいはその逆）を転置という．列ベクトルの転置によって行ベクトル（横ベクトル）が得られる．転置したベクトルを表すのに，上付きのTを付す．

$$\vec{a}^{\mathrm{T}}=(1\ \ 2),\qquad \vec{b}^{\mathrm{T}}=(2\ \ 4\ \ -1)\qquad(14\text{-}2)$$

　ベクトルの定数倍は，次のように定義されている．

$$2\vec{a}=2\begin{pmatrix}1\\2\end{pmatrix}=\begin{pmatrix}2\\4\end{pmatrix}\qquad(14\text{-}3)$$

ベクトルの大きさは，$\vec{a}=\begin{pmatrix}a_1\\a_2\end{pmatrix}$のとき，

$$|\vec{a}|=\sqrt{a_1{}^2+a_2{}^2}\qquad(14\text{-}4)$$

である．定義からわかるように，ベクトルの大きさは常に正である．

14-1-2　ベクトルどうしの和と差，内積，外積

　ベクトルの和や差の計算は成分ごとに行う．同じ次元どうしであるならば，和と差は常に計算できる．

$$\begin{pmatrix}1\\2\end{pmatrix}+\begin{pmatrix}3\\4\end{pmatrix}=\begin{pmatrix}4\\6\end{pmatrix}\qquad(14\text{-}5)$$

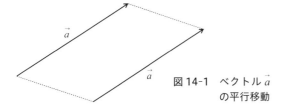

図14-1　ベクトル$\vec{a}$の平行移動

$$\begin{pmatrix} 2 \\ 4 \\ -1 \end{pmatrix} - \begin{pmatrix} 1 \\ 2 \\ 3 \end{pmatrix} = \begin{pmatrix} 1 \\ 2 \\ -4 \end{pmatrix} \qquad (14\text{-}6)$$

また，ベクトルの内積は，次のように定義されている．

$$\vec{a} \cdot \vec{b} = |a||b| \cos\theta \qquad (14\text{-}7)$$

ただし，θ はベクトル $\vec{a}$ と $\vec{b}$ のなす角である．成分を用いると，内積は次のように計算できる．

$$\vec{a} \cdot \vec{b} = (a_1 \ a_2) \cdot \begin{pmatrix} b_1 \\ b_2 \end{pmatrix} = a_1 b_1 + a_2 b_2 \qquad (14\text{-}8)$$

定義より，ベクトルの内積はスカラー（数値）である．

一方，外積はベクトルであり，方向はベクトル $\vec{a}$ と $\vec{b}$ に直交し，かつ $\vec{a}$ から $\vec{b}$ へ右ねじを回転させたときに進む方向で，大きさは，

$$|\vec{a} \times \vec{b}| = |a||b| \sin\theta \qquad (14\text{-}9)$$

である．また，成分を用いると，次のように計算できる．

$$\begin{pmatrix} a_1 \\ a_2 \\ a_3 \end{pmatrix} \times \begin{pmatrix} b_1 \\ b_2 \\ b_3 \end{pmatrix} = \begin{pmatrix} a_2 b_3 - a_3 b_2 \\ a_3 b_1 - a_1 b_3 \\ a_1 b_2 - a_2 b_1 \end{pmatrix} \qquad (14\text{-}10)$$

14-2　行　列

14-2-1　行列とは

行列は，縦横に数値（要素）を並べたものであり，同じ次元の列ベクトルを横に並べたもの（あるいは行ベクトルを縦に並べたもの）とみることもできる．A, B のように大文字太字の記号で表されることが多い．行列の定数倍は各成分の定数倍で定義されている．

$$A = \begin{pmatrix} 1 & 3 & 5 \\ 2 & 4 & 6 \end{pmatrix}, \qquad 2A = \begin{pmatrix} 2 & 6 & 10 \\ 4 & 8 & 12 \end{pmatrix}$$
$$(14\text{-}11)$$

A のような形の行列を 2 行 3 列の行列という．ここで行（row）と列（column）のいずれが横か縦かを迷うことが多い．漢字の形に着目して，行には横線が 2 本あり，列には縦線が 2 本あると覚えるとよい．英語では column の単語の中に縦線があるので列と覚える．なお，ベクトルは n 行 1 列の行列とみなすことができる．ゆえに以下に示す行列の計算の規則を，ベクトルにあてはめることも可能である．

2 行 2 列の行列を一般的な形で書くと，

$$B = \begin{pmatrix} b_{11} & b_{12} \\ b_{21} & b_{22} \end{pmatrix} \qquad (14\text{-}12)$$

になる．このような行と列の要素の数が同じ行列のことを正方行列という．正方行列のうち，対角成分（行と列の番号が同じ要素）がすべて 1 で，非対角成分（対角成分以外の要素）が 0 のものを単位行列といい，I という記号を用いることが多い．

$$I = \begin{pmatrix} 1 & 0 & 0 \\ 0 & 1 & 0 \\ 0 & 0 & 1 \end{pmatrix} \qquad (14\text{-}13)$$

また，転置は，各成分の縦横を入れ替えたものである．式(14-11)の行列 A を転置した A^{T} は，

$$A^{\mathrm{T}} = \begin{pmatrix} 1 & 2 \\ 3 & 4 \\ 5 & 6 \end{pmatrix} \qquad (14\text{-}14)$$

である．

14-2-2　行列どうしの和と差，内積

行列の和や差の計算は，成分ごとに行う．例えば，和は，

$$\begin{pmatrix} 1 & 3 & 5 \\ 2 & 4 & 6 \end{pmatrix} + \begin{pmatrix} -1 & 3 & 5 \\ 2 & 3 & 6 \end{pmatrix} = \begin{pmatrix} 0 & 6 & 10 \\ 4 & 7 & 12 \end{pmatrix}$$
$$(14\text{-}15)$$

である．また，行列の内積は次のように定義されている．

$$A = \begin{pmatrix} a_{11} & a_{12} \\ a_{21} & a_{22} \end{pmatrix}, \quad B = \begin{pmatrix} b_{11} & b_{12} \\ b_{21} & b_{22} \end{pmatrix}$$
$$(14\text{-}16)$$

とすると，

$$A \cdot B = \begin{pmatrix} a_{11}b_{11} + a_{12}b_{21} & a_{11}b_{12} + a_{12}b_{22} \\ a_{21}b_{11} + a_{22}b_{21} & a_{21}b_{12} + a_{22}b_{22} \end{pmatrix}$$
$$(14\text{-}17)$$

である．

求める内積の左の行列には行ベクトルが並んでおり，右の行列には列ベクトルが並んでいるとみて，それらのベクトルどうしの内積が，内積の結果の行列要素になっていると考えるとよい．次の例では，内積をとる二つの行列の中の楕円で示したベクトルどうしの内積が，結果の行列の中の楕円で示した要素となっている．

$$\begin{pmatrix} 1 & -1 & 2 \\ 3 & 5 & 7 \end{pmatrix} \cdot \begin{pmatrix} 2 & -1 \\ 3 & -2 \\ 4 & -3 \end{pmatrix}$$

$$= \begin{pmatrix} \boxed{1\times2+(-1)\times3+2\times4} & 1\times(-1)+(-1)\times(-2)+2\times(-3) \\ 3\times2+5\times3+7\times4 & 3\times(-1)+5\times(-2)+7\times(-3) \end{pmatrix}$$

$$= \begin{pmatrix} 7 & -5 \\ 49 & -34 \end{pmatrix} \tag{14-18}$$

この例のように, 正方行列でない行列どうしの内積も定義されるが, 左の行列の行数と右の行列の列数が同じでなければならない. つまり, 行列の内積は, 横長の行列×縦長の行列どうし, あるいは同じ次元の正方行列どうしについてのみ定義されている. なお, 今回の例のように, n 行 m 列の行列と m 行 n 列の行列を掛け合わせると n 行 n 列の正方行列になる (正方化される). 左の行列の m 列と右の行列の m 行が同じ要素数であることに注意する. 内積を計算すると, 両端が残って n 行 n 列の行列になると覚えるとよい.

また, 行列の内積は, 掛ける順序に依存するので, 可換ではない. 例えば,

$$A = \begin{pmatrix} 1 & 2 \\ 3 & 4 \end{pmatrix}, \quad B = \begin{pmatrix} -1 & 2 \\ 0 & 4 \end{pmatrix} \tag{14-19}$$

のとき,

$$A \cdot B = \begin{pmatrix} 1 & 2 \\ 3 & 4 \end{pmatrix} \cdot \begin{pmatrix} -1 & 2 \\ 0 & 4 \end{pmatrix} = \begin{pmatrix} -1 & 10 \\ -3 & 22 \end{pmatrix}$$

$$B \cdot A = \begin{pmatrix} -1 & 2 \\ 0 & 4 \end{pmatrix} \cdot \begin{pmatrix} 1 & 2 \\ 3 & 4 \end{pmatrix} = \begin{pmatrix} 5 & 6 \\ 12 & 16 \end{pmatrix} \tag{14-20}$$

となり, 掛ける順序で異なる.

14-3 連立方程式

14-3-1 行列表記

連立方程式を行列で表記することができる. たとえば,

$$\begin{aligned} x+2y-3z &= 5 \\ 2x+y-z &= -1 \\ 3x+z &= 5 \end{aligned} \tag{14-21}$$

のような方程式は, 行列の計算の規則を使って書き直すことができ,

$$\begin{pmatrix} 1 & 2 & 3 \\ 2 & 1 & -1 \\ 3 & 0 & 1 \end{pmatrix} \begin{pmatrix} x \\ y \\ z \end{pmatrix} = \begin{pmatrix} 5 \\ -1 \\ 5 \end{pmatrix} \tag{14-22}$$

となる. ここで, 行列とベクトルを

$$A = \begin{pmatrix} 1 & 2 & 3 \\ 2 & 1 & -1 \\ 3 & 0 & 1 \end{pmatrix}, \quad \vec{x} = \begin{pmatrix} x \\ y \\ z \end{pmatrix}, \quad \vec{c} = \begin{pmatrix} 5 \\ -1 \\ 5 \end{pmatrix} \tag{14-23}$$

のように定義すると, 式(14-21)は,

$$A\vec{x} = \vec{c} \tag{14-24}$$

とまとめて書くことができる.

例えば, $2x = 8$ という方程式を解くためには, 両辺を 2 で割って, $x = 4$ という解を得る. これと同様のことを式(14-24)に対しても行いたい. しかし, 単に, $\vec{x} = \vec{c}/A$ とするわけにはいかない. すでに見たように, 行列の和, 差, 積は定義されているが, 商は定義されていない. また, 演算の順序によっても結果が変わるということも忘れてはならない.

14-3-2 逆行列

式(14-24)を解くためには, 逆行列 A^{-1} を定義する必要があり, それは,

$$I = A^{-1} \cdot A \tag{14-25}$$

である. このような逆行列を定義しておくと, 式(14-24)の左側から A^{-1} を掛けることにより

$$\begin{aligned} A^{-1}A\vec{x} &= A^{-1}\vec{c} \\ \vec{x} &= A^{-1}\vec{c} \end{aligned} \tag{14-26}$$

となって $\vec{x}$ を求めることができる.

例えば, 2 行 2 列の行列の場合, 逆行列を求める公式は次のようになっている.

$$A = \begin{pmatrix} a_{11} & a_{12} \\ a_{21} & a_{22} \end{pmatrix} \tag{14-27}$$

とすると,

$$A^{-1} = \frac{1}{a_{11}a_{22}-a_{21}a_{12}} \begin{pmatrix} a_{22} & -a_{12} \\ -a_{21} & a_{11} \end{pmatrix} \tag{14-28}$$

である. 互いに掛け合わせると, 単位行列になることを確認できる. 逆行列に現れた量 $a_{11}a_{22}-a_{21}a_{12}$ は行列式と呼ばれる量である. 行列式を記号 | | を使って

$$|A| = \begin{vmatrix} a_{22} & -a_{12} \\ -a_{21} & a_{11} \end{vmatrix} = a_{11}a_{22}-a_{21}a_{12} \tag{14-29}$$

と表すこともある. 行列式 $|A|$ が 0 の場合には逆行列は存在しない. なお, 一般の行列に対しても逆行列をもつ条件などが知られているが, ここでは詳細を省略する. また, 三次以上の正方行列に対する逆行列を求めるための数学的方法についても省略するが, 実際に式(14-23)の A について逆行列を求めると,

$$A^{-1} = \frac{1}{90} \begin{pmatrix} 5 & 10 & 25 \\ 25 & 40 & 35 \\ 15 & 30 & 15 \end{pmatrix} \quad (14\text{-}30)$$

となる．逆行列であることは，$A^{-1} \cdot A$ を計算すると式(14-25)を満たすことで確認できる．そこで，式(14-26)を用いて，

$$\vec{x} = A^{-1}\vec{c} = \frac{1}{90} \begin{pmatrix} 5 & 10 & 25 \\ 25 & 40 & 35 \\ 15 & 30 & 15 \end{pmatrix} \begin{pmatrix} 5 \\ -1 \\ 5 \end{pmatrix} = \begin{pmatrix} 1 \\ -1 \\ 2 \end{pmatrix}$$

$$= \begin{pmatrix} x \\ y \\ z \end{pmatrix} \quad (14\text{-}31)$$

のように計算し，連立方程式の解を求めることができた．

このようにして逆行列を用いて連立方程式を解く方法の利点は，一度，逆行列が求まったならば，同じ形の問題の場合に繰り返し解かなくてよいという点である．また，解けるか解けないか（特異かどうか）を，行列の性質のみで判断できることもある．さらに，逆行列を求めたり，特異値分解（特異な行列を擬似的に解くのに用いられる方法）を行うための，高速な計算プログラムのパッケージ（LAPACK）も利用できる．

14-3-3 ランク（階数）

式(14-21)の3番目の式を変えた次の連立方程式を考える．

$$x + 2y + 3z = 5$$
$$2x + y - z = -1 \quad (14\text{-}32)$$
$$4x + 2y - 2z = 7$$

この方程式における2番目の式の両辺を2倍すると，左辺が3番目の式に等しくなり，実質的には式が二つであるため解を得ることができない．この結果は右辺の値によらず，左辺のみで決まっている．そこで，式(14-32)を行列で表記すると，

$$\begin{pmatrix} 1 & 2 & 3 \\ 2 & 1 & -1 \\ 4 & 2 & -2 \end{pmatrix} \begin{pmatrix} x \\ y \\ z \end{pmatrix} = \begin{pmatrix} 5 \\ -1 \\ 7 \end{pmatrix} \quad (14\text{-}33)$$

であるから，左辺の 3×3 行列に解が得られない性質があるといえる．この 3×3 行列は，この計算でも見たように実質二つの式からなっている．これを行列のランク（階数, rank）といい，この行列では2である．一方，右辺と左辺を合わせた行列は拡大行列といい，

$$\begin{pmatrix} 1 & 2 & 3 & 5 \\ 2 & 1 & -1 & -1 \\ 4 & 2 & -2 & 7 \end{pmatrix} \quad (14\text{-}34)$$

である．この拡大行列のランクは3であり，式(14-33)の行列はランクが2であるため，この連立方程式は解をもたない．

$$\left(-\frac{\hbar^2}{2m}\nabla^2+U\right)\Psi=E\Psi$$

15章　各種公式・展開式

15-1　各 種 公 式

15-1-1　ネイピア数

e = 2.718 281 828…. 覚え方，鮒（フナ 27）一箸二箸一箸二箸（18281828）.

$$e = \lim_{s\to\infty}\left(1+\frac{1}{s}\right)^s = \lim_{u\to 0}(1+u)^{1/u}$$

15-1-2　三角関数，逆三角関数

π = 3.141 592 65…. 三角関数および逆三角関数は以下のように定義できる．ピタゴラスの定理より，$r^2 = x^2 + y^2$ である．

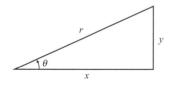

図 15-1　直角三角形の関係

$$\sin\theta = \frac{y}{r}, \ \cos\theta = \frac{x}{r}, \ \tan\theta = \frac{y}{x} = \frac{\sin\theta}{\cos\theta}$$

$$\sin^2\theta + \cos^2\theta = 1$$

$$\tan^2\theta = \frac{1-\cos^2\theta}{\cos^2\theta} = \sec^2\theta - 1$$

$$\sec\theta = \frac{1}{\cos\theta}, \ \mathrm{cosec}\,\theta = \frac{1}{\sin\theta}, \ \cot\theta = \frac{1}{\tan\theta}$$

$$\cot^2\theta = \frac{1-\sin^2\theta}{\sin^2\theta} = \mathrm{cosec}^2\theta - 1$$

$$\frac{\mathrm{d}}{\mathrm{d}x}\sin x = \cos x, \ \frac{\mathrm{d}}{\mathrm{d}x}\cos x = -\sin x,$$

$$\frac{\mathrm{d}}{\mathrm{d}x}\tan x = \sec^2 x$$

$$y = \sin\theta \Leftrightarrow \theta = \sin^{-1}y = \arcsin y,$$

$$\frac{\mathrm{d}}{\mathrm{d}x}\sin^{-1}x = \frac{1}{\sqrt{1-x^2}}$$

$$y = \cos\theta \Leftrightarrow \theta = \cos^{-1}y = \arccos y,$$

$$\frac{\mathrm{d}}{\mathrm{d}x}\cos^{-1}x = \frac{-1}{\sqrt{1-x^2}}$$

$$y = \tan\theta \Leftrightarrow \theta = \tan^{-1}y = \arctan y,$$

$$\frac{\mathrm{d}}{\mathrm{d}x}\tan^{-1}x = \frac{1}{1+x^2}$$

15-1-3　ラジアンの定義

$$360° \Leftrightarrow l = 2\pi r \Leftrightarrow \theta = 2\pi \ (\mathrm{rad})$$

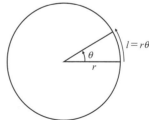

図 15-2　弧度法

15-1-4　双曲線関数

　三角関数の引数を虚数にすれば双曲線関数，逆双曲線関数が得られる．符号は異なるが三角関数と同じような関係式が成立する．

$$\cos(ix) = \cosh(x), \quad \sin(ix) = i\sinh(x)$$

$$\cosh x = \frac{e^x + e^{-x}}{2}, \quad \sinh x = \frac{e^x - e^{-x}}{2},$$

$$\tanh x = \frac{\sinh x}{\cosh x} = \frac{e^x - e^{-x}}{e^x + e^{-x}} = \frac{e^{2x} - 1}{e^{2x} + 1}$$

$$\cosh^2 x - \sinh^2 x = 1$$

$$\tanh^2 x = \frac{\sinh^2 x}{\cosh^2 x} = \frac{\cosh^2 x + 1}{\cosh^2 x} = 1 + \frac{1}{\cosh^2 x}$$
$$= 1 + \mathrm{sech}^2 x$$

$$\mathrm{sech}\, x = \frac{1}{\cosh x}, \quad \mathrm{cosech}\, x = \frac{1}{\sinh x},$$

$$\cosh x = \frac{1}{\tanh x}$$

$$\coth^2 x = \frac{1}{\tanh^2 x} = \frac{1 + \sinh^2 x}{\sinh^2 x} = 1 + \mathrm{cosec}^2 x$$

$$\frac{d}{dx}\cosh x = \sinh x, \quad \frac{d}{dx}\sinh x = \cosh x,$$

$$\frac{d}{dx}\tanh x = \mathrm{sech}^2 x$$

$$\tanh^{-1} x = \frac{1}{2}\ln\left(\frac{1+x}{1-x}\right)$$

$$\frac{d}{dx}\sinh^{-1} x = \frac{1}{\sqrt{1+x^2}}, \quad \frac{d}{dx}\cosh^{-1} x = \frac{1}{\sqrt{x^2-1}},$$

$$\frac{d}{dx}\tanh^{-1} x = \frac{1}{1-x^2}$$

15-1-5　統計パラメーター（6-2 節参照）

表 15-1 にまとめた.

表15-1　各種統計パラメーター

パラメーター	求め方
測定値 x_i	
度数（重み）w_i	
全測定回数 N	$\Sigma_i w_i$
確率 p_i	$w_i / \Sigma_i w_i = w_i / N$
平均値 $<x>$, μ	$\Sigma_i p_i x_i, \quad \dfrac{\Sigma_{i=1}^{N} x_i}{N}$
二乗平均 $<x^2>$, μ^2	$\Sigma_i p_i x_i^2$
分散	$<x-<x>>^2 = <x^2> - <x>^2$
抽出標本数	n
抽出標本の平均値 $\bar{x}$	$\dfrac{\Sigma_{i=1}^{n} x_i}{n}$
抽出標本の二乗平均 $\bar{x}^2$	$\dfrac{\Sigma_{i=1}^{n} x_i^2}{n}$

15-2　展　開　式

15-2-1　テーラー展開

$x = a$ のまわりである関数を多項式で展開できるとする. その展開の係数は関数を微分, 高階微分すれば求まる.

$$f(x) = a_0 + a_1(x-a) + a_2(x-a)^2 + a_3(x-a)^3$$
$$+ a_4(x-a)^4 + a_5(x-a)^5 + \cdots$$

について,

$$f(a) = a_0, \quad f'(a) = a_1, \quad f''(a) = a_2,$$
$$f'''(a) = 3 \times 2 a_3, \quad \cdots, \quad f^{(n)}(a) = n! a_n, \quad \cdots$$

であるので, $f(x)$ をテーラー展開すると

$$f(x) = f(a) + f'(a)(x-a) + \frac{1}{2!}f''(a)(x-a)^2$$
$$+ \frac{1}{3!}f'''(a)(x-a)^3 + \cdots$$
$$+ \frac{1}{n!}f^{(n)}(a)(x-a)^n + \cdots$$

となる.

次に代表的なテーラー展開の例を示す.

$$\frac{1}{1 \pm x} = 1 \mp x + x^2 \mp x^3 + x^4 \mp x^5 + \cdots$$

$$\ln(1 \pm x) = \pm x - \frac{x^2}{2} \pm \frac{x^3}{3} - \frac{x^4}{4} \pm \frac{x^5}{5} - \cdots$$

$$\cos(x) = 1 - \frac{x^2}{2} + \frac{x^4}{4} - \frac{x^6}{6} + \cdots$$

$$\sin(x) = x - \frac{x^3}{3} + \frac{x^5}{5} - \frac{x^7}{7} + \cdots$$

$$e^x = 1 + x + \frac{x^2}{2} + \frac{x^3}{3} + \frac{x^4}{4} + \frac{x^5}{5} + \cdots$$

$$e^{ix} = 1 + ix + \frac{(ix)^2}{2} + \frac{(ix)^3}{3} + \frac{(ix)^4}{4} + \frac{(ix)^5}{5}$$
$$+ \frac{(ix)^6}{6} + \frac{(ix)^7}{7} \cdots$$
$$= \left(1 - \frac{x^2}{2} + \frac{x^4}{4} - \frac{x^6}{6} + \cdots\right)$$
$$+ i\left(x - \frac{x^3}{3} + \frac{x^5}{5} - \frac{x^7}{7} + \cdots\right)$$
$$= \cos(x) + i\sin(x)$$

上の展開式を用いれば cos, sin 関数, それらの積を簡単に求めることができる.

$$\cos(x) = \frac{e^{ix} + e^{-ix}}{2}, \quad \sin(x) = \frac{e^{ix} - e^{-ix}}{2i}$$

$$e^{iA}e^{\pm iB} = (\cos A + i \sin A)(\cos B \pm i \sin B)$$

$$= (\cos A \cos B \mp \sin A \sin B)$$

$$+ i(\sin A \cos B \pm \cos A \sin B)$$

$$= e^{i(A \pm B)} = \cos(A \pm B) + i \sin(A \pm B)$$

$$\cos(A \pm B) = \cos A \cos B \mp \sin A \sin B$$

$$\sin(A \pm B) = \sin A \cos B \pm \cos A \sin B$$

15-2-2 マクローリン展開

特に $a = 0$ でのテーラー展開をマクローリン展開という.

$$f(x) = f(0) + f'(0)x + \frac{1}{2!}f''(0)x^2$$

$$+ \frac{1}{3!}f'''(0)x^3 + \cdots + \frac{1}{n!}f^{(n)}(0)x^n + \cdots$$

マクローリン展開の例を示す.

$$(1+x)^a = 1 + \frac{\alpha}{1!}x + \frac{\alpha(\alpha-1)}{2!}x^2$$

$$+ \frac{\alpha(\alpha-1)(\alpha-2)}{3!}x^3 + \cdots$$

索　引

大学の基礎化学
必要な物理・数学とともに

令和 3 年 11 月 20 日　発　行

編著者　　若　狭　雅　信

発行者　　池　田　和　博

発行所　　丸善出版株式会社
　　　　　〒101-0051　東京都千代田区神田神保町二丁目17番
　　　　　編集：電話(03)3512-3263／FAX(03)3512-3272
　　　　　営業：電話(03)3512-3256／FAX(03)3512-3270
　　　　　https://www.maruzen-publishing.co.jp

Ⓒ Masanobu Wakasa, 2021

組版印刷・中央印刷株式会社／製本・株式会社 星共社

ISBN 978-4-621-30647-5　C 3043　　　　　Printed in Japan

名称と記号		数値	単位
普遍定数および電磁気定数			
真空中の光速[*1]	c, c_0	299 792 458	m s^{-1}
真空の透磁率	μ_0	1.256 637 062 12(19)$\times 10^{-6}$	N A^{-2}
	$\mu_0/(4\pi \times 10^{-7})$	1.000 000 000 55(15)	N A^{-2}
真空の誘電率	$\varepsilon_0 = 1/\mu_0 c^2$	8.854 187 812 8(13)$\times 10^{-12}$	F m^{-1}
万有引力定数	G	6.674 30(15)$\times 10^{-11}$	$\text{N m}^2\,\text{kg}^{-2}$
プランク定数[*1]	h	6.626 070 15$\times 10^{-34}$	J s
	$\hbar = h/2\pi$	1.054 571 817$\cdots \times 10^{-34}$	J s
電気素量[*1]	e	1.602 176 634$\times 10^{-19}$	C
磁束量子[*2]	$\Phi_0 = h/2e$	2.067 833 848$\cdots \times 10^{-15}$	Wb
ボーア磁子	$\mu_B = e\hbar/2m_e$	9.274 010 078 3(28)$\times 10^{-24}$	J T^{-1}
核磁子	$\mu_N = e\hbar/2m_p$	5.050 783 746 1(15)$\times 10^{-27}$	J T^{-1}
原子定数および素粒子・核			
微細構造定数	$\alpha = e^2/4\pi\varepsilon_0\hbar c$	7.297 352 569 3(11)$\times 10^{-3}$	
	$1/\alpha$	137.035 999 084(21)	
リュードベリ定数	$R_\infty = \alpha^2 m_e c/2h$	1.097 373 156 816 0(21)$\times 10^{7}$	m^{-1}
ボーア半径	$a_0 = \alpha/4\pi R_\infty$	5.291 772 109 03(80)$\times 10^{-11}$	m
電子の質量	m_e	9.109 383 701 5(28)$\times 10^{-31}$	kg
陽子の質量	m_p	1.672 621 923 69(51)$\times 10^{-27}$	kg
中性子の質量	m_n	1.674 927 498 04(95)$\times 10^{-27}$	kg
電子の磁気モーメント	μ_e	$-9.284\ 764\ 704\ 3(28)\times 10^{-24}$	J T^{-1}
自由電子の g 因子	$2\mu_e/\mu_B$	$-2.002\ 319\ 304\ 362\ 56(35)$	
陽子の磁気モーメント	μ_p	1.410 606 797 36(60)$\times 10^{-26}$	J T^{-1}
陽子の g 因子	$2\mu_p/\mu_N$	5.585 694 689 3(16)	
(電子の)コンプトン波長	$\lambda_C = h/m_e c$	2.426 310 238 67(73)$\times 10^{-12}$	m
電子の比電荷	$-e/m_e$	$-1.758\ 820\ 010\ 76(53)\times 10^{11}$	C kg^{-1}
物理化学定数			
原子質量定数[*3]	m_u	1.660 539 066 60(50)$\times 10^{-27}$	kg
アボガドロ定数[*1]	N_A, L	6.022 140 76$\times 10^{23}$	mol^{-1}
ボルツマン定数[*1]	k, k_B	1.380 649$\times 10^{-23}$	J K^{-1}
ファラデー定数[*2]	$F = N_A e$	96 485.332 12$\cdots$	C mol^{-1}
1 モルの気体定数[*2]	$R = N_A k_B$	8.314 462 618$\cdots$	$\text{J mol}^{-1}\,\text{K}^{-1}$
理想気体 1 モルの体積[*2] (0 ℃, 1 atm)	V_m	22.413 969 54$\cdots \times 10^{-3}$	$\text{m}^3\,\text{mol}^{-1}$
ステファン-ボルツマン定数[*2]	$\sigma = \pi^2 k_B^4/60\hbar^3 c^2$	5.670 374 419$\cdots \times 10^{-8}$	$\text{W m}^{-2}\,\text{K}^{-4}$

CODATA（Committee on Data for Science and Technology）2018 推奨値による．数値欄にあるかっこ内の数値は不確かさを表す．
*1 定義定数． *2 定義定数を使った計算値．
*3 核種 ^{12}C の原子 1 個の質量の 1/12 で，統一原子質量単位 1 u に等しい．
[国立天文台 編，"理科年表 2021"，丸善出版（2020），pp.380-381 より一部改変]